高等学校教材

四旋翼无人机集群协同关键技术

主　编　唐成凯　张玲玲

副主编　张　怡　廉保旺

西　安

【内容简介】 本书介绍了四旋翼无人机集群协同过程中应用到的关键技术与算法,既包括无人机控制的相关理论,如四旋翼无人机的运动原理、多无人机编队控制、路径规划等,又包括计算机视觉相关算法,如视觉 SLAM、图像拼接等,还包括电子通信相关知识,如无人机导航链路攻击等,并且采用理论推导、仿真分析和实地测试相结合的方式,介绍了关键技术中的数学理论、核心算法和实验分析。

本书可作为对无人机技术感兴趣的研究人员的自学用书,也可作为以无人机和 SLAM 技术为研究方向的高等学校本科生和研究生的教材或参考书。

图书在版编目(CIP)数据

四旋翼无人机集群协同关键技术 / 唐成凯,张玲玲主编. —西安:西北工业大学出版社,2021.9
ISBN 978 - 7 - 5612 - 7809 - 3

Ⅰ.①四… Ⅱ.①唐… ②张… Ⅲ.①无人驾驶飞机-编队飞行-协调控制 Ⅳ.①V279

中国版本图书馆 CIP 数据核字(2021)第 156702 号

SIXUANYI WURENJI JIQUN XIETONG GUANJIAN JISHU

四 旋 翼 无 人 机 集 群 协 同 关 键 技 术

责任编辑:李阿盟 唐小玉		策划编辑:杨 军	
责任校对:王玉玲		装帧设计:李 飞	

出版发行:西北工业大学出版社
通信地址:西安市友谊西路 127 号　　邮编:710072
电　　话:(029)88491757,88493844
网　　址:www.nwpup.com
印 刷 者:兴平市博闻印务有限公司
开　　本:787 mm×1 092 mm　　1/16
印　　张:14　　　　　　　　　彩插:18
字　　数:367 千字
版　　次:2021 年 9 月第 1 版　　2021 年 9 月第 1 次印刷
定　　价:59.00 元

如有印装问题请与出版社联系调换

前　言

近年来,随着人工智能、计算机以及数字通信等技术的迅速发展,无人机的功能越来越强大,应用越来越广泛。由于单架无人机的搭载设备、航程和活动区域都极为有限,而复杂任务需要多架无人机协同完成,因此四旋翼无人机集群协同问题成为当前研究热点。同时,即时定位与地图构建(Simultaneous Localization And Mapping,SLAM)技术能有效弥补卫星定位信号不稳定时无人机自身的定位问题,是当前定位导航领域研究的热点与前沿。在四旋翼无人机集群编队上应用建模、构图与信息融合技术,能够更精确地实现定位导航并高效率地获取环境信息,使其有能力完成拍摄视频图片、监测农田林区、预警自然灾害、指导灾后救援等多种多样复杂的任务。

针对四旋翼无人机集群协同中的重要知识和关键方法,本书兼顾理论和实践,通过大量的理论推导、计算机仿真和实地实验,帮助读者更好地消化、吸收相关原理和技术,并快速应用到自己的学习和研究中。

本书面向的读者群是需要协调控制无人机编队运动,使用无人机编队进行即时定位、地图构建、路径规划的无人机爱好者和研究者。需要了解无人机智能攻击技术、对无人机系统安全有兴趣的读者也可以从本书中找到值得学习的内容,以无人机和SLAM技术为研究方向的本科生和研究生也可以以本书作为教材或参考书。

本书共分为7章。

第1章简要介绍无人机的定义、缘起、发展和应用,分析单架无人机相对于无人机集群编队的缺陷,说明了无人机集群编队的巨大潜力与优势。

第2章从构建几种常用的坐标系、讲解无人机多种运动的原理入手,在坐标系中使用运动学方程分别为四旋翼无人机的位移运动和旋转运动构建运动模型;随后设计四旋翼无人机位置控制器,并使用软件对位置控制器进行仿真,使无人机按照预定的轨迹运动;最后以双机领航控制实验为例,探讨使用领航跟随编队控制技术组织编队的方法。

第3章从多无人机编队飞行控制技术的角度,对基于一致性方法和人工势场法的无人机编队方法展开研究。首先用无人机编队控制器对编队中各无人机的加速度进行控制,以形成编队跟踪轨迹,在一致性控制算法的设计过程中考虑通信时延的影响,并给出时延存在的情况下系统稳定的条件;其次为无人机编队设计三维空间人工势场,以实现编队无人机间的紧急避撞和障碍物的规避;再结合一致性方法与斥力场,在实现规避障碍物的同时能够保持队形并按照预定的速度运动;最后依次进行编队仿真测试、硬件平台搭建和实际编队飞行实验,验证该系统的有效性。

第4章主要以无人机视觉SLAM为例,介绍SLAM技术的原理框架和关键技术。首先讲述相机模型与视觉里程计模块,研究和对比五种特征点匹配算法;其次详细推导特征点匹配及优化模型、后端优化 BA(Bundle Adjustmeut)算法,构建全局优化模型;最后介绍回环检测与地图构建的基本原理,为第 5 章内容做好铺垫。

第 5 章侧重无人机视觉 SLAM 的实践。首先推导出 RGB 相机坐标系与深度坐标系之间的变换关系,然后对深度相机进行标定和检验,并在此基础上实践视觉 SLAM 的关键方法;接着讨论路径规划方法,建立无人机三维虚拟模型,并随机生成三维空间,验证其在三维空间中的最短路径规划表现;最后进行无人机的视觉 SLAM 实验,证明其所构建的稠密点云图可以用于四旋翼无人机视觉障碍规避以及定点导航,使无人机集群不依赖卫星信号进行自主定位导航成为可能。

第 6 章对视觉 SLAM 和图像拼接技术整体算法进行探究与分析,在相同的环境下对两种视觉 SLAM 算法进行对比,发现两种算法均具有一定的实时性和准确性,但构建的点云图稠密程度不同;然后使用无人机在相同的场景和高度下对图像拼接的三种算法进行实际测试,找出配准率最高、拼接效率最高、实时性最好的拼接算法,得到目标区域的全景图,为无人机集群大规模场景的定位导航打好基础。

第 7 章通过测控信号调制方式的识别、导航链路的欺骗攻击和遥控链路的转发式干扰三个方面的研究,达到智能化攻击无人机的目的,借此引导读者思考维护无人机集群系统安全的问题。本章首先介绍反无人机技术的分类与研究现状;随后寻找适合分析调制信号种类的人工神经网络结构,以较高准确率识别出信号的调制方式,为攻击未知型号的无人机提供信息;接着提出确定 GPS 欺骗位置的方法,成功合成满足要求的 GPS 欺骗信号,令接收机的定位结果按照预设移动;最后对无人机遥控信号进行捕捉、接收、存储和处理,为无人机遥控信号的转发式干扰提供信号材料,也为无人机集群通信链路安全提供理论依据。

本书由西北工业大学唐成凯和张玲玲主编,张怡、廉保旺为副主编,程泽宇和张世铎参与编写。其中第 1 章由廉保旺、张世铎执笔,第 2、3、6 章由唐成凯执笔,第 4、5 章由张玲玲执笔,第 7 章由张怡、程泽宇执笔,全书由张怡和廉保旺负责表格和图形制作,由唐成凯、张玲玲负责本书程序编写与测试数据分析,并完成总纂。

在本书的编写过程中,空军工程大学卢虎教授、西北工业大学刘洋洋、杨冉、董晨露、沈嘉成、景省利等提供了帮助和支持,此外也参考和采纳了不少国内外学者的研究成果,在此一并向他们表示感谢。

由于水平有限,书中不免有疏漏之处,恳请广大读者批评、指正。

编　者

2021 年 5 月

目　录

第1章　绪论 ……………………………………………………………………… 1

1.1　无人机概述 ………………………………………………………………… 1

1.2　四旋翼无人机集群协同技术 ……………………………………………… 3

思考题 …………………………………………………………………………… 5

第2章　四旋翼无人机运动模型 ……………………………………………… 6

2.1　常用坐标系 ………………………………………………………………… 6

2.2　四旋翼无人机的运动原理 ………………………………………………… 7

    2.2.1　偏航运动 …………………………………………………………… 8

    2.2.2　俯仰/横滚运动 …………………………………………………… 8

    2.2.3　垂直运动 …………………………………………………………… 9

2.3　四旋翼无人机的运动学方程 ……………………………………………… 10

    2.3.1　位移运动 …………………………………………………………… 10

    2.3.2　旋转运动 …………………………………………………………… 11

2.4　四旋翼无人机位置控制器的设计 ………………………………………… 12

2.5　四旋翼无人机位置控制器的仿真 ………………………………………… 15

2.6　基于位置控制器的领航跟随法 …………………………………………… 17

    2.6.1　领航跟随法的基本原理 …………………………………………… 17

    2.6.2　双机领航跟随控制实验 …………………………………………… 18

2.7　本章小结 …………………………………………………………………… 22

思考题 …………………………………………………………………………… 22

参考文献 ………………………………………………………………………… 22

第3章　无人机集群环境自适应编队控制系统 …………………………… 23

3.1　研究现状与发展方向 ……………………………………………………… 23

3.2　基于一致性的多无人机编队控制方法 …………………………………… 25

    3.2.1　图论基础 …………………………………………………………… 26

    3.2.2　控制器设计 ………………………………………………………… 28

3.3　基于一致性方法的编队控制器设计与实践 ……………………………… 31

3.2.1 一致性编队控制算法 ································· 31

3.3.2 一致性控制算法的对比实验 ··················· 35

3.4 四旋翼无人机编队的避障方法 ····················· 40

3.4.1 目标点引力场的建立 ··························· 41

3.4.2 障碍物斥力场的建立 ··························· 41

3.4.3 编队个体间势场的建立 ························· 42

3.4.4 四旋翼无人机编队的避障算法实验 ············· 44

3.5 一致性方法与人工势场法结合的编队控制方法 ······· 48

3.5.1 引入人工势场的一致性算法 ····················· 48

3.5.2 算法仿真 ····································· 48

3.6 基于 ROS 的无人机编队控制 ······················ 50

3.6.1 参考设置 ····································· 50

3.6.2 队形形成仿真 ································· 52

3.7 本章小结 ······································· 57

思考题 ··· 57

参考文献 ··· 57

第 4 章 无人机即时定位与地图构建技术(上) ··········· 61

4.1 概述 ··· 61

4.2 三维空间中的刚体运动 ··························· 62

4.3 视觉传感器 ····································· 65

4.3.1 相机模型 ····································· 65

4.3.2 视觉传感器分类 ······························· 66

4.4 前端视觉里程计 ································· 66

4.4.1 ORB 特征点法 ······························· 67

4.4.2 特征匹配 ····································· 69

4.4.3 常见特征点法的测试分析 ······················· 69

4.4.4 相机运动估计 ································· 74

4.5 后端优化 ······································· 81

4.5.1 BA 模型建立 ································· 81

4.5.2 海塞矩阵求解 ································· 82

4.6 回环检测 ······································· 83

4.6.1 词袋模型 ····································· 85

4.6.2 相似度计算 ··································· 86

4.7 地图构建 ······································· 86

4.8 本章小结 ······································· 87

思考题 ··· 88

参考文献 ··· 88

第 5 章　无人机即时定位与地图构建技术(下) ⋯⋯⋯⋯⋯⋯⋯⋯⋯⋯⋯ 90

　5.1　深度视觉 SLAM 方法与实践 ⋯⋯⋯⋯⋯⋯⋯⋯⋯⋯⋯⋯ 90
　　5.1.1　RealSense 深度相机 ⋯⋯⋯⋯⋯⋯⋯⋯⋯⋯⋯ 90
　　5.1.2　深度成像模型⋯⋯⋯⋯⋯⋯⋯⋯⋯⋯⋯⋯⋯⋯ 91
　　5.1.3　深度相机标定与成像实验 ⋯⋯⋯⋯⋯⋯⋯⋯ 92
　　5.1.4　深度视觉位姿估计算法实践 ⋯⋯⋯⋯⋯⋯⋯ 96
　　5.1.5　回环检测实验 ⋯⋯⋯⋯⋯⋯⋯⋯⋯⋯⋯⋯⋯ 102
　5.2　路径规划方法与实践 ⋯⋯⋯⋯⋯⋯⋯⋯⋯⋯⋯⋯⋯ 105
　　5.2.1　A^* 算法概述 ⋯⋯⋯⋯⋯⋯⋯⋯⋯⋯⋯⋯⋯ 105
　　5.2.2　三维 A^* 算法 ⋯⋯⋯⋯⋯⋯⋯⋯⋯⋯⋯⋯ 107
　　5.2.3　路径规划实验 ⋯⋯⋯⋯⋯⋯⋯⋯⋯⋯⋯⋯⋯ 110
　5.3　无人机即时定位构图系统的实现 ⋯⋯⋯⋯⋯⋯⋯⋯ 114
　　5.3.1　硬件系统的实现 ⋯⋯⋯⋯⋯⋯⋯⋯⋯⋯⋯⋯ 114
　　5.3.2　模拟飞行实验 ⋯⋯⋯⋯⋯⋯⋯⋯⋯⋯⋯⋯⋯ 120
　5.4　无人机即时定位与地图构建实验 ⋯⋯⋯⋯⋯⋯⋯⋯ 121
　　5.4.1　定位构图实验 ⋯⋯⋯⋯⋯⋯⋯⋯⋯⋯⋯⋯⋯ 121
　　5.4.2　实际构图与规划实验 ⋯⋯⋯⋯⋯⋯⋯⋯⋯⋯ 126
　5.5　本章小结 ⋯⋯⋯⋯⋯⋯⋯⋯⋯⋯⋯⋯⋯⋯⋯⋯⋯⋯ 131
　思考题⋯⋯⋯⋯⋯⋯⋯⋯⋯⋯⋯⋯⋯⋯⋯⋯⋯⋯⋯⋯⋯⋯ 131
　参考文献⋯⋯⋯⋯⋯⋯⋯⋯⋯⋯⋯⋯⋯⋯⋯⋯⋯⋯⋯⋯⋯ 131

第 6 章　未知环境下多无人机协作场景构图技术 ⋯⋯⋯⋯⋯⋯⋯ 133

　6.1　基于视觉的即时定位与构图方法 ⋯⋯⋯⋯⋯⋯⋯⋯ 133
　　6.1.1　ORB-SLAM 算法 ⋯⋯⋯⋯⋯⋯⋯⋯⋯⋯⋯⋯ 133
　　6.1.2　RTAB-MAP 算法 ⋯⋯⋯⋯⋯⋯⋯⋯⋯⋯⋯⋯ 138
　6.2　点云拼接技术 ⋯⋯⋯⋯⋯⋯⋯⋯⋯⋯⋯⋯⋯⋯⋯⋯ 143
　　6.2.1　PCL 点云拼接 ⋯⋯⋯⋯⋯⋯⋯⋯⋯⋯⋯⋯⋯ 143
　　6.2.2　ICP 迭代配准拼接 ⋯⋯⋯⋯⋯⋯⋯⋯⋯⋯⋯ 145
　　6.2.3　全局闭环检测拼接 ⋯⋯⋯⋯⋯⋯⋯⋯⋯⋯⋯ 149
　6.3　点云拼接实验 ⋯⋯⋯⋯⋯⋯⋯⋯⋯⋯⋯⋯⋯⋯⋯⋯ 152
　　6.3.1　PCL 点云拼接 ⋯⋯⋯⋯⋯⋯⋯⋯⋯⋯⋯⋯⋯ 152
　　6.3.2　ICP 迭代配准拼接 ⋯⋯⋯⋯⋯⋯⋯⋯⋯⋯⋯ 153
　　6.3.3　全局闭环检测拼接 ⋯⋯⋯⋯⋯⋯⋯⋯⋯⋯⋯ 154
　6.4　图像拼接技术的对比 ⋯⋯⋯⋯⋯⋯⋯⋯⋯⋯⋯⋯⋯ 155
　6.5　本章小结 ⋯⋯⋯⋯⋯⋯⋯⋯⋯⋯⋯⋯⋯⋯⋯⋯⋯⋯ 156
　思考题⋯⋯⋯⋯⋯⋯⋯⋯⋯⋯⋯⋯⋯⋯⋯⋯⋯⋯⋯⋯⋯⋯ 156
　参考文献⋯⋯⋯⋯⋯⋯⋯⋯⋯⋯⋯⋯⋯⋯⋯⋯⋯⋯⋯⋯⋯ 156

第 7 章　无人机测控与导航链路的智能攻击技术 ················· 158

7.1　反无人机技术概述 ··············· 158
7.1.1　反无人机技术的兴起 ··············· 158
7.1.2　国内外研究现状 ··············· 159
7.2　调制方式识别 ··············· 160
7.2.1　研究目的与方法 ··············· 160
7.2.2　调制信号样本的合成 ··············· 161
7.2.3　样本涉及的调制方式介绍 ··············· 163
7.2.4　最佳识别模型 ··············· 173
7.2.5　最佳模型对 11 种调制方式的识别 ··············· 181
7.3　导航链路攻击理论 ··············· 184
7.3.1　导航系统 ··············· 184
7.3.2　导航链路的攻击手段 ··············· 185
7.3.3　GPS 系统 ··············· 185
7.3.4　GPS 欺骗理论 ··············· 190
7.4　导航链路攻击实验 ··············· 192
7.4.1　欺骗实验 ··············· 192
7.4.2　欺骗实验结果与分析 ··············· 197
7.4.3　导航链路欺骗的研究展望 ··············· 201
7.5　无人机遥控信号的转发式干扰 ··············· 202
7.5.1　测控链路的攻击方法 ··············· 202
7.5.2　转发式干扰的原理 ··············· 204
7.5.3　遥控信号的捕捉分析实验 ··············· 205
7.5.4　信号拼接 ··············· 210
7.5.5　控制链路攻击的展望 ··············· 211
7.6　本章小结 ··············· 212

思考题 ··············· 213

参考文献 ··············· 213

第1章 绪 论

1.1 无人机概述

什么是无人机？

无人机的英文为 UAV，是"Unmanned Aerial Vehicle"的缩写，其词典解释为"an aircraft piloted by remote control or onboard computers"，指的是只通过遥控或机载电脑进行操纵，而不需要人类飞行员直接驾驶的一类飞行器。它利用无线电遥控设备和程序控制装置控制，可搭载多种传感器，其动力一般由电机或内燃机提供，飞行受机载飞控驱动，可实现空中自主飞行。

无人机可以分为固定翼无人机和旋翼无人机。固定翼无人机一般具有较大的体积和较为复杂的结构，其成本与研制难度较高，但其在飞行速度与飞行高度等运动性能方面更有优势，更多地应用在军事领域。旋翼无人机结构简单，成本低廉，一般只需一副机架和多个电机（一般四个）即可构成一架旋翼无人机，各高校和研究院所甚至是个人爱好者都可以轻松完成组装。旋翼无人机的动力由电机带动旋翼高速旋转提供，只需改变电机的转速即可实现其运动控制，拥有垂直起降、悬停、纵向和横向飞行等多种运动模式，更适合空间较小或者地形复杂的环境，在航拍、搜救、短途运输等方面具有广阔的应用前景。因此，目前许多研究机构都选择四旋翼无人机作为算法和导航控制系统的验证平台。

人类历史上第一架多旋翼飞行器早在 1907 年就被法国的 Breguet 兄弟制造出来了。此后的八十余年，多旋翼飞行器都一直用于载人的军事用途，且由于微控制器和传感器技术彼时还未成熟，多旋翼无人机的发展一直非常缓慢。20 世纪 90 年代初，多旋翼无人机以玩具的形式再次进入公众视野，也从那时开始借着自动控制技术、微电机技术以及制造业飞速进步的春风迅速发展。相比于拥有其他数量旋翼的多旋翼无人机，四旋翼无人机和设计制造更简单、更容易，飞行技术也相对容易掌握，逐步成为民用无人机的最重要类型。

2004 年，美国 Spectrolutions 公司推出 Dragonflyer 无人机，德国 Microdrones 公司推出 MD4-200 无人机，在飞行稳定性方面取得了重大进步。这一年，法国 Parrot 公司也开始研发消费级多旋翼无人机，其于 2010 年推出的 AR. Drone 四旋翼无人机具有许多鲜明的特点，如通过手机或平板电脑，利用软件控制，配备实时图传，能将机载相机拍摄到的画面实时回传到地面；一体设计，可以一键起飞和降落，操作简单；开放 API（Application Program Interface，应用程序接口），可以供开发者使用。之后，我国大疆创新科技有限公司（简称"大疆公司"）研制的 Mavic,Phantom 等众多系列的无人机产品产品也大多具有这些特点,极大促进了消费级多旋翼无人机的发展,多旋翼无人机的销量逐年攀升。

2012 年之前,多旋翼无人机的主要进步还集中于飞控系统的突破,其飞行距离较短,能执行的任务也基本局限于航拍。2012—2014 年间,大疆公司开发出利用无刷电机驱动云台和 WiFi 数字图传的技术,配合高清广角相机,使多旋翼无人机的航拍进入了远航程、高画质时代。之前无人机航拍中普遍存在的由云台响应慢、转动不平滑引起的拍摄视频抖动、水波纹问题都迎刃而解,自此大疆公司成为世界民用无人机行业的领军企业。

2014 年和 2015 年,多旋翼无人机开始逐渐普及全高清图传、4K 相机、GPS 跟踪和初级视觉悬停辅助系统,进一步降低了信号传输延时,强化了抗环境干扰能力,增大了最大传输距离。自 2016 年开始,多旋翼无人机开始逐渐增加环境感知、实时自主避障和精确视觉悬停辅助功能,无人机飞行中的安全风险大幅降低,悬停精度、响应速度和抗干扰能力显著提升。

由近些年来多旋翼无人机的发展历程可以看出,智能化是其发展的明显趋势。随着人工智能、计算机以及数字通信等技术的突飞猛进,多旋翼无人机技术也得到了飞速发展。硬件上,多旋翼无人机的飞行性能得到了极大提升,能搭载的设备功能越来越丰富,能完成的任务越来越多样;软件上,对多旋翼无人机的人工操控甚至是智能控制都有了长足的进步,机载电脑能进行的运算越来越复杂,在同等硬件设备支持下的输出效果越来越好。因此,许多传统方法难以完成或者消耗巨大的任务,如今都能用无人机便捷、经济地完成。多旋翼无人机所具有的成本低、体积小、质量轻、易操纵、高度灵活性、高度适应性、安全稳定性和便于隐蔽等优点,使其在拍摄视频图片、监测农田林区、预警自然灾害、指导灾后救援等方面发挥着越来越重要的作用。鉴于此,各种不同型号的无人机走进了人们的视野,并逐渐从军用走向民用,无人机的个人保有量也在飞速增加。

在多旋翼无人机的具体应用方面,图 1-1(a)为京东的物流运输无人机。目前京东的无人机配送网络已经覆盖 100 多个村庄,累计已进行两万余次配送。图 1-1(b)为大疆的 T16 植保无人机。2018 年年底,全国植保无人机保有量为 3.15 万架,作业面积高达 2.67 亿亩。到 2020 年 8 月,最新的统计数据显示无人机保有量已达 5.24 万架,增长趋势明显。2019 年 6 月份四川长宁县发生地震,大疆公司派出数百架无人机协助现场进行快速侦查和地图构建,为抢险赈灾团队保驾护航。大疆公司已经与全国各地的消防局建立长期合作关系,方便在出现紧急情况时利用无人机的高机动性辅助救灾。

(a)   (b)

图 1-1 无人机的实际应用

(a)京东的物流运输无人机;(b)大疆的 T16 植保无人机

1.2 四旋翼无人机集群协同技术

四旋翼无人机的特点为其带来了很多优势,例如体积小带来的高隐蔽性和灵活性,低成本带来的高容错率等,但这些特点在单架无人机执行任务时也会造成许多问题,包括以下几点:

(1)单架无人机的体积小,载重量小,搭载设备的局限性较大,难以实现较为复杂的任务。当设备出现故障时,无人机只能选择返航,这将极大影响任务执行的效率。

(2)四旋翼无人机能够搭载的动力能源有限,作战半径较小,单次任务能够实现的目标有限,且单个无人机视角受限,在执行侦察监测等任务时容易错过重要信息,从而导致任务的失败。

(3)四旋翼无人机成本低,即使在执行任务的过程中损坏也不会造成太大的损失,但这也导致其稳定性较差,在单独执行任务时难以保证任务的成功率。

以上问题出现的本质原因是单架无人机的工作能力有限,因此最为直接的方法就是采用多架无人机联合的方式,每架无人机承担部分任务,实现四旋翼无人机的集群编队飞行。采用四旋翼无人机集群编队飞行有以下优势:

(1)在执行侦察、勘探、测绘等任务时,采用无人机集群编队飞行的方式,可以扩大编队整体的视野,减少拍摄时的死角,提高任务的成功率。

(2)采用无人机集群的方法,可以提高任务的容错率。编队中的各无人机之间分工合作,当某架无人机出现故障时,只需令其返航,编队中的其他无人机继续执行任务,这样可使故障对任务的影响降低。

(3)编队中的无人机可以分别搭载不同的设备,承担系统中的不同工作,并通过无人机间的信息交流实现整体的协同,克服单架无人机不能完成复杂任务的缺陷。

(4)无人机集群编队飞行时,如果采用合适的编队队形(见图1-2),可以减少编队所受到的空气阻力,提高编队整体的空气动力学性能。

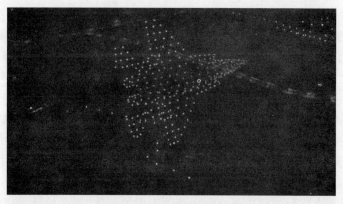

图1-2 无人机编队飞行

由于编队飞行具有以上优势,多无人机编队控制技术逐渐成为当前无人机研究的热点。无人机编队技术采用多智能体系统协同理论,起源于对自然界中物种群体性运动的研究,例如鸟群迁徙中的编队飞行、蚁群的合作运输、鱼群的群体捕食活动等。研究发现,这些种群在进行活动的过程中会形成一定的队形,并在需要的时候进行队形的变换和成员的分离。编队中的每一个个体都承担不同的责任,这使得编队整体的行动不仅仅是个体行为的叠加,更是所有无人机分工合作的结果。这些自然界中生物群体性的活动激发了人类的灵感:人工智能体通过编队协作可以提高工作效率,减少每架无人杨能量与时间的消耗。对于四旋翼无人机编队来说,飞行任务包括编队队形形成、队形保持、队形变换、编队中个体避撞、障碍物规避等,通过编队可以实现联合侦察与监视、大范围搜救、无人机集群飞行表演等任务。采用编队飞行的方式,能够使四旋翼无人机在灾难援救、农林耕植、科学研究、飞行表演等方面弥补自身的不足,发挥出更大的作用,从而进一步加快无人机技术的发展,促进相关领域技术的进步。

多无人机协同编队飞行的技术包括任务分配、编队航迹规划、编队控制方法、编队间通信等方面。进行无人机协同编队,首先需要获取外界信息,并通过通信网络将信息在编队内部进行共享;在接收到需要的数据后,无人机需要按照预定的飞行任务通过编队控制器分别给出编队成员的控制量,再由每架无人机的自动驾驶仪实现对自身的控制。无人机编队系统按照通信模式可以分为集中式系统、分布式系统和分散式系统。采用集中式系统时,编队中所有无人机之间均需要进行信息交互,每一架无人机都需要获取其他全部无人机的信息。集中式系统控制效果好,但整体计算量大,实现困难,且系统结构复杂。在分布式系统中,每架无人机只需与其相邻的无人机进行通信,其控制效果不及集中式系统,但其结构较为简单,通信要求较低,在工程中更易实现,具有良好的容错率,本书的研究与教学也基本针对分布式系统展开。分散式系统中的无人机则基本不与其他无人机通信,其控制效果较差,但结构也最为简单。

四旋翼无人机集群协同技术是一个多学科交叉的问题,其研究内容涵盖了飞行力学、自动控制、定位导航、网络通信等多个领域,所以尽管这些年来国内外对此的研究已经取得了许多成果,但在对无人机编队控制的研究中仍然存在一些亟待解决的问题,包括以下几个方面:

(1)无人机集群协同的前提是无人机间能够实现信息的传递。在实际的编队飞行任务中,编队除了面临由于成员自身信息更新和相互间信息传递带来的通信时延外,还将面对编队成员故障或空域障碍物所导致的通信拓扑变化、电磁干扰或无线信道带宽限制导致的通信故障,这些机间通信中存在的问题会削弱无人机编队的性能,甚至会导致编队无法继续维持。如何建立快速、稳定的无人机编队通信网络,并在通信受限的情况下保证编队的稳定是构建无人机编队时必须考虑的问题。

(2)四旋翼无人机集群协同技术首先需要通过无人机搭载的传感器获取自身与周围环境的信息,并通过处理这些信息获得无人机的位姿、速度等状态。如何准确获得各种信息并实现四旋翼无人机的精准定位对于无人机的稳定飞行极为关键。

(3)目前,无人机编队的许多控制算法如神经网络、模型预测等,虽然能够优化编队的性能,但运算时间往往较长,实时性不能满足无人机飞行的需求,难以在工程中实现。如何提高编队控制算法的实时性,使其能够更好地应用在实际中,这对于无人机编队控制算法的进一步研究有很重要的意义。

(4)无人机编队在飞行过程中还有一个必须考虑的问题,就是编队的避撞问题,可以分为无人机间的防碰撞问题和对空域障碍物的规避问题。在考虑避障问题时,一大难点是无人机除了要规划航线躲避障碍物外,还要维持队形稳定,或是在完成避障后重构队形。此外,如何准确获取障碍物的位置也是难点之一。

这些需要考虑的问题总结起来就是实现四旋翼无人机集群协同的几大关键技术,包括编队控制、环境感知、定位导航、通信链路等。本书将立足于这些问题,从最基本的四旋翼无人机的原理开始讲起,构建四旋翼无人机运动模型,设计四旋翼无人机控制器,并以此为基础讲述四旋翼无人机集群协同中的关键技术,首先介绍无人机集群编队控制系统,设计基于一致性方法的编队控制器,并进行实验测试;再探讨关键技术中的无人机导航相关问题,详细介绍无人机即时定位与地图构建导航技术,并进行稠密场景重建避障、无人机协作场景构图等方面的延伸与探讨,提高四旋翼无人机集群协同的稳定性;最后针对无人机集群通信的稳定与安全,探讨无人机测控与导航链路智能攻击技术,并对其发展进行适当展望。

思　考　题

1.无人机相比于载人飞行器有哪些优势? 主要应用于哪些方面?

2.当前无人机发展的趋势是什么? 主要有哪些方面的不足?

3.为什么要使用无人机集群来协同完成任务? 是什么启发了人类利用无人机集群来执行任务?

第 2 章　四旋翼无人机运动模型

研究无人机编队,建立无人机编队控制器,最终都要通过对单架无人机进行控制来实现。而建立单架无人机的控制器,首先需要建立四旋翼无人机运动模型。本章在选择合适坐标系的基础上介绍四旋翼无人机的运动原理,之后在简化一些影响较小的因素的前提下建立四旋翼无人机运动方程,设计单架无人机的位置控制器,并据此给出基于领航跟随法的无人机编队策略。

2.1　常用坐标系

四旋翼无人机具有绕三个机体轴转动和在三维空间中平移的六种运动方式,通过改变四个旋翼的转速可实现对六自由度运动的控制。想要描述这六种运动方式,需要选择合适的坐标系。下面介绍三种坐标系,其中本地 NED(North East Down,北东地)坐标系和机体 NED 坐标系用来描述机体的平移运动,机体轴坐标系用来描述机体绕机体轴的转动。

NED 坐标系又称导航坐标系,常用于导航的坐标解算,是为了满足导航系统工作需要而建立的参考坐标系。本地 NED 坐标系如图 2-1 所示,选取地面上任意一适当点为坐标原点 O_n;X 轴指向正北方向,记为 X_n;Y 轴指向正东方向,记为 Y_n;Z 轴垂直于地平面指向下,记为 Z_n。[图 2-1 中 $O_eX_eY_eZ_e$ 坐标系为地心地固坐标系(Eearth-Centered Earth-Fixed,ECEF),简称地心坐标系。]

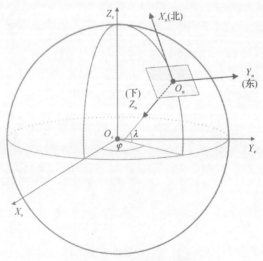

图 2-1　本地 NED 坐标系

机体 NED 坐标系如图 2-2 所示,选取无人机质心为坐标原点,记为 O_{nv}; X 轴指向正东方向,记为 X_{nv}; Y 轴指向正北方向,记为 Y_{nv}; Z 轴垂直于地平面指向下,记为 Z_{nv}。

机体轴坐标系与无人机固连,如图 2-2 所示,选取无人机质心为坐标原点,记为 O_b; X 轴位于机体纵向对称面上,指向无人机头方向,记为 X_b; Y 轴垂直于机体纵向对称面,指向无人机右侧,记为 Y_b; Z 轴位于机体纵向对称面上,指向机腹方向,记为 Z_b。无人机绕 X、Y、Z 三轴转动产生的角度称为横滚角、俯仰角和偏航角,记为 φ、θ 和 ψ。图 2-2 中 $O_n X_n Y_n Z_n$ 为本地 NED 坐标系。

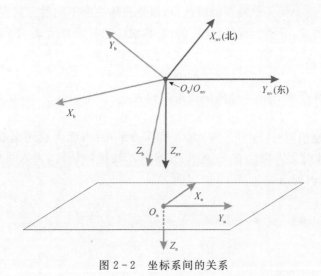

图 2-2　坐标系间的关系

2.2　四旋翼无人机的运动原理

四旋翼无人机的动力依靠四个旋翼的旋转来提供。如图 2-3 所示,ROTOR1 和 ROTOR3 为一组,ROTOR2 和 ROTOR4 为一组。其中一组按逆时针方向旋转,另一组按顺时针方向旋转。通过这样的旋转方式,可以在为无人机提供升力的同时抵消螺旋桨之间的反扭力矩,使无人机能够稳定悬停。

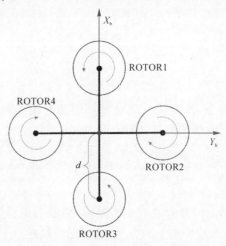

图 2-3　四旋翼无人机旋翼的旋转方向

为了简化分析,现做出如下假设:四旋翼无人机为完全对称结构,其质心即为机体坐标原点;无人机机体结构为刚体;无人机机体质量恒定不变。在上述条件下,若无人机处于无风悬停的状态,则单个旋翼上的升力 T 与反扭矩 Q 分别为

$$T = c_T n^2 \tag{2-1}$$

$$Q = c_Q n^2 \tag{2-2}$$

式中,c_T 为旋翼升力系数;c_Q 为旋翼反扭矩系数;n 为旋翼转速。

由此可知,通过改变无人机旋翼的转速,可以使机体按照不同的方式进行运动。四旋翼无人机共有三种运动方式,分别为偏航运动、俯仰/横滚运动和垂直运动,下面具体加以讲述。

2.2.1 偏航运动

无人机四个旋翼产生的沿 Z 轴的反扭矩之和为

$$\tau_\psi = c_Q(n_1^2 - n_2^2 + n_3^2 - n_4^2) \tag{2-3}$$

当四个旋翼转速相同时,τ_ψ 等于零,无人机保持平衡;当无人机两组旋翼转速不同时,反扭矩 τ_ψ 不再为零,此时无人机会在 τ_ψ 的作用下绕 Z 轴进行旋转,无人机的机体朝向发生改变,即可实现无人机的偏航运动,如图 2-4 所示。

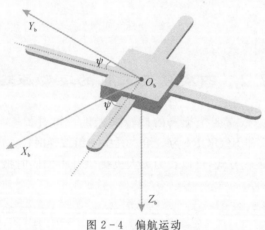

图 2-4　偏航运动

2.2.2 俯仰/横滚运动

在无人机保持悬停的前提下,改变无人机任意一组相对旋翼的转速,使其之间产生转速差,可产生作用于机身上的俯仰/横滚力矩,即

$$\tau_\theta = d(T_1 - T_3) \tag{2-4}$$

$$\tau_\varphi = d(T_2 - T_4) \tag{2-5}$$

式中,d 为机臂水平长度。

如图 2-5 所示,相对旋翼上的升力差产生的俯仰/横滚力矩会使机体发生倾斜。机体绕 X 轴和 Y 轴转动,使升力产生水平方向上的分量,推动无人机在水平方向上的运动;同时保证另一组旋翼的转速不变,使反扭矩仍然保持平衡,保证无人机不会出现偏航。由于无人机是对

称的,俯仰与横滚实际上是一种相同的运动方式。无人机通过这种方式实现了在 XOY 平面上的水平运动。

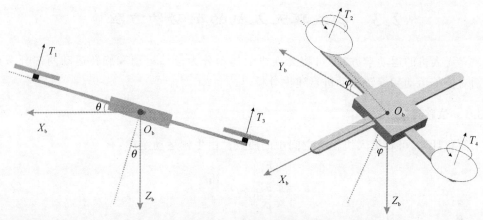

图 2-5　俯仰/横滚运动

2.2.3　垂直运动

当无人机悬停时,无人机的总升力与重力相等;同时增加四个旋翼的速度,无人机的总升力增大,无人机垂直向上运动;降低四个旋翼的转速,总升力减小,无人机垂直向下运动。图 2-6 所示为四旋翼无人机的垂直运动。

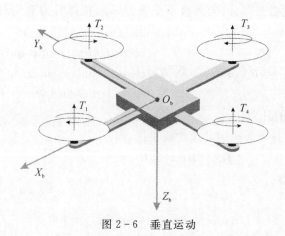

图 2-6　垂直运动

在机体轴坐标系下,旋翼的升力总是指向 Z 轴负向,则作用于无人机上的总升力

$$\boldsymbol{F}_\mathrm{b} = \begin{bmatrix} 0 \\ 0 \\ -c_\mathrm{T}(n_1^2 + n_2^2 + n_3^2 + n_4^2) \end{bmatrix} \qquad (2-6)$$

通过以上描述可以得出,无人机的三种运动方式可以实现无人机在六自由度上的运动,其中绕轴旋转的角运动和平移的线速度具有约束关系,即无人机的俯仰/横滚运动同时会使无人

机产生在 X 轴和 Y 轴上的平移。同时,任意一个旋翼转速的改变都会导致无人机在多个方向上的运动,因此四旋翼无人机是一个具有强耦合特性的系统。

2.3 四旋翼无人机的运动学方程

要建立无人机的运动学方程,可将无人机的运动分为位移运动和旋转运动两部分考虑。下面分别对位移运动和旋转运动进行建模分析[1]。

2.3.1 位移运动

为了简化计算,可将无人机视为空间中的质点。由牛顿运动定律,有

$$\boldsymbol{F} = \begin{bmatrix} F_x \\ F_y \\ F_z \end{bmatrix} = m \frac{\mathrm{d}\boldsymbol{v}_{\mathrm{nv}}}{\mathrm{d}t} \tag{2-7}$$

式中,$\boldsymbol{F}$ 为机载 NED 坐标系下机体所受合力;m 为无人机质量;$\boldsymbol{v}_{\mathrm{nv}}$ 为机载 NED 坐标系下的无人机速度。

$$\boldsymbol{v}_{\mathrm{nv}} = \begin{bmatrix} u & v & w \end{bmatrix}^{\mathrm{T}} \tag{2-8}$$

式中,u、v、w 为机载 NED 坐标系下三轴方向上的速度分量。

从机体轴坐标系到机载 NED 坐标系的旋转矩阵

$$\boldsymbol{R}_{\mathrm{nv}/\mathrm{b}} = \begin{bmatrix} \cos\theta\cos\psi & \sin\varphi\sin\theta\cos\psi - \cos\varphi\sin\psi & \cos\varphi\sin\theta\cos\psi + \sin\varphi\sin\psi \\ \cos\theta\sin\psi & \sin\varphi\sin\theta\sin\psi + \cos\varphi\cos\psi & \cos\varphi\sin\theta\sin\psi - \sin\varphi\cos\psi \\ -\sin\theta & \sin\varphi\cos\theta & \cos\varphi\cos\theta \end{bmatrix} \tag{2-9}$$

机体所受合力 $\boldsymbol{F}$ 包括三部分:无人机所受重力 mg、机体升力和空气阻力。机载 NED 坐标系下无人机的升力

$$\boldsymbol{F}_{\mathrm{nv}} = \boldsymbol{R}_{\mathrm{nv}/\mathrm{b}}\boldsymbol{F}_{\mathrm{b}} = -\sum_{i=1}^{4} T_i \begin{bmatrix} \cos\varphi\sin\theta\cos\psi + \sin\varphi\sin\psi \\ \cos\varphi\sin\theta\sin\psi - \sin\varphi\cos\psi \\ \cos\varphi\cos\theta \end{bmatrix} \tag{2-10}$$

式中,T_i 是各个旋翼上的升力。

机体所受空气阻力与无人机运动速度成正比,即

$$\boldsymbol{f}_{\mathrm{nv}} = K\boldsymbol{v}_m = K\begin{bmatrix} u & v & w \end{bmatrix}^{\mathrm{T}} \tag{2-11}$$

式中,K 为空气阻力系数。

综上所述,可得

$$\boldsymbol{F} = -\sum_{i=1}^{4} T_i \begin{bmatrix} \cos\varphi\sin\theta\cos\psi + \sin\varphi\sin\psi \\ \cos\varphi\sin\theta\sin\psi - \sin\varphi\cos\psi \\ \cos\varphi\cos\theta \end{bmatrix} + \begin{bmatrix} 0 \\ 0 \\ mg \end{bmatrix} + K\begin{bmatrix} u \\ v \\ w \end{bmatrix} \tag{2-12}$$

整理上述方程,可得四旋翼无人机的位移运动速度方程

$$\dot{u} = -\frac{1}{m}\sum_{i=1}^{4}T_i(\cos\varphi\sin\theta\cos\psi + \sin\varphi\sin\psi_i) + \frac{K}{m}u$$

$$\dot{v} = -\frac{1}{m}\sum_{i=1}^{4}T_i(\cos\varphi\sin\theta\sin\psi - \sin\varphi\cos\psi) + \frac{K}{m}v \qquad (2-13)$$

$$\dot{w} = -\frac{1}{m}\sum_{i=1}^{4}T_i\cos\varphi\cos\theta + g + \frac{K}{m}w$$

式中，$\dot{u}$、$\dot{v}$、$\dot{w}$ 表示 u、v、w 的一阶导数。

又由位移与速度间的关系，可得

$$\dot{x} = u$$

$$\dot{y} = v$$

$$\dot{z} = w$$

$$\ddot{x} = -\frac{1}{m}\sum_{i=1}^{4}T_i(\cos\varphi\sin\theta\cos\psi + \sin\varphi\sin\psi) + \frac{K}{m}\dot{x} \qquad (2-14)$$

$$\ddot{y} = -\frac{1}{m}\sum_{i=1}^{4}T_i(\cos\varphi\sin\theta\sin\psi - \sin\varphi\cos\psi) + \frac{K}{m}\dot{y}$$

$$\ddot{z} = -\frac{1}{m}\sum_{i=1}^{4}T_i\cos\varphi\cos\theta + g + \frac{K}{m}\dot{z}$$

式中，x、y、z 为无人机在 X 轴、Y 轴、Z 轴上的位移；$\dot{x}$、$\dot{y}$、$\dot{z}$ 为 x、y、z 的一阶导数，即速度；$\ddot{x}$、$\ddot{y}$、$\ddot{z}$ 为 x、y、z 的二阶导数，即加速度。

2.3.2 旋转运动

在气动力矩、阻力矩和陀螺效应的联合作用下，无人机绕机体轴进行旋转，机体姿态角发生改变，分别对应俯仰、横滚和偏航运动。为简化计算，可忽略阻力矩的影响，只考虑气动力矩和陀螺效应的影响。

定义四旋翼无人机姿态角速度

$$\boldsymbol{\omega} = \begin{bmatrix} \dot{\varphi} \\ \dot{\theta} \\ \dot{\psi} \end{bmatrix} = \begin{bmatrix} p + (\sin\varphi\tan\theta)q + (\cos\varphi\tan\theta)r \\ q\cos\varphi + r\sin\varphi \\ (\sin\varphi/\cos\theta)q + (\cos\varphi/\cos\theta)q + r \end{bmatrix} \qquad (2-15)$$

式中，p、q、r 分别是无人机在机体轴坐标系下三轴方向的角速度。

为防止侧翻的发生，无人机在运动时的俯仰角与横滚角都很小，因此式（2-15）可简化为

$$\boldsymbol{\omega} = \begin{bmatrix} p & q & r \end{bmatrix}^{\mathrm{T}} \qquad (2-16)$$

无人机在机体坐标轴下的转动惯性矩阵为

$$\boldsymbol{J}_{\mathrm{b}} = \begin{bmatrix} J_{xx} & -J_{xy} & -J_{xz} \\ -J_{yx} & J_{yy} & -J_{yz} \\ -J_{zx} & -J_{zy} & J_{zz} \end{bmatrix} \qquad (2-17)$$

式中，J_{xx}、J_{yy}、J_{zz} 为转动惯量；J_{xy}、J_{xz}、J_{yx}、J_{yz}、J_{zx}、J_{zy} 为惯量积。

由惯量的定义可知

$$J_{xx} = \int(d_y^2 + d_z^2)\mathrm{d}m \qquad (2-18)$$

$$J_{xy} = \int d_x d_y dm \tag{2-19}$$

由于机体结构对称,所以 J_{xy} 的积分结果为零。同理可知,$J_{xy} = J_{xz} = J_{yx} = J_{yz} = J_{zx} = J_{zy} = 0$,则 $\boldsymbol{J}_b$ 可以表示为对角阵

$$\boldsymbol{J}_b = \begin{bmatrix} J_x & 0 & 0 \\ 0 & J_y & 0 \\ 0 & 0 & J_z \end{bmatrix} \tag{2-20}$$

由牛顿-欧拉方程可得作用在机体上的力矩

$$\boldsymbol{\tau}_b = \boldsymbol{J}_b \dot{\omega} + \omega \times (\boldsymbol{J}_b \omega) = \begin{bmatrix} J_x \dot{p} + (J_z - J_y)qr \\ J_y \dot{q} + (J_x - J_z)pr \\ J_z \dot{r} + (J_y - J_x)pq \end{bmatrix} \tag{2-21}$$

式中,$\dot{\omega}$ 是 ω 的一阶导数,即角加速度。

当机体做俯仰/横滚运动时,机体轴旋转和旋翼旋转会导致阻抗旋转的力矩出现,称为陀螺力矩,记为 $\boldsymbol{\tau}_g$。由陀螺效应公式可得

$$\boldsymbol{\tau}_g = \begin{bmatrix} p \\ q \\ r \end{bmatrix} \times \sum_{i=1}^{4} J_r n_i = \begin{bmatrix} J_r(n_1 - n_2 + n_3 - n_4)p \\ J_r(n_1 - n_2 + n_3 - n_4)q \\ 0 \end{bmatrix} \tag{2-22}$$

式中,J_r 为旋翼转动惯量。

由式(2-3)~式(2-5)可得,无人机的气动力矩

$$\boldsymbol{\tau}_t = \begin{bmatrix} dc_T(-n_2^2 + n_4^2) \\ dc_T(n_1^2 - n_3^2) \\ c_Q(n_1^2 - n_2^2 + n_3^2 - n_4^2) \end{bmatrix} \tag{2-23}$$

由动量矩守恒得

$$\boldsymbol{\tau}_b = \boldsymbol{\tau}_t - \boldsymbol{\tau}_g \tag{2-24}$$

整理式(2-21)~式(2-24)可得

$$\left. \begin{aligned} \dot{p} &= \frac{J_y - J_z}{J_x} qr + \frac{dc_T}{J_x}(-n_2^2 + n_4^2) + \frac{J_r}{J_x}(-n_1 + n_2 - n_3 + n_4)p \\ \dot{q} &= \frac{J_z - J_x}{J_y} pr + \frac{dc_T}{J_y}(n_1^2 - n_3^2) + \frac{J_r}{J_y}(-n_1 + n_2 - n_3 + n_4)q \\ \dot{r} &= \frac{J_x - J_y}{J_z} pq + \frac{dc_Q}{J_z}(n_1^2 - n_2^2 + n_3^2 - n_4^2) \end{aligned} \right\} \tag{2-25}$$

式中,$\dot{p}$,$\dot{q}$,$\dot{r}$ 分别是无人机在机体轴坐标系下三轴方向角速度的一阶导数,即三轴方向的角加速度。

由上述分析得出的式(2-14)和式(2-25)共同构成了无人机运动方程,其中式(2-14)描述了无人机的位移运动,式(2-25)描述了无人机的旋转运动。

2.4 四旋翼无人机位置控制器的设计

由四旋翼无人机的运动学方程可知,无人机具有四通道输入和六通道输出,是一个欠驱动强耦合的系统。在这六自由度通道中,俯仰/横滚运动和四旋翼在水平面上的位移运动耦合紧

密,而偏航运动与垂直运动相对独立,因此对于不同通道可采用不同的控制方式,控制量的选取也不同。根据无人机的运动原理,选择控制向量为无人机的垂直、滚转、俯仰、偏航控制量,分别记为 U_1、U_2、U_3、U_4,则有

$$\begin{bmatrix} U_1 \\ U_2 \\ U_3 \\ U_4 \end{bmatrix} = \begin{bmatrix} F_b \\ \tau_\varphi \\ \tau_\theta \\ \tau_\psi \end{bmatrix} = \begin{bmatrix} c_T(n_1^2 + n_2^2 + n_3^2 + n_4^2) \\ dc_T(-n_2^2 + n_4^2) \\ dc_T(n_1^2 - n_3^2) \\ c_Q(n_1^2 - n_2^2 + n_3^2 - n_4^2) \end{bmatrix} \qquad (2-26)$$

系统的整体结构如图 2-7 所示。在确定无人机的目标位置 x_d、y_d、z_d 后,控制器通过位置控制器确定控制量 U_1、U_x、U_y,通过偏航控制器确定控制量 U_4;之后通过逆向求解可得目标姿态角 φ_d、θ_d,通过姿态控制器可得控制量 U_2、U_3。在得到四个控制量后,将其输入到四旋翼无人机运动模型中,即可实现对无人机运动轨迹的控制。

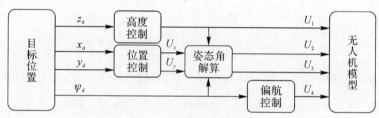

图 2-7 整体系统框图

对于垂直运动通道和偏航通道,可设计反馈控制器[2]。控制系统框图如图 2-8(a 为加速度,z 为高度)和图 2-9 所示。

图 2-8 高度通道控制器

图 2-9 偏航通道控制器

高度控制器和偏航角控制器均采用 PID 控制器,则

$$U_z = k_p(z_d - z) + k_i \int (z_d - z) + k_d \frac{d(z_d - z)}{dt} \qquad (2-27)$$

$$U_4 = k_p(\psi_d - \psi) + k_i \int (\psi_d - \psi) + k_d \frac{d(\psi_d - \psi)}{dt} \qquad (2-28)$$

式中,k_p 是比例系数;k_i 是积分系数;k_d 是微分系数。

由式(2-14)可得垂直方向上的控制量

$$U_1 = \frac{U_z + g}{\cos\varphi\cos\theta}m \qquad\qquad (2-29)$$

对于俯仰/横滚通道与水平面位移运动组成的欠驱动系统,可设计串级反馈控制器,其中外环为位置控制器,控制量 U_x、U_y 为水平方向上的加速度;内环为姿态控制器,控制量为 U_1、U_2。外环控制系统框图如图 2-10 所示。

图 2-10 俯仰/横滚通道外环控制器[3]

图 2-10 中的位置控制器采用 PD 控制器,则

$$\left.\begin{aligned} U_x &= k_{\mathrm{p}}(x_{\mathrm{d}} - x) + k_{\mathrm{d}}\frac{\mathrm{d}(x_{\mathrm{d}} - x)}{\mathrm{d}t} \\ U_y &= k_{\mathrm{p}}(y_{\mathrm{d}} - y) + k_{\mathrm{d}}\frac{\mathrm{d}(y_{\mathrm{d}} - y)}{\mathrm{d}t} \end{aligned}\right\} \qquad (2-30)$$

忽略空气阻力的影响,由式(2-14)、式(2-29)及式(2-30)可以反解得内环目标姿态为

$$\left.\begin{aligned} \theta_d &= \arctan\left(\frac{U_x\cos\psi - U_y\cos\psi}{U_z + g}\right) \\ \varphi_d &= \arcsin\left(\frac{U_x\sin\psi - U_y\cos\psi}{U_z + g}\cos\theta_d\right) \end{aligned}\right\} \qquad (2-31)$$

设计内环姿态控制器,如图 2-11 所示。

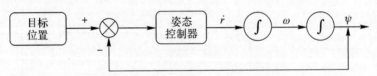

图 2-11 俯仰/横滚通道内环控制器

姿态角控制器采用 PID 控制器,则

$$U_2 = k_{\mathrm{p}}(\varphi_{\mathrm{d}} - \varphi) + k_{\mathrm{i}}\int(\varphi_{\mathrm{d}} - \varphi) + k_{\mathrm{d}}\frac{\mathrm{d}(\varphi_{\mathrm{d}} - \varphi)}{\mathrm{d}t} \qquad (2-32)$$

$$U_3 = k_{\mathrm{p}}(\theta_{\mathrm{d}} - \theta) + k_{\mathrm{i}}\int(\theta_{\mathrm{d}} - \theta) + k_{\mathrm{d}}\frac{\mathrm{d}(\theta_{\mathrm{d}} - \theta)}{\mathrm{d}t} \qquad (2-33)$$

由式(2-28)、式(2-29)、式(2-32)和式(2-33)可得四旋翼无人机的位置控制器为

$$\left.\begin{aligned} U_1 &= \frac{U_z + g}{\cos\varphi\cos\theta}m \\ U_2 &= k_{\mathrm{p}}(\varphi_{\mathrm{d}} - \varphi) + k_{\mathrm{i}}\int(\varphi_{\mathrm{d}} - \varphi) + k_{\mathrm{d}}\frac{\mathrm{d}(\varphi_{\mathrm{d}} - \varphi)}{\mathrm{d}t} \\ U_3 &= k_{\mathrm{p}}(\theta_{\mathrm{d}} - \theta) + k_{\mathrm{i}}\int(\theta_{\mathrm{d}} - \theta) + k_{\mathrm{d}}\frac{\mathrm{d}(\theta_{\mathrm{d}} - \theta)}{\mathrm{d}t} \\ U_4 &= k_{\mathrm{p}}(\psi_{\mathrm{d}} - \psi) + k_{\mathrm{i}}\int(\psi_{\mathrm{d}} - \psi) + k_{\mathrm{d}}\frac{\mathrm{d}(\psi_{\mathrm{d}} - \psi)}{\mathrm{d}t} \end{aligned}\right\} \qquad (2-34)$$

2.5　四旋翼无人机位置控制器的仿真

在建立四旋翼无人机运动方程与位置控制器后,可在 MATLAB 中对无人机的运动进行仿真。在仿真中将无人机模型简化为质点,采用 2.4 节中给出的无人机位置控制器对无人机进行控制,从而使无人机按照预定的轨迹运动。仿真选用的参数见表 2-1。

表 2-1　无人机参数表

参数	数值	单位
m	477	kg
J_x	1.152×10^{-2}	kg $\cdot$ m^2
J_y	1.152×10^{-2}	kg $\cdot$ m^2
J_z	2.18×10^{-4}	kg $\cdot$ m^2
g	9.8	m/s^2

初始化无人机的状态,设定无人机在导航坐标系下的预期轨迹为螺旋上升的曲线,轨迹方程为

$$\left. \begin{array}{l} x = A\sin(2\pi ft) \\ y = A\cos(2\pi ft) - A \\ z = kt \end{array} \right\} \tag{2-35}$$

式中,t 是时间;f 是频率;k 是 PID 控制系数。

将无人机的起点设为原点,初始速度均设为 0,将无人机的目标轨迹输入位置控制器中,使无人机跟随目标轨迹进行运动。无人机实际运动轨迹与目标轨迹对比如图 2-12 所示,图(a)和图(b)分别为三维空间和水平面中无人机的运动轨迹。由图可知,无人机的起点与目标轨迹不同,在位置控制器的作用下,无人机能够快速实现对目标轨迹的跟踪,并在之后一直紧密跟随目标轨迹运动;在做螺旋运动时,无人机实际运动轨迹总在目标轨迹的靠内侧部分。图 2-13 为无人机目标速度与实际速度的对比图。从图 2-13 可以看出,无人机的实际运动速度能够与目标速度保持一致,且实际运动滞后于目标轨迹,跟踪的时延在 0.5 s 以内。

从仿真结果可以看出,无人机位置控制器能够实现目标轨迹的跟踪,系统超调量较小,响应较为迅速。

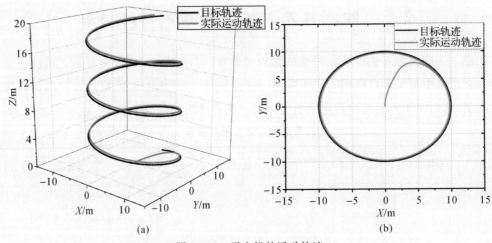

图 2 - 12 无人机的运动轨迹

(a)三准空间中的运动轨迹;(b)水平面中的运动轨迹

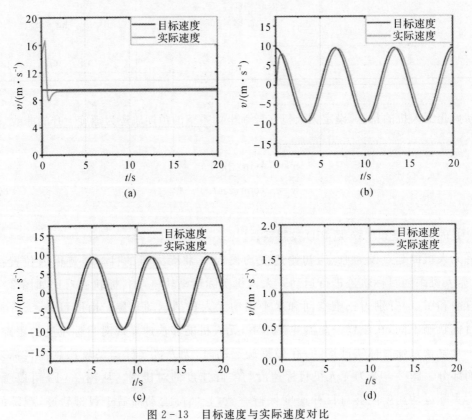

图 2 - 13 目标速度与实际速度对比

(a)无人机速度;(b)无人机 X 轴速度;(c)无人机 Y 轴速度;(d)无人机 Z 轴速度

2.6　基于位置控制器的领航跟随法

2.6.1　领航跟随法的基本原理

完成多个四旋翼无人机的编队控制,其本质是使两个或者多个四旋翼无人机之间相互联系,然后,再使用编队控制器来实现飞行要求,完成既定任务,并且要时刻保持飞行编队的有序与稳定。在编队中,每架无人机的方位及航姿信息必然与既定的期望值存在一定的误差,需要通过控制输入量,继而补偿给编队控制器所控制的每架无人机[4]。通过指令的发送保持四旋翼无人机队列的稳定性,使得每一架无人机能够在其固定的位置上沿着期望的运动轨迹进行跟踪。由于领航跟随法控制简单,适用于少数无人机编队的情形,本节只研究两架四旋翼无人机的编队情况,因此采用领航跟随编队控制算法[5]。在编队过程中,跟随者需要采取一定的控制策略跟随领航者运动。

如图 2-14 所示,记 i' 为无人机 i 的目标坐标点,位置是根据领航者位置和编队预定队形确定的。记领航者的坐标为 $P_0(x_0,y_0)$,偏航角为 ψ,i' 与领航者在水平面上的距离为 d,两者之间连线与领航者前进方向的夹角为 θ,则可计算得 i' 在水平面中的位置为 $P_{i'}[x_0 - d\sin(\psi+\theta), y_0 - d\cos(\psi+\theta)]$。

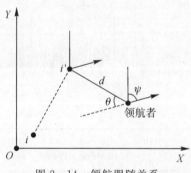

图 2-14　领航跟随关系

如图 2-15 所示,对于领航者与 i' 在 Z 轴方向上的相对位置,记两者之间连线的夹角为 φ,则两者之间在 Z 轴方向上的距离为 $d\tan\varphi$,由此得 i' 在空间中的位置为 $P_{i'}[x_0 - d\sin(\psi+\theta), y_0 - d\cos(\psi+\theta)]$。

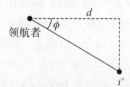

图 2-15　Z 轴方向上的领航跟随关系

在计算得到 $P_{i'}$ 后,可根据 2.5 节中提出的无人机位置控制器实现领航跟随法。对于具有确定队形的无人机编队,各个编队无人机的 i' 是确定的,其位置随着领航者运动而运动,此时 i' 的运动轨迹即为无人机 i 所需跟踪的目标轨迹。对每个编队无人机应用位置控制器来实现

对 i' 的轨迹跟踪,即可实现编队队形的形成与保持。若想实现编队的队形变换,只需改变 d、θ 与 φ 的值,i' 与领航者的相对位置就会发生改变,此时就完成了编队的队形调整。

综上所述,利用位置控制器可以实现四旋翼无人机编队的领航跟随控制。领航跟随法实现原理简单,是目前运用最为广泛的编队控制方法。但由于编队的运动全部由领航者的运动来决定,一旦长机出现故障或失去与编队其他无人机的联系,编队的飞行将全部失去控制;同时由于各编队无人机只关心领航者与自身的运动状态,编队无人机间并不具备避撞的能力。

2.6.2 双机领航跟随控制实验

本小节将进行两架无人机的领航跟随飞行实验。首先需要搭建无人机编队通信网络(无人机硬件平台的具体搭建后面章节会详细讨论),将两架无人机连入无线局域网,通过路由器分别为两架无人机分配 IP 地址。在室外环境测试两机间的通信状态,使两架无人机相距 10 m,令领航者向跟随者发送 ICMP(Internet Control Messagte Protocol,互联网控制消息协议)报文以测试网络质量,机间时延如图 2-16 所示。

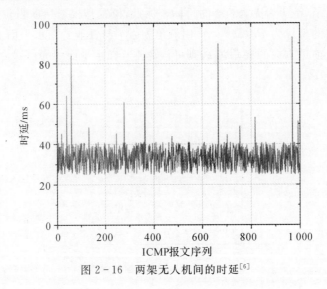

图 2-16　两架无人机间的时延[6]

由图 2-16 可知,领航者共发送了 1 000 个 ICMP 报文,测得两架无人机间的通信时延在 20~40 ms 之间波动,平均时延为 33.34 ms,报文的丢包率为 0.002。实验结果说明,机间通信畅通,能够满足短距离编队飞行实验的要求。

再对实验环境做简单介绍,实验环境为 ROS Kinetic。ROS 是一个适用于机器人的开源元操作系统,是用于编写机器人相关应用程序的一种高灵活性的分布式架构,可以将其分为三层,从上到下依次为应用层、中间层和 OS 层,如图 2-17 所示。ROS 的最底层为 OS 层,它依托于 Linux 操作系统。中间层极为重要,包含基于 TCPROS/UDPROS 的通信系统,它将 TCP/UDP 基本网络进行再次封装,可实现多种机制的通信数据传输。中间层还包括通信方法 Nodelet,适合于实时性要求较高的数据传输。数据通信上还有大量机器人相关库可供应用层使用。在应用层中,Master 负责管理整个系统。ROS 有大量机器人应用功能包,包内模块以节点的方式运行,并提供输入/输出接口。

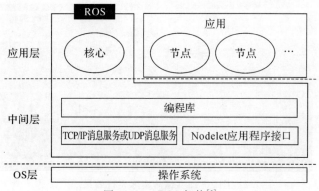

图 2-17 ROS 架构[6]

下面进行编队形成与队形保持实验。首先设置局部坐标系,令领航者的起点位于局部坐标系的原点,跟随者的起点位于坐标点(−10,10,0)处;启动两架无人机,系统中的节点与部分话题如图 2-18 所示,两架无人机的命名空间分别为 uav1 和 uav2,其中 dji_sdk 节点负责控制无人机的飞行,并将无人机的各种传感器获得的消息发布到相应话题中,包括 GPS 状态、无人机的旋转角、无人机在局部坐标系的定位信息等;uav_follow 节点订阅自身和另一架无人机的消息,并通过其中的时间戳实现消息间的同步,在通过编队控制器计算得出无人机的控制量后,再将其发布给 dji_sdk;uav_pub 将无人机的坐标发布到 TF 中,可在 rviz 中实现当前状态的可视化。

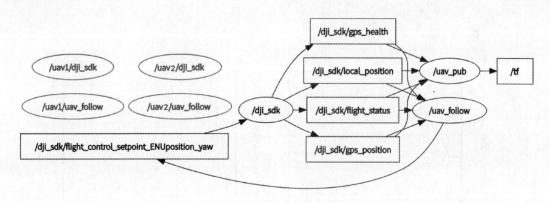

图 2-18 编队节点与话题

如图 2-19 所示,令长机起飞并按照预定轨迹飞行,其轨迹为边长 18 m 的矩形。跟随者首先完成编队队形的形成,之后保持对长机的跟随,其与长机的距离维持在 5 m。在该飞行实验中,飞行时长为 1 min,两架无人机的运动轨迹与其在三轴方向上的位置如图 2-20 所示。从图 2-20 可以看出,长机按照预定轨迹运动,僚机首先快速运动到长机指定位置,实现编队队形的形成,之后与长机保持固定距离并跟随长机运动。僚机在跟随长机运动的过程中,其位置存在一定的抖动,但整体能够保持编队队形的稳固。

图 2-19 编队实际飞行效果

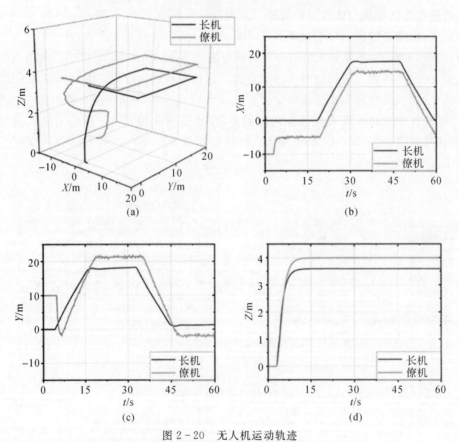

图 2-20 无人机运动轨迹

(a)无人机三维轨迹;(b)无人机 X 轴轨迹;(c)无人机 Y 轴轨迹;(d)无人机 Z 轴轨迹

图 2-21 为两架无人机间的距离。从图 2-21 可以看出,两架无人机从起点起飞,僚机迅速向长机靠近到指定距离,然后保持该距离跟随长机运动。两机之间的跟踪误差在 ±0.5 m 之内波动,其间由于长机转向的缘故,机间距离出现了 1 m 左右的跳变,但之后距离很快就维持了稳定。

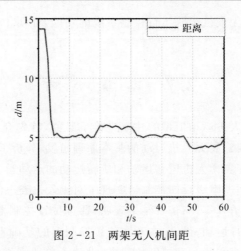

图 2-21 两架无人机间距

图 2-22 为两架无人机的运动速度。可以看出,长机首先快速上升到指定的高度,之后保持 Z 轴方向速度不变;长机在水平面上的速度按照预定航迹要求进行改变,能够完成预定的飞行任务要求。开始时僚机为了编队队形的形成,需要提高速度向长机靠近;在编队队形形成后,僚机速度将跟随长机发生变化,其变化幅度与长机速度变化幅度保持一致,可满足保持队形的要求。僚机速度的变化相对于长机有 1.5 s 左右的滞后,这是由通信时延、程序运行处理速度和无人机响应速度等多种因素造成的。

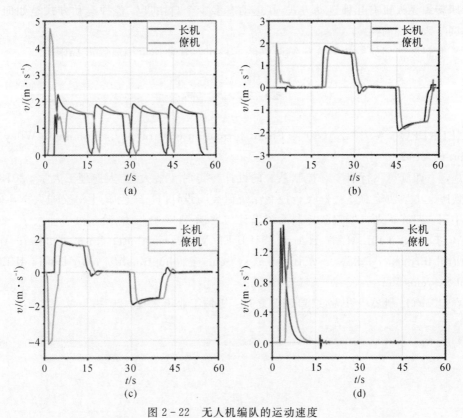

图 2-22 无人机编队的运动速度
(a)无人机速度;(b)无人机 X 轴速度;(c)无人机 Y 轴速度;(d)无人机 Z 轴速度

以上飞行实验验证了无人机编队飞行控制系统的功能,证明了系统能够基于领航跟随法实现无人机的编队飞行。

2.7　本章小结

本章主要对四旋翼无人机运动模型的建立进行了研究,首先介绍了无人机运动模型建立所需的三个坐标系,并从四旋翼无人机运动的基本原理出发,分析了无人机的俯仰/横滚、偏航和垂直运动,并给出了四旋翼无人机位移运动和旋转运动的运动学方程;然后重新设计了四旋翼无人机的位置控制器,通过串级反馈控制器实现了对无人机姿态的控制,并在 MATLAB 中对无人机运动模型进行了仿真实现;仿真结果表明,通过位置控制器控制无人机运动,能够使无人机按照预定的轨迹进行运动;最后,本章在位置控制器的基础上,设计了无人机编队领航跟随法。本章完成了无人机空间运动模型的建立,设计了单架无人机的位置控制器与基于位置控制器的领航跟随法,为下面无人机编队控制系统的设计工作做了相应的准备。

思　考　题

1. 为什么四旋翼无人机的四个旋翼有顺时针和逆时针两种旋轴方向? 它们是如何排布的?

2. 四旋翼无人机有几种运动方式,其运动有多少个自由度? 各种运动方式是如何通过各旋翼的调节来实现的?

3. 领航跟随法如何维持无人机编队的队形稳定? 其使用范围有哪些局限?

参 考 文 献

[1] GUERRERO J A,LOZANO R. Flight formation control[M]. Hoboken:Wiley Online Library,2012.

[2] 谭广超. 四旋翼飞行器姿态控制系统的设计与实现[D].大连:大连理工大学,2013.

[3] 刘焕晔. 小型四旋翼飞行器飞行控制系统研究与设计[D].上海:上海交通大学,2009.

[4] 许中研. 四旋翼飞行器编队控制系统设计与实现[D].哈尔滨:哈尔滨工业大学,2018.

[5] JIAO J,TRENTELMAN H L,CAMLIBEL M K. Distributed linear quadratic tracking control for leader-follower multi-agent systems:a suboptimality approach[J]. IEEE Control Systems Letters,2020,4(1):67 - 72.

[6] 胡春旭. ROS 机器人开发实践[M].北京:机械工业出版社,2018.

第3章 无人机集群环境自适应编队控制系统

四旋翼无人机编队控制的核心就是在保持机间通信连通的前提下,通过对编队中每个个体进行控制来实现对整个编队的控制。本章将基于一致性理论设计无人机编队控制器,首先对一致性方法所需的图论基础及其稳定性判据进行介绍;之后基于一致性方法设计无人机队形控制策略,以实现编队的形成与队形保持任务;再对无人机编队避障方法进行介绍,并结合一致性方法与人工势场避障法设计自适应编队控制系统,验证系统的性能并进行试验分析。

3.1 研究现状与发展方向

多无人机集群协同飞行系统的核心是编队飞行控制技术,目前的编队控制方法主要包括领航跟随法、虚拟结构法、基于行为法、人工势场法和近些年来受到众多关注的基于一致性方法的编队控制方法。其中,领航跟随法是目前应用最为广泛的编队控制方法,其基本思想是将编队中的一架无人机设置为长机,其余无人机通过获取长机的路径、速度、姿态等信息实现对长机的跟踪。近年来,Mercado 等人[1]以领航跟随法为基础研究了四旋翼无人机编队的轨迹跟踪和编队形成问题;Saska 等人[2]通过视觉定位的方法设计了无人机集群的领航跟随编队方法,在没有 GPS 信号的情况下可以实现编队的密集飞行;Ghamry 等人[3]通过将地面机器人设为领航者来引导四旋翼无人机集群,实现了空地多智能体之间的协同;Aghdam 等人[4]通过令领航者获取各个跟随者的信息,以解决跟随者故障导致的编队错误。

领航跟随法原理简单,其核心是解决编队跟踪的误差问题,能够减少编队的复杂度;其缺点在于编队过于依赖领航者,一旦领航者出现故障或与跟随者失去联系,或位置误差不断迭代,编队整体将无法继续维持。针对领航跟随法的这些问题,Lewis 等人[5]在 1997 年提出了虚拟结构法。虚拟结构法的基本原理是在编队中确定一个虚拟长机,所有无人机都跟随虚拟长机运动。Chang 等人[6]提出了一种柔性虚拟结构编队控制法。相较于刚性虚似法,柔性虚拟结构法能够使编队中的无人机更加灵活、平稳地转向,从而按照规划的轨迹运动。Perterson 等人[7]使用虚拟结构法生成编队参考轨迹,并通过补偿方法来提升无人机在有风干扰环境中的飞行稳定性。Qi 等人[8]在设定编队控制方法为虚拟结构法的基础上,通过改进的 RRT(Rapidly-exploring Random Tree,快速搜索随机树)算法进行编队的路径规划,可以实现编队的有效避障。虚拟结构法可以消除长机与僚机之间的通信干扰问题,获得较高的控制精度,但这种方法在设定虚拟长机时需要获取全部其他无人机的位置,且由于编队成员只关注虚拟长机的位置,缺少相互之间避碰的能力,限制了虚拟结构法的应用范围。

基于行为的编队控制方法受到自然界中生物群体性活动的启发。基于行为法由多个单一行为组成,这些基本行为包括跟随、避障、队形变换和目标检测等。这种方法中的每个行为都由其输入决定,输入可能是无人机自身获得的传感器信息,或是编队中其他成员的行为结果。基于行为法的工作通过获取的加权输入来决定每架无人机需要选择的行为方式,最终实现对编队成员的控制。基于行为法可以使编队中的每个个体都能够靠自身决策的结果实现与其他成员的协同。Oyekan 等人[9]对基于行为法给出了详细的理论分析,并设计了基于行为法的无人机监视系统。Nguyen 等人[10]通过基于行为法实现了对未知环境中移动机器人的导航。Kim 等人[11]将耦合动力学方法应用于无人机编队,设计了基于行为的分布式编队控制器。宋运忠等人[12]采用基于多智能体行为的方法设计了二阶编队控制器,使得系统中有明确的目标反馈,能够实现编队对期望目标的构型控制。邱华鑫等人[13]采用有向图和人工势场理论对鸽群中的拓扑结构和领导机制进行建模,并在此基础上建立一种基于鸽群行为机制的多无人机自主编队控制方法,能够实现无人机的密集编队与复杂长机运动条件下的队形保持。Yi 等人[14]提出了分布式的静态和动态事件触发控制律,可以解决多智能体系统的一致性问题。Kownacki[15]针对编队间的通信问题,将领航跟随法、虚拟结构法与基于行为法相结合,提高了编队间信息传递的吞吐量和可靠性。基于行为法能够使无人机综合考虑编队飞行时的多种行为,在缺乏传感器数据的环境中仍然能够保持编队,具有很好的鲁棒性。基于行为法的缺点在于编队依靠预设的触发条件来决定自身的运动,缺少灵活性;而且基于行为法的编队系统无法做到精确的编队控制,也难以使用数学方法进行描述和稳定性分析。

人工势场法是一种通过构建人工势场函数来实现队形控制的方法,其基本原理是在无人机间分别建立引力场与斥力场,当相邻两架无人机间距离较大时,引力场起主要作用,使两机相互靠近;当两机距离小于预定距离时,斥力场起主要作用,使两机相互远离。此外,为目标点与障碍物建立的相应的势场函数可以使无人机编队在避障的同时向目标点运动。Wachter 等人[16]分析了势函数作用下引入通信和本地延迟时系统的稳定性,结果说明在参数选择合适的情况下,系统可以接受的时延是无限的。Rizqi 等人[17]提出了一种基于人工势场法的四旋翼无人机路径规划和编队控制策略,通过利用 wall-following(沿壁)法解决局部最小值问题,并在 ROS 中的 Gazebo 环境中进行了仿真验证。Feng 等人[18]提出了一种改进的人工势场方法,使无人机编队可以躲避静态与动态的障碍物,并跟踪预定的轨迹。张佳龙等人[19]提出了一种复合矢量人工势场法,编队的避障路径取决于两种复合矢量的人工势场,每架无人机可选择最优路径避障。朱旭等人[20]将通信拓扑概念与人工势场法结合,改进了机间人工势场函数和作用区域。人工势场法的优势在于其数学上的精简性,其原理简单,运算量小,可以实现无人机编队成员间的避撞,也能实现对障碍物的规避,适合拥有高运动自由度的四旋翼无人机的编队控制。人工势场法的缺点是容易陷入局部最小值问题,并有可能在势场平衡点处出现反复震荡的问题。

一致性方法的原理是编队中的成员通过群体间的信息交互改变个体的状态,最终实现所有成员的状态一致性;一致量可以是编队成员的位置,也可以是编队的速度。一致性概念源自计算机的分布式网络。任伟等人[21]将一致性方法引入多智能体编队控制领域后,一致性方法在多智能体编队领域的研究有了许多成果。Mo 等人[22]通过 GPS 对无人机进行航路点导航,并为编队设计了一致性控制器,实现了多架无人机的协同控制。Seo 等人[23]设计了基于一致性的线性方法,可以实现时变的编队飞行结构。Turpin 等人[24]针对紧密编队问题为每架无人机设计了非线性一致性控制器,实现了小型四旋翼无人机的紧密编队飞行。Kuriki 等人[25]设计了基于一致性方法的无人机编队控制器,并运用 MPC 方法生成控制输入,最终成功使了无人机编队在满足防撞性的同时可以追踪由编队控制算法指定的轨迹。Dong 等人[26]采用时变条件下的一致性方法设计了四旋翼无人机编队飞行系统,并通过室外实验验证了算法的有效性。Kolaric 等人[27]针对噪声测量提出了一种基于滑模控制的位置一致性控制器,可在系统稳定的同时消除一致性误差。Hu 等人[28]提出了一种包含防撞项的有限时间位置一致性算法,可以在编队运动的同时实现编队的防碰撞。朱旭等人[29]提出了一种基于一致性的三维编队控制策略,并使用协同修正技术抑制测量误差和协同误差,实现了编队队形的精确保持。张佳龙等人[30]将一致性方法与人工势场法结合,提出了一种基于双向网络连接结构的多无人机一致性编队避障控制法,能够在避撞的同时实现协同编队飞行。宗群等人[31]结合领航跟随法、基于行为法和一致性方法提出了一种有限时间姿态同步控制器,实现了编队的有限时间同步。基于一致性的无人机编队控制方法只需编队中相邻无人机进行通信,可以实现分布式的编队控制,具有较高的灵活性与适应性;编队中某架无人机发生故障也不会破坏编队整体队形,具有较好的鲁棒性;但其在通信时延较高时会出现无法收敛的情况,因此当机间通信质量下降时,编队控制器将无法维持编队的稳定。

除了上述几种主流的编队控制方法外,还有许多有关于无人机编队控制方法的研究。例如,Venkataramanan 等人[32]设计了一种非线性控制器,可以在无人机编队有成员发生故障或飞行路线受限时完成编队队形的重构。Zhao 等人[33]采用模型预测控制方法,实现了无人机编队对各种形状障碍物的规避。宋敏等人[34]提出了一种基于非线性动态逆的无人机编队控制方法,编队中的僚机可以在长机进行空间机动时准确估计其状态。Seo 等人[35]研究了基于几何方法的无人机编队防撞策略,通过定义防撞包络来实现编队的避撞。王晓燕等人[36]将神经网络运用于编队控制器的误差修正,有效改善了控制效果。马思迁等人[37]对切换通信拓扑结构的积分滑模控制方法进行了研究,保证了四旋翼无人机编队重构过程中的稳定。郑重等人[38]提出了一种适用于时变通信延迟的鲁棒自适应编队控制策略,可以抑制外界扰动和模型不确定性对控制器的影响。此外,LQR(Linear Quadratic Regulator,线性二次型调节器)反馈控制[39]、极值搜索[40]、滑模控制[41]、自适应控制[42]、模糊控制[43]等控制方法也被应用于无人机编队控制方面的研究。

3.2　基于一致性的多无人机编队控制方法

一致性理论起源于对自然界中智能群体的观察[44]。研究者们发现,自然界中弱小个体组成的种群,如蚁群、蜂群、鱼群、鸟群和兽群等,虽然其中的个体并没有复杂的智慧,但通过群体间的交流与协作,也能够做出一些整体的智能行动。在对多智能体系统问题的研究中,一致性方法是其中一种新兴的理论。在多智能体系统设计中,为了实现对整个群体的控制要求,需要为其中的个体设计合适的控制率,通过群体间的信息交互改变个体的状态,使得这些个体的某个或某些物理量实现一致,最终实现群体的协调目标,如多个传感器信息的融合、电网中电压的一致、飞行编队达到相同的速度等。这种通过信息交流与个体控制来实现整体共同目标的方法就是一致性方法。

对于一个包含多个智能体的系统,所有智能体可按照一定的通信拓扑进行信息交换,实现信息的一致性。信息一致性就是要求各个智能体对于某个或某些重要信息达成一致,这些信息必然是系统完成目标过程中的关键因素,因此选取合适的一致量是十分关键的。对于多智能体编队任务,编队的队形中心位置、编队的运动速度、编队的集结时间、编队的群体运动方向都可以成为被选取的一致量。一致性方法就是通过各个智能体之间的交互,将智能体接收到的信息经由一定的处理来控制系统中每个个体的状态,使所有智能体向选取的一致量进行收敛,最终实现群体的一致性。由于一致性方法的前提是系统中的智能体能够实现相互通信,每个智能体都需要具有处理信息的能力,因此基于一致性算法的系统是一种分布式系统。

在一致性问题的研究过程中,处理智能体间的相互关系与通信一般需要借助图论方法。一个多智能体动态系统可以用信息图清晰地表示其通信拓扑结构,其中图的每个顶点代表一个智能体,顶点间的有向边代表智能体间通信关系与信息流的传输方向,有向边的权重同时也代表了信息的权重。在建立系统的信息图后,可以采用图论方法对系统稳定性进行分析,以得到系统的一致性稳定判据。

3.2.1 图论基础

本节首先介绍图论中的一些基本定义和结论。

记一个二元组 $G(N,\varepsilon)$ 为图 G,由节点集合 $N=\{n_i:n_i\in N,\forall i=1,2,\cdots,n\}$ 和边的集合 $\varepsilon\subseteq N\times N$ 构成,每条边用节点对 (n_i,n_j) 表示。

对于一个有向图中的边 (n_i,n_j),边的方向由 n_i 指向 n_j,将 n_i 称为父节点,n_j 称为子节点。对于代表通信拓扑的有向图而言,有向边 (n_i,n_j) 代表了信息可从节点 n_i 流向节点 n_j。

图中每个节点连接的边的数量称为节点的度。对于有向图中的一个节点而言,由其他节点指向该节点的边的数量称为该节点的入度,由该节点指向其他节点的边的数量称为该节点的出度。

若一个有向图 G 中所有节点的入度和出度都相等,则称图 G 是平衡的。如图 3-1 所示,图 3-1(a)为平衡图;图 3-1(b)中,节点 1 与节点 5 的入度与出度并不相等,为非平衡图。

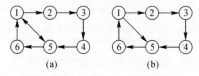

图 3-1　平衡图与非平衡图

(a)平衡图;(b)非平衡图

若对于有向图 G 中任意两个不同节点 n_i 和 n_j,都存在一条有向路始于 n_i,终于 n_j,则称图 G 为强连通图。如图 3-2 所示,图 3-2(a)为一个强连通图,其中任意两个节点间都有有向路相连;图 3-2(b)中,节点 3 与其他任意节点间都没有有向路连接,为非强连通图。

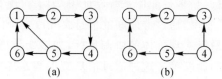

图 3-2　强连通图与非强连通图

(a)强连通图;(b)非强连通图

若图 G_s 满足 $N(G_s) \subseteq N(G)$，且 $\varepsilon(G_s) \subseteq \varepsilon(G)$，则称图 G_s 为图 G 的一个子图；当子图 G_s 满足 $N(G_s) = N(G)$ 时，将图 G_s 称为图 G 的一个生成图。若图 G_s 中的每个节点到其他节点的通路只有一条，则称图 G_s 为图 G 的生成树。如图 3-3 所示，图（b）为图（a）的一个生成树，通过图（b）可以还原图（a）的拓扑结构。

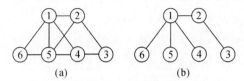

图 3-3　生成树

(a)图 G；(b)图 G 的子图

若图 G 存在一个有向子图，只存在一个入度为 0 的点（称为根节点），其余节点入度均为 1 且根节点可通过有向路连接所有节点，则将该子图称为图 G 的一个最小生成树。

通常使用矩阵来表示一个有向图。定义非负矩阵 $A = [a_{ij}] \in \mathbf{R}^{N \times N}$ 满足 $(n_i, n_j) \in N(\varepsilon)$，称 A 为图 G 的邻接矩阵，a_{ij} 为有向边 (n_i, n_j) 的权值，则有

$$a_{ij} = \begin{cases} 1, & (n_i, n_j) \in \varepsilon \\ 0, & \text{其他} \end{cases} \tag{3-1}$$

定义节点 n_i 的入度和出度分别为

$$d_{\text{in}}(n_i) = \sum_{j=1}^{n} a_{ij} \tag{3-2}$$

$$d_{\text{out}}(n_i) = \sum_{j=1}^{n} a_{ji} \tag{3-3}$$

定义矩阵 $D = \text{diag}\{d_{\text{in}}\}$ 为图 G 的入度矩阵，每个对角元素为节点的入度。定义图 G 的拉普拉斯矩阵 $L = D - A$，$L = [l_{ij}] \in \mathbf{R}^{N \times N}$，则有

$$l_{ij} = \begin{cases} \sum_{i=1}^{n} a_{ij}, & i = j \\ -a_{ij}, & i \neq j \end{cases} \tag{3-4}$$

在拉普拉斯矩阵的定义中，选择了入度而不是出度，这是由于节点的入度性质更能直观地体现出系统中节点是如何被其他节点所影响的。此外，入度也能更好地体现系统中信息流动的状态。

拉普拉斯矩阵有以下谱特性：

（1）由于 L 矩阵各行元素的和均为 0，因此矩阵 L 的一个特征值为 0，其对应的特征向量为一维向量 $\mathbf{1}_n$；

（2）若图 G 为有向图，则矩阵的全部非零特征值实部均为正数；

（3）若图 G 为强连通的，则 0 为 L 的一个单特征根；

（4）若图 G 为对称且强连通的，则 L 为对称且半正定的，所有特征根均为实数，且有 $0 = \lambda_1 < \lambda_2 \leqslant \cdots \leqslant \lambda_n$。

对于如下一阶系统，有

$$\dot{x}_i(t) = u_i(t), i \in I(I \triangleq 1, 2, 3, \cdots, n) \tag{3-5}$$

式中，$\dot{x}_i(t)$为状态量；$u_i(t)$为控制量。

使系统实现一致性的含义是指对于$\forall i,j \in I$，当$t \to \infty$时，有$|x_i(t) - x_j(t)| \to 0$。对于一阶系统有如下一致性算法：

$$u_i(t) = \sum_{j=1}^{n} a_{ij}[x_j(t) - x_i(t)], (n_i, n_j) \in \varepsilon \tag{3-6}$$

将式(3-6)代入一阶系统中，可得线性系统为

$$\dot{x}_i(t) = -\boldsymbol{L}x(t) \tag{3-7}$$

3.2.2 控制器设计

1.理论基础

通过上面所讲的图论基础，有以下结论：

(1)对于给定的通信拓扑G，若有向图G是强连通图，则对于任意初始状态，系统趋于渐进一致；并且若通信拓扑G同时为平衡图，则系统将收敛至平均一致，收敛到的一致值为各个智能体初始状态的平均值[45]，即

$$\alpha = \frac{1}{n}\sum_{i=1}^{n} x_i \tag{3-8}$$

由此可知，系统能否收敛到一致是由其通信拓扑决定的。

(2)对于给定的通信拓扑G，系统实现渐进一致性的充分必要条件是有向图G中含有最小生成树[46]。

由结论(1)和结论(2)可知，在保持通信拓扑不变的情况下，保证有向图G中含有生成树是确保系统实现渐进一致的最低条件；G为平衡图是要求更高的条件。平衡图G能使系统最终收敛至所有智能体初始状态的平均值。在实际的应用中，结论(2)比起结论(1)使用更加广泛。

在考虑通信时延的情况下，式(3-6)将变为

$$u_i(t) = \sum_{j=1}^{n} a_{ij}[x_j(t - \tau_{ij}) - x_i(t - \tau_{ij})], (n_i, n_j) \in \varepsilon \tag{3-9}$$

其中，τ_{ij}为节点间的通信时延。

(3)由式(3-9)可得出以下一致性判据：若通信拓扑G是无向且连通的，则系统实现平均一致性的充要条件为

$$\tau_{ij} \in \left(0, \frac{\pi}{2\lambda_n(\boldsymbol{L})}\right)$$

式中，$\lambda_n(\boldsymbol{L})$为拉普拉斯矩阵的最大特征值[45]。

上述结论的前提均建立在通信拓扑保持不变的前提下。在实际的运用场景中，通信情况是十分复杂的。通信拓扑会因为各个智能体的故障或通信信道质量导致的时延、丢包而无法维持稳定不变的状态，同时智能体间编队队形的改变也会导致通信拓扑结构的变化。这种动态的拓扑结构被称为切换拓扑结构。

对于切换拓扑结构系统，式(3-7)将变化为

$$\dot{x}_i(t) = -\boldsymbol{L}(G_k)x(t), k = s(t) \tag{3-10}$$

其中，$s(t)$为切换信号。

(4)对于系统式(3-10),同样有如下一致性判据:对于系统式(3-10),若有向图 G_k 均是强连通且平衡的,则对于任意初始状态和切换拓扑机构,系统均可以收敛至平均一致[47]。

上述一致性分析均是基于连续时间系统展开的。对于离散系统,有如下一致性方法:

$$x_i(k+1) = x_i(k) + e\sum_{j=1}^{n} a_{ij}[x_j(k) - x_i(k)], (n_i, n_j) \in \varepsilon \tag{3-11}$$

对于系统整体,有

$$x(k+1) = \boldsymbol{P}_e x(k) = (1 - e\boldsymbol{L})x(k) \tag{3-12}$$
$$\boldsymbol{P}_e = 1 - e\boldsymbol{L}$$

式中,e 为离散系统的步长,满足 $0 < e < 1/\Delta$,Δ 为系统所有节点的最大度。

(5)对于式(3-12)有如下一致性判据:若有向图 G 是强连通图且平衡的,则矩阵 $\boldsymbol{P}_e$ 为双随机矩阵,系统将收敛至平均一致,一致值为[45]

$$\alpha = \frac{1}{n}\sum_{i=1}^{n} x_i(0) \tag{3-13}$$

一阶系统一致性的研究成果有很多,但由于现实中的系统通常都是二阶或二阶以上的,因此研究二阶系统的一致性更具有实际意义。对于以下二阶系统,有

$$\begin{cases} \dot{x}_i(t) = v_i(t), \\ \dot{v}_i(t) = u_i(t), \end{cases} i \in I \tag{3-14}$$

式中,$\dot{x}_i(t)$ 为位移量;$\dot{v}_i(t)$ 为速度量;$u_i(t)$ 为控制量。

对于二阶系统,实现一致性的含义是指对于 $\forall i, j \in I$,当 $t \to \infty$ 时,有 $|x_i(t) - x_j(t)| \to 0$ 且 $|v_i(t) - v_j(t)| \to 0$。同样地,对于二阶系统有如下一致性算法:

$$u_i(t) = \sum_{j=1}^{n} a_{ij}\{[x_j(t) - x_i(t)] + \gamma[v_j(t) - v_i(t)]\}, (n_i, n_j) \in \varepsilon \tag{3-15}$$

式中,γ 为速度量的权重。

将式(3-15)代入式(3-14)中,可得状态方程为

$$\begin{bmatrix} \dot{x}_i(t) \\ \dot{v}_i(t) \end{bmatrix} = \begin{bmatrix} \boldsymbol{0}_{n\times n} & \boldsymbol{I}_n \\ -\boldsymbol{L} & -\gamma\boldsymbol{L} \end{bmatrix} \begin{bmatrix} x_i(t) \\ v_i(t) \end{bmatrix} \tag{3-16}$$

令

$$\boldsymbol{\Gamma} = \begin{bmatrix} \boldsymbol{0}_{n\times n} & \boldsymbol{I}_n \\ -\boldsymbol{L} & -\gamma\boldsymbol{L} \end{bmatrix} \tag{3-17}$$

求矩阵 $\boldsymbol{\Gamma}$ 的特征根,则有

$$\begin{aligned} \det(\lambda\boldsymbol{I}_{2n} + \boldsymbol{L}) &= \det\left(\begin{bmatrix} \lambda\boldsymbol{I}_n & -\boldsymbol{I}_n \\ \boldsymbol{L} & \lambda\boldsymbol{I}_n + \gamma\boldsymbol{L} \end{bmatrix}\right) \\ &= \det[\lambda^2\boldsymbol{I}_n + (1 + \gamma\lambda)\boldsymbol{L}] \\ &= \prod_{i=1}^{n}[\lambda^2 - (1 + \gamma\lambda)\lambda_i(\boldsymbol{L})] \end{aligned} \tag{3-18}$$

式中,$\lambda_i(\boldsymbol{L})$ 为拉普拉斯矩阵的第 i 个特征值。

由式(3-18)可得 $\boldsymbol{\Gamma}$ 的特征根为

$$\lambda_i = \frac{\gamma\lambda_i(\boldsymbol{L}) \pm \sqrt{\gamma^2\lambda_i^2(\boldsymbol{L}) + 4\lambda_i(\boldsymbol{L})}}{2} \tag{3-19}$$

（6）一致性方法实现一致性的充分必要条件是矩阵 $\boldsymbol{\Gamma}$ 含有两个 0 特征根且其他特征根具有非负实部。特别地，有[47]

$$\xi \to 1\boldsymbol{p}^{\mathrm{T}}\xi(0) + t1\boldsymbol{p}^{\mathrm{T}}\zeta(0) \text{ 且 } \zeta \to 1\boldsymbol{p}^{\mathrm{T}}\zeta(0) \qquad (3-20)$$

式中，$\boldsymbol{p}$ 为矩阵 $-\boldsymbol{L}$ 零特征值的左特征向量，且有 $\boldsymbol{p}^{\mathrm{T}}1=1$。

（7）一致性方法达到渐进一致性的条件是通信拓扑中含有生成树 G 并且满足条件[48]

$$\gamma > \max_{i=2,\cdots,n} \sqrt{\dfrac{2}{|\lambda_i|\cos\left[\dfrac{\pi}{2} - \arctan\dfrac{-\mathrm{Re}(\lambda_i)}{\mathrm{Im}(\lambda_i)}\right]}} \qquad (3-21)$$

式中，λ_i 为矩阵 $-\boldsymbol{L}$ 的非零特征值。

由结论（7）与式（3-21）可知，有别于一阶系统，二阶系统能否实现一致性收敛不仅由通信拓扑决定，同时还受到参数 γ 的影响。选择合适的 γ 值，对于二阶系统一致性的收敛性十分关键。

2. 无人机编队设计

一致性方法的核心就是在控制算法的作用下使一致量实现渐进一致性稳定，因此选取合适的一致量是一致性算法设计的首要工作。对于实现四旋翼无人机编队的队形形成与队形保持这一任务而言，编队中无人机的三维位置和速度可构成一个二阶系统，它决定了编队整体的队形拓扑结构及运动趋势，因此可以选取无人机的位置和速度设计二阶系统一致性算法。在这两个状态当中，速度可以直接作为一致量，而各个无人机的位置坐标是不能直接相等的，因此需要对各机位置进行一定的处理。

对于不同的队形结构，无论是平行编队、纵列编队、楔形编队或是菱形编队，各个队形中均可设置一个队形参考点。队形参考点可能为编队中的某个个体，也可能只是某个虚拟的点。由于无人机间的相对位置决定了编队队形，因此当无人机编队实现队形稳定时，各个无人机相对于队形参考点的位置也就相当于实现了一致。编队中的个体与队形参考点的相对位置是固定的，记无人机编队参考点的位置为 $q_0 = (x_0, y_0, z_0)$，当编队队形稳定时，在水平面上，无人机与编队参考点的距离为 h_i，在垂直方向上与参考点的距离为 η_i。如图 3-4 所示，当编队前进方向的偏航角 $\psi=0$ 时，编队中各架无人机对于参考点在水平面上的相对位置分别为 $(d_i\sin\varphi_i, d_i\cos\varphi_i)$。

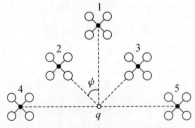

图 3-4　偏航角为 0 时的编队

如图 3-5 所示，当编队前进方向偏航角不为 0 时，编队中各架无人机相对于参考点在水平面上的相对位置为 $[d_i\sin(\varphi_i+\psi), d_i\cos(\varphi_i+\psi)]$。

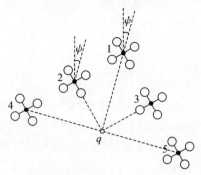

图 3-5　偏航角不为 0 的编队

如图 3-6 所示,图 3-6(a)为楔形编队队形未形成时的情况,在水平面上,5 架无人机按照预设队形相对于参考点的位置向量分别为$(d_i\sin(\varphi_i+\psi), d_i\cos(\varphi_i+\psi))$,此时各架无人机存在一个虚拟位置,分别为 $P_i(x_i-d_i\sin(\varphi_i+\psi), y_i-d_i\cos(\varphi_i+\psi), z_i-h_i)$。如图 3-6(b)所示,当 5 架无人机到达编队队形要求的位置时,无人机的虚拟位置实现重合,有 $P_1=P_2=\cdots=P_n=q_0$,此时各架无人机实现了编队中位置的一致。

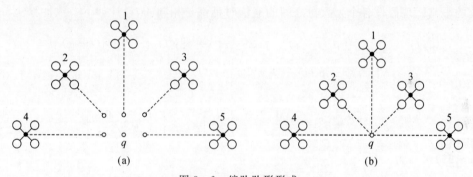

图 3-6　编队队形形成

(a)编队队形未形成;(b)编队队形已形成

综上所述,在设计四旋翼无人机编队的二阶一致性算法时,选择各个无人机的虚拟位置和速度作为一致量,可以满足算法的需求。

3.3　基于一致性方法的编队控制器设计与实践

3.2.1　一致性编队控制算法

1.算法设计

本节设计四旋翼无人机编队一致性算法。由 3.2 节选定的一致量,可将无人机的运动视为如下二阶系统:

$$
\left.\begin{aligned}
\dot{p}_i(t) &= v_i(t)\\
\dot{v}_i(t) &= u_i(t)
\end{aligned}\right\}
$$

$$(3-22)$$

式中，p_i 为由预设队形求得的无人机虚拟位置，可记为 $p_i = [x_i \ y_i \ z_i]^T$；$v_i$ 为无人机运动的速度，可分解为三维方向上的速度 $v_i = [v_{xi} \ v_{yi} \ v_{zi}]^T$。

对于系统式(3-22)，有如下一致性算法：

$$u_i(t) = \sum_{j=1}^{n} a_{ij} \{ [p_j(t) - p_i(t)] + \gamma [v_j(t) - v_i(t)] \} \tag{3-23}$$

由系统一致性判据可知，在编队通信拓扑含有生成树且 γ 的值满足条件的情况下，式(3-23)给出的一致性算法能够实现一致性收敛。式(3-23)给出的一致性算法是一种静态一致性算法，无人机编队参考点的位置与速度将收敛至无人机初始状态的平均值，此时无人机将完成编队的形成。然而在实际的编队控制中，期望实现的编队效果不仅仅是完成无人机的集结，同时还期望编队能够按照指定的轨迹以一定的速度进行运动。根据这一需求，可将无人机编队参考点作为虚拟领航者，据此有如下一致性算法：

$$u_i(t) = \sum_{j=1}^{n} a_{ij} \{ [p_j(t) - p_i(t)] + \gamma [v_j(t) - v_i(t)] \} + k \{ p_0(t) - p_i(t) + \gamma [v_0(t) - v_i(t)] \} \tag{3-24}$$

式中，p_0 为参考点的位置；v_0 为参考点的速度。

无人机编队在通信过程中必然会有时延的存在，在设计编队控制算法时必须考虑到时延对系统的影响。现假设各个无人机之间的通信时延都是相同的，设计如下一致性算法：

$$u_i(t) = \sum_{j=1}^{n} a_{ij} \{ [p_j(t-\tau) - p_i(t-\tau)] + \gamma [v_j(t-\tau) - v_i(t-\tau)] \} + k \{ p_0(t) - p_i(t) + \gamma [v_0(t) - v_i(t)] \} \tag{3-25}$$

记

$$\varepsilon = \begin{bmatrix} p \\ v \end{bmatrix}, B = \begin{bmatrix} 0 & I_n \\ -kI_n & -k\gamma I_n \end{bmatrix}, C = \begin{bmatrix} 0 & 0 \\ -L & -\gamma L \end{bmatrix}$$

则式(3-25)可写为

$$\varepsilon = B\varepsilon(t) + C\varepsilon[t-\tau(t)] = E\varepsilon(t) + F\eta(t) \tag{3-26}$$

式中，$E = B + C$；$F = -C$；$\eta(t) = \varepsilon(t) - \varepsilon[t - \tau(t)]$。

现证明系统的稳定性。在证明之前，先给出以下引理：

对于一可导的实向量函数 $z(t) \in \mathbf{R}^n$ 与 $n \times n$ 阶对称正定矩阵 M，存在下列不等式关系：

$$\int_{t-\tau(t)}^{t} \dot{z}^T(s) M \dot{z}(s) \mathrm{d}s \geqslant d^{-1} \{z(t) - z[t-\tau(t)]\}^T M \{z(t) - z[t-\tau(t)]\} \tag{3-27}$$

式中，$0 < \tau(t) < d$。

对系统构建 Lyapunov-Krasovskii 函数为[49]

$$V = \varepsilon^T(t) P \varepsilon(t) + \int_{t-\tau(t)}^{t} \varepsilon^T(s) Q \varepsilon(s) \mathrm{d}s + \int_{-\tau(t)}^{0} \int_{t+\theta}^{t} \varepsilon^T(s) R \varepsilon(s) \mathrm{d}s \mathrm{d}\theta \tag{3-28}$$

式中，P、Q、R 为对称正定矩阵。

对式(3-28)进行求导，可得

$$\begin{aligned} \dot{V} = &\ 2\varepsilon^T(t) P \dot{\varepsilon}(t) + \varepsilon^T(t) Q \varepsilon(t) - \\ &\ [1 - \dot{\tau}(t)] \cdot \varepsilon^T[t-\tau(t)] Q \varepsilon[t-\tau(t)] + \tau(t) \dot{\varepsilon}^T(t) R \dot{\varepsilon}(t) - \\ &\ [1 - \dot{\tau}(t)] \int_{t-\tau(t)}^{t} \dot{\varepsilon}^T(s) R \dot{\varepsilon}(s) \mathrm{d}s \end{aligned} \tag{3-29}$$

设系统的通信延迟能够满足 $0 < \tau(t) < d$ 且 $0 < \dot{\tau}(t) \leqslant \rho < 1$，则有

$$
\left.
\begin{aligned}
\boldsymbol{\varphi}_{11} &= \boldsymbol{E}^{\mathrm{T}}\boldsymbol{P} + \boldsymbol{P}\boldsymbol{E} + \rho\boldsymbol{Q} + d\boldsymbol{E}^{\mathrm{T}}\boldsymbol{R}\boldsymbol{E} \\
\boldsymbol{\varphi}_{12} &= \boldsymbol{P}\boldsymbol{F} + (1-\rho)\boldsymbol{Q} + d\boldsymbol{E}^{\mathrm{T}}\boldsymbol{R}\boldsymbol{F} \\
\boldsymbol{\varphi}_{22} &= (1-\rho)\boldsymbol{Q} - d\boldsymbol{F}^{\mathrm{T}}\boldsymbol{R}\boldsymbol{F} + \frac{(1-\rho)}{d}\boldsymbol{R}
\end{aligned}
\right\}
\tag{3-30}
$$

则式(3-29)可化为

$$
\begin{aligned}
\dot{V} =\; & \boldsymbol{\varepsilon}^{\mathrm{T}}(t)\big[\boldsymbol{E}^{\mathrm{T}}\boldsymbol{P} + \boldsymbol{P}\boldsymbol{E} + \dot{\boldsymbol{\tau}}(t)\boldsymbol{Q} + \boldsymbol{\tau}(t)\boldsymbol{E}^{\mathrm{T}}\boldsymbol{R}\boldsymbol{E}\big)\boldsymbol{\varepsilon}(t) + \\
& 2\boldsymbol{\eta}^{T}(t)\{\boldsymbol{F}^{\mathrm{T}}\boldsymbol{P} + [1-\dot{\boldsymbol{\tau}}(t)]\boldsymbol{Q} + \boldsymbol{\tau}(t)\boldsymbol{F}^{\mathrm{T}}\boldsymbol{R}\boldsymbol{E}\}\boldsymbol{\varepsilon}(t) + \\
& \boldsymbol{\eta}^{\mathrm{T}}(t)\{-[1-\dot{\boldsymbol{\tau}}(t)]\boldsymbol{Q} + \dot{\boldsymbol{\tau}}(t)\boldsymbol{F}^{\mathrm{T}}\boldsymbol{R}\boldsymbol{F}\}\boldsymbol{\eta}(t) - \\
& [1-\dot{\boldsymbol{\tau}}(t)]\int_{t-\tau(t)}^{t}\dot{\boldsymbol{\varepsilon}}^{\mathrm{T}}(s)\boldsymbol{R}\dot{\boldsymbol{\varepsilon}}(s)\mathrm{d}s
\end{aligned}
\tag{3-31}
$$

由式(3-27)可得

$$
\int_{t-\tau(t)}^{t}\dot{\boldsymbol{\varepsilon}}^{\mathrm{T}}(s)\boldsymbol{R}\dot{\boldsymbol{\varepsilon}}(s)\mathrm{d}s \geqslant d^{-1}\{\boldsymbol{\varepsilon}(t) - \boldsymbol{\varepsilon}[t-\tau(t)]\}^{\mathrm{T}}\boldsymbol{R}\{\boldsymbol{\varepsilon}(t) - \boldsymbol{\varepsilon}[t-\tau(t)]\}
\tag{3-32}
$$

联立式(3-32)和式(3-31)，可得到

$$
\begin{aligned}
\dot{V} \leqslant\; & \boldsymbol{\varepsilon}^{\mathrm{T}}(t)(\boldsymbol{E}^{\mathrm{T}}\boldsymbol{P} + \boldsymbol{P}\boldsymbol{E} + \rho\boldsymbol{Q} + d\boldsymbol{E}^{\mathrm{T}}\boldsymbol{R}\boldsymbol{E})\boldsymbol{\varepsilon}(t) + \\
& 2\boldsymbol{\eta}^{\mathrm{T}}(t)[\boldsymbol{F}^{\mathrm{T}}\boldsymbol{P} + (1-\rho)\boldsymbol{Q} + d\boldsymbol{F}^{\mathrm{T}}\boldsymbol{R}\boldsymbol{E}]\boldsymbol{\varepsilon}(t) - \\
& \boldsymbol{\eta}^{\mathrm{T}}(t)\left[(1-\rho)\boldsymbol{Q} - d\boldsymbol{F}^{\mathrm{T}}\boldsymbol{R}\boldsymbol{F} + \frac{1-\rho}{d}\boldsymbol{R}\right]\boldsymbol{\eta}(t)
\end{aligned}
\tag{3-33}
$$

由式(3-30)可得

$$
\dot{V} \leqslant \begin{bmatrix} \boldsymbol{\varepsilon}^{\mathrm{T}}(t) & \boldsymbol{\eta}^{\mathrm{T}}(t) \end{bmatrix} \begin{bmatrix} \boldsymbol{\varphi}_{11} & \boldsymbol{\varphi}_{12} \\ \boldsymbol{\varphi}_{12}^{\mathrm{T}} & -\boldsymbol{\varphi}_{22} \end{bmatrix} \begin{bmatrix} \boldsymbol{\varepsilon}(t) \\ \boldsymbol{\eta}(t) \end{bmatrix}
\tag{3-34}
$$

由式(3-34)可知，使 $\dot{V} < 0$，则需满足条件

$$
\begin{bmatrix} \boldsymbol{\varphi}_{11} & \boldsymbol{\varphi}_{12} \\ \boldsymbol{\varphi}_{12}^{\mathrm{T}} & -\boldsymbol{\varphi}_{22} \end{bmatrix} < 0, \quad \boldsymbol{\varphi}_{22} > 0
\tag{3-35}
$$

当式(3-35)成立时，系统满足 Lyapunov 稳定性判据，能够实现渐进一致性稳定。这说明当选择合适的控制参数并且时延满足一定条件时，无人机编队能够实现编队队形的形成并按照预定的航迹运动。

2.仿真结果

如图 3-7 所示，设计一个共有 5 架无人机的编队，编队的队形为楔形，编队的通信拓扑如图 3-8 所示。

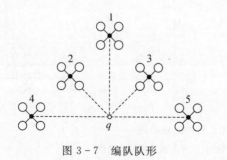

图 3-7　编队队形

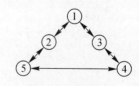

图 3-8　通信拓扑

对于图 3-8 所示的通信拓扑，其邻接矩阵和拉普拉斯矩阵分别为

$$
\boldsymbol{A} = \begin{bmatrix} 0 & 1 & 1 & 0 & 0 \\ 1 & 0 & 0 & 0 & 1 \\ 1 & 0 & 0 & 1 & 0 \\ 0 & 0 & 1 & 0 & 1 \\ 0 & 1 & 0 & 1 & 0 \end{bmatrix}, \quad \boldsymbol{L} = \begin{bmatrix} 2 & -1 & -1 & 0 & 0 \\ -1 & 2 & 0 & 0 & -1 \\ -1 & 0 & 2 & -1 & 0 \\ 0 & 0 & -1 & 2 & -1 \\ 0 & -1 & 0 & -1 & 2 \end{bmatrix} \tag{3-36}
$$

记点 q 为编队参考点，则编队中各架无人机在水平面上相对于编队参考点的距离 d_i 分别为 10、$5\sqrt{2}$、$5\sqrt{2}$、10 和 10。考虑到编队队形为楔形，则各架无人机在空间中的虚拟位置坐标为

$$
\left.\begin{aligned}
&P_1(x_1 - 10\sin\psi, y_1 - 10\cos\psi, z_1) \\
&P_2(x_2 - 5\sqrt{2}\sin(-\pi/4 + \psi), y_2 - 5\sqrt{2}\cos(-\pi/4 + \psi), z_2) \\
&P_3(x_3 - 5\sqrt{2}\sin(\pi/4 + \psi), y_3 - 5\sqrt{2}\cos(\pi/4 + \psi), z_3) \\
&P_4(x_4 - 10\sin(-\pi/2 + \psi), y_4 - 10\cos(-\pi/2 + \psi), z_4) \\
&P_5(x_5 - 10\sin(\pi/2 + \psi), y_4 - 10\cos(\pi/2 + \psi), z_4)
\end{aligned}\right\} \tag{3-37}
$$

首先对编队中不存在时延的情况进行仿真。设定 5 架无人机的初始位置都在高度为 $0\ \mathrm{m}$ 的水平面上，考虑到实际情况，设定编队中无人机的速度不超过 $10\ \mathrm{m/s}$。

设定无人机编队所跟随的编队参考点的速度为

$$
\left.\begin{aligned}
v_x &= 3 \\
v_y &= 3 \\
v_z &= 2 - 0.1t
\end{aligned}\right\} \tag{3-38}
$$

设定仿真时长为 $10\ \mathrm{s}$，仿真的结果如图 3-9 和图 3-10 所示。图 3-9（见彩插图 3-9）为一致性算法下无人机编队的运动轨迹。图 3-9(a)为无人机在三维空间中的运动轨迹。可以看出 5 架无人机的位置由开始的较远距离逐渐收敛，最终形成了预定的编队队形，并且能够跟随编队参考点的速度进行运动。图 3-9(b)为无人机编队运动轨迹在水平面上的投影，无人机编队能够由初始状态迅速收敛至预定的楔形编队队形，并且能够在保持队形的同时按照预定的速度运动。可以看出，在仿真结束时，5 架无人机仍然能够保持预定的楔形队形。

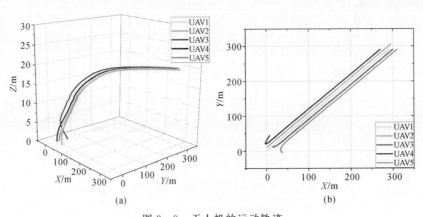

图 3-9　无人机的运动轨迹

(a)无人机三维运动轨迹；(b)无人机平面运动轨迹

图 3-10(见彩插图 3-10)分别为仿真前 20 s 内无人机编队在 X 轴方向上和 Y 轴方向上的速度对比。可以看出,无人机编队能够在仿真开始后大约 4 s 实现整体速度的收敛,并且收敛到的速度为编队需要实现的跟踪速度。此时无人机编队实现了虚拟位置和速度的一致,能够在保持编队队形的情况下按照预定的轨迹与速度运动。

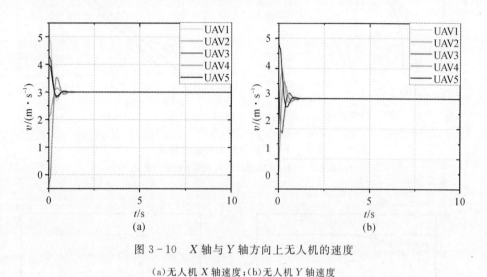

图 3-10　X 轴与 Y 轴方向上无人机的速度

(a)无人机 X 轴速度;(b)无人机 Y 轴速度

3.3.2　一致性控制算法的对比实验

1. 算法对比

下面进行一致性算法与一般领航跟随算法的对比。令编队中无人机 3 为编队中的长机,运动速度按式(3-38)计算,由长机的位置可确定编队中其余无人机的预期位置,并使用第 2 章中提出的位置控制器实现对各无人机的控制,以此来实现僚机对长机的跟随。

将仿真时长设为 10 s,仿真结果如图 3-11(见彩插图 3-11)与图 3-12(见彩插图 3-12)所示。可以看出,使用位置控制器实现的领航跟随法可以完成预定的编队任务,领航跟随法下的编队队形形成与速度收敛比一致性算法需要花费更长的时间,但领航跟随法下无人机速度的振荡更小。两种方法的性能各有优势,但一致性算法是基于分布式系统设计的,每架无人机只需与相邻的无人机进行通信,而无需担心长机的状态;同时,随着编队中无人机之间的相互靠近,一致性算法能够由负反馈使无人机之间分离,这就实现了无人机编队内的避撞,这是领航跟随法所不具备的优势。综上所述,一致性算法相比于传统的领航跟随法有更好的工程应用价值。

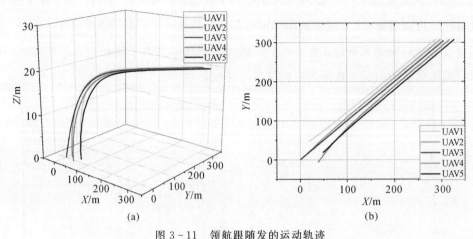

图 3 – 11　领航跟随发的运动轨迹

(a)无人机三维运动轨迹;(b)无人机平面运动轨迹

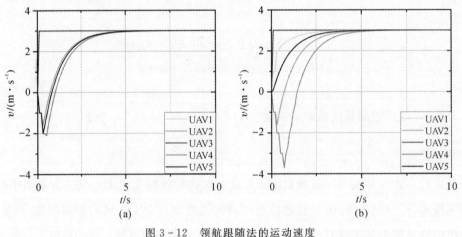

图 3 – 12　领航跟随法的运动速度

(a)无人机 X 轴速度;(b)无人机 Y 轴速度

2. 时延仿真

下面对系统中存在的时延情况进行仿真分析。设定无人机编队所跟随的编队参考点的速度为

$$\left.\begin{array}{l} v_x = 3 \\ v_y = 3 \\ v_z = 2 - 0.1t \end{array}\right\} \qquad (3-39)$$

现分别对时延 $\tau = 0.05$ s、$\tau = 0.15$ s、$\tau = 0.5$ s 三种情况进行仿真验证。

(1)$\tau = 0.05$ s。首先取 $\tau = 0.05$ s,设仿真时长为 50 s。仿真结果如图 3 – 13(见彩插图 3 – 13)所示,为 $\tau = 0.05$ s 时无人机在三维空间和平面上的运动轨迹。由图 3 – 13(a)可以看出,5 架无人机从预设位置出发,经过短暂时间后完成了编队的形成,能够按照预定的轨迹螺旋上升,并且一直保持编队队形直到仿真停止。由图 3 – 13(b)可以看出,由于受到系统中时延的影响,编队中无人机的运动在开始时出现了一定的震动,但在一段时间后编队恢复了稳定,能够保持队形并对预定的轨迹进行跟随。由上述仿真可以看出,在系统时延较小的情况下,算法能够完成预期的目标并且维持整个系统的稳定。

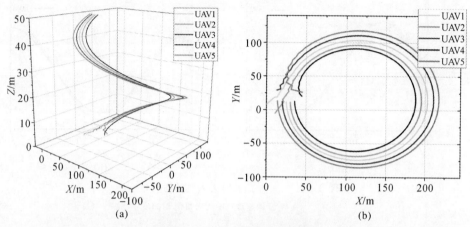

图 3 - 13　无人机的运动轨迹
(a)无人机三维运动轨迹;(b)无人机平面运动轨迹

图 3 - 14(见彩插图 3 - 14)为 $\tau=0.05$ s 时,编队中无人机在 X 轴和 Y 轴方向上的运动速度。从图 3 - 14 中可以看出,由于受到通信时延的干扰,无人机速度的收敛在开始时存在一定的振荡,并且整体的收敛速度比无时延时有所减慢。在系统时延较小的情况下,编队仍然能够在 5 s 左右完成速度的收敛,并且实现对编队参考点的跟随。可以看出,由于编队在作螺旋上升运动,处于内、外侧的不同无人机的运动速度并不完全一致,靠近内侧的运动速度会更慢一些,这也维持了整体队形的稳定。

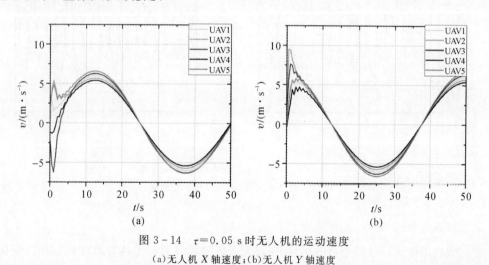

图 3 - 14　$\tau=0.05$ s 时无人机的运动速度
(a)无人机 X 轴速度;(b)无人机 Y 轴速度

(2)$\tau=0.15$ s。图 3 - 15(见彩插图 3 - 15)为 $\tau=0.15$ s 时编队中无人机在 X 轴和 Y 轴方向上的运动速度。如图 3 - 15 所示,随着时延的增大,无人机编队运动速度出现的振荡也会变大,整体的收敛时间在 10 s 之后,相比较时延较小时花费了更长的时间。时延 $\tau=0.15$ s 时的仿真结果表明,通信中时延的增大会使系统的性能下降,但当时延在一定范围内时,系统仍能实现一致性收敛,并且能够在维持队形的同时对编队参考点进行跟随。

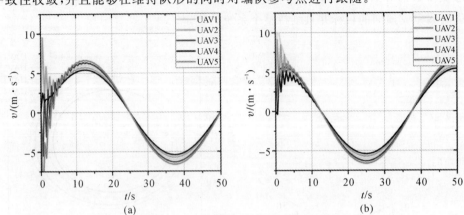

图 3-15 $\tau = 0.15$ s 时无人机的运动速度

(a)无人机 X 轴速度;(b)无人机 Y 轴速度

(3)$\tau = 0.5$ s。图 3-16(见彩插图 3-16)为 $\tau = 0.5$ s 时编队中无人机在 X 轴和 Y 轴方向上的运动速度。如图 3-16 所示,当时延增大到 0.5 s 时,系统已经无法完成一致性收敛,此时时延超过了算法所允许的最大上限,各架无人机的速度呈周期性变化。由时延 $\tau = 0.5$ s 时的仿真结果可知,算法可以允许的系统时延是有限的。当时延超过算法允许的最大值时,算法将会失效,无人机编队无法完成预定的任务。

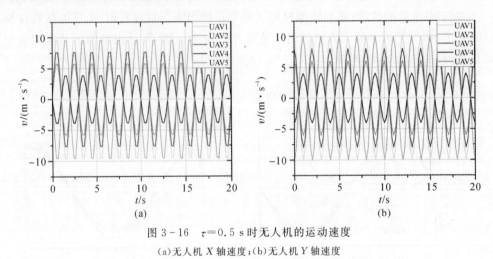

图 3-16 $\tau = 0.5$ s 时无人机的运动速度

(a)无人机 X 轴速度;(b)无人机 Y 轴速度

3.故障或干扰仿真

在无人机编队飞行过程中,往往会存在因无人机故障或通信干扰导致的通信拓扑变化。下面针对这种情况进行仿真,验证队形控制算法在通信拓扑变化下的效果。令编队飞行时系统中的时延 $\tau = 0.15$ s,设定仿真时长总计为 50 s,假设无人机 3 和无人机 5 在第 25 s 时因故障退出编队,此时编队队形由楔形编队变为线形编队,变化后的编队通信拓扑如图 3-17 所示。

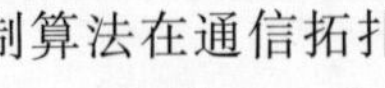

③——②——①

图 3-17 变化后的编队拓扑

变化后的编队拓扑中仍然包含生成树,满足系统一致量收敛的条件。仿真结果显示,无人机编队的运动轨迹如图 3-18(见彩插 3-18)所示,各架无人机从初始位置起飞,在经过一段时间后形成预定编队队形并跟随编队参考点运动;当仿真进行到第 25 s 时,无人机 3 和无人机 5 脱离编队,受此影响,编队中剩余三架无人机的运动出现了一定程度的振荡,但之后编队能够很快恢复队形的稳定,并继续跟随编队参考点进行运动。

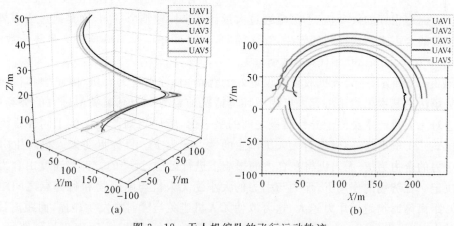

图 3-18　无人机编队的飞行运动轨迹
(a)无人机三维轨迹;(b)无人机平面轨迹

图 3-19(见彩插图 3-19)为编队中各架无人机的速度。可以看到,仿真开始后各架无人机能够实现速度的一致。当仿真进行到第 25 s 时,由于编队通信拓扑发生变化,在一致性算法的作用下,剩余的各架无人机重新调整自身的速度,很快重新实现了速度的收敛,并且能够一直跟随编队参考点的速度。

由上述仿真可知,一致性编队控制算法具有较好的鲁棒性,只要编队能够保证通信拓扑的畅通,无论成员是否丢失,编队均能保持队形的稳定。

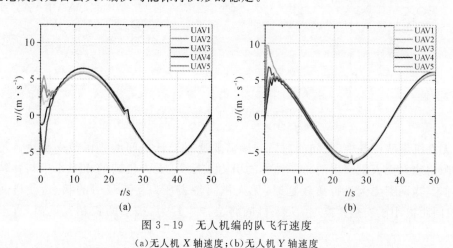

图 3-19　无人机编的队飞行速度
(a)无人机 X 轴速度;(b)无人机 Y 轴速度

3.4 四旋翼无人机编队的避障方法

在无人机编队飞行任务中,规避碰撞的风险是首先需要考虑的问题。一致性方法在无人机相互靠近时能产生斥力,也可以一定程度上实现机间的避撞。但由于其斥力的产生是线性增加的,所以分离速度慢,且对于环境中的障碍物没有规避的能力。相比较而言,人工势场法在防碰撞方面有很好的效果,它不需要通过大量计算来构建整个空间,而是通过建立势函数计算当前位置的合力来达成控制的效果,算法简明,实时性好。人工势场法又名势函数法,最早由 Knatib[50] 在 20 世纪 80 年代提出。

如图 3-20 所示,将无人机放置在设定好的势场中,分别将无人机、障碍物和目标点视为质点。势场法的基本思想是将无人机周围环境情况抽象为一个充满类似磁力的势场中,其中目标点会对无人机产生类似于异性磁极之间的吸引力,障碍物则产生类似于同性磁极间的斥力。如图 3-21 所示,将障碍物对无人机产生的斥力记为 F_{rp},目标点对无人机产生引力 F_{ap},斥力与引力的合力为 F,无人机将在合力的影响下进行运动,运动的方向与速度由合力的方向与速度决定。在势场的作用下,斥力与引力的大小受无人机与障碍物和目标点之间距离的影响,其中,距离障碍物越近斥力越大,这可以使无人机避免与障碍物发生碰撞;而距离目标点越远引力越大,这可以保证无人机的整体运动方向是朝向目标点的,能够逐步规划路径,最终到达目标点。

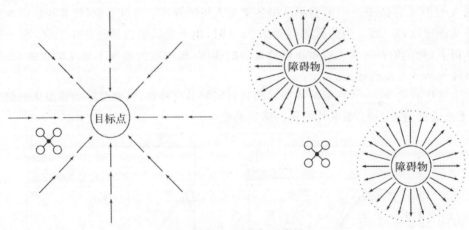

图 3-20 人工势场示意图

在无人机编队任务中,机间的避撞问题需要通过设计机间的势函数来解决。不同于目标点和障碍物对无人机产生的单一种类的引力或斥力,无人机间的相互作用与弹簧的效果更为相似。当两架无人机距离较远时,无人机间将表现为相互吸引的状态,使机间距离减小;当机间距离小于安全距离时,无人机间将会产生斥力,推动两机相互远离,直至到达平衡状态。

本节将通过建立人工势场实现无人机编队的避撞功能,下面分别建立目标的引力场、障碍物的斥力场以及编队个体间的势场。

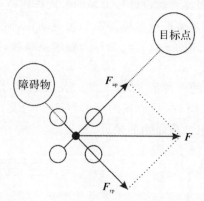

图 3-21   势场作用下无人机受力示意图

3.4.1   目标点引力场的建立

记编队中第 i 架无人机的位置为 $\boldsymbol{p}_i(x_i, y_i, z_i)$，目标点的位置为 $\boldsymbol{p}_0(x_0, y_0, z_0)$，无人机与目标点的距离为 $d(\boldsymbol{p}_0, \boldsymbol{p}_i)$。在建立的人工势场中，无人机受到目标点引力的大小与 $d(\boldsymbol{p}_0, \boldsymbol{p}_i)$ 的大小有关，当无人机与目标点的距离越近，$d(\boldsymbol{p}_0, \boldsymbol{p}_i)$ 的值越小，无人机受到的引力就越小，两者之间呈正相关；当无人机到达目标点时，其受到目标点的引力为零。由此设计目标的引力场函数为

$$\Psi_{\mathrm{ap}}(\boldsymbol{p}_0, \boldsymbol{p}_i) = \begin{cases} 0.5 k_{\mathrm{ap}} \parallel d(\boldsymbol{p}_0, \boldsymbol{p}_i) \parallel^2, & d(\boldsymbol{p}_0, \boldsymbol{p}_i) \neq 0 \\ 0, & d(\boldsymbol{p}_0, \boldsymbol{p}_i) = 0 \end{cases} \qquad (3-40)$$

式中，k_{ap} 为目标点引力场增益系数。

由人工势场的定义可知，无人机所受到的引力为目标点引力场的负梯度，则由式（3-40）可得目标点对无人机 i 的引力 F_{api} 为

$$F_{\mathrm{api}}(\boldsymbol{p}_0, \boldsymbol{p}_i) = -\nabla \Psi_{\mathrm{ap}}(\boldsymbol{p}_0, \boldsymbol{p}_i) = -k_{\mathrm{ap}} d(\boldsymbol{p}_0, \boldsymbol{p}_i) \qquad (3-41)$$

由式（3-41）可知，引力的方向由无人机指向目标点，其大小可以通过调整增益系数 k_{ap} 的值来改变。

3.4.2   障碍物斥力场的建立

人工势场的核心目的是实现无人机编队的防碰撞任务，因此人工势场建立中最为重要的任务就是斥力场的建立。记障碍物的位置为 $\boldsymbol{p}_{\mathrm{obs}}$，无人机与障碍物的距离为 $d(\boldsymbol{p}_{\mathrm{obs}}, \boldsymbol{p}_0)$。无人机受到目标点的斥力，当无人机与障碍物接近时，$d(\boldsymbol{p}_{\mathrm{obs}}, \boldsymbol{p}_0)$ 减小，障碍物产生的斥力变大，阻碍障碍物的接近。在设计斥力场函数时，出于对无人机安全性的考虑，需要斥力在无人机十分接近障碍物时迅速增大，因此可通过使斥力随 $d(\boldsymbol{p}_{\mathrm{obs}}, \boldsymbol{p}_0)$ 减小产生指数级的增长来满足需求。构建斥力场函数为

$$\Psi_{\mathrm{rp}}(\boldsymbol{p}_{\mathrm{obs}}, \boldsymbol{p}_i) = \begin{cases} \dfrac{k_{\mathrm{rp}}}{\varepsilon^{\eta_{\mathrm{rp}}(\parallel d(\boldsymbol{p}_{\mathrm{obs}}, \boldsymbol{p}_i) \parallel - \parallel d_{\min} \parallel)}}, & \parallel d_{\min} \parallel < \parallel d(\boldsymbol{p}_{\mathrm{obs}}, \boldsymbol{p}_i) \parallel < \parallel d_{\max} \parallel \\ 0, & 其他 \end{cases}$$

$$(3-42)$$

式中，$d_{\max}$ 为斥力最大作用范围；$d_{\min}$ 为斥力最小作用范围。

在斥力场的建立过程中,需要考虑设计斥力场的最大作用范围,这可以保证无人机只有运动到障碍物的指定作用范围时才会进行对障碍物的规避动作,而在其他时刻无人机的运动不会受到该障碍物的干扰。对于式(3-42),k_{rp} 为斥力场增益系数,决定了斥力场的幅值,常数 ε 与 η_{rp} 决定了斥力场的变化速度。

图 3-22 为障碍物斥力场的一种情况,取 k_{rp} 为 2,ε 为自然常数 e,η_{rp} 为 1,d_{min} 与 d_{max} 分别为 1 和 10,当 $1 < d(\boldsymbol{p}_{obs}, \boldsymbol{p}_0) < 10$ 时,斥力场的值为零;当 $d(\boldsymbol{p}_{obs}, \boldsymbol{p}_0)$ 的值趋近于 1 时,斥力场迅速增大,可以有效阻碍无人机向障碍物的接近。

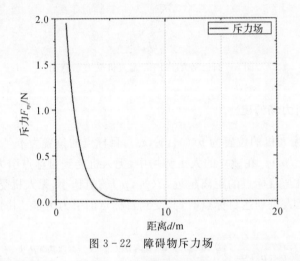

图 3-22　障碍物斥力场

下面对对斥力场求负梯度。由式(3-41)可得障碍物对无人机的斥力为 F_{rpi}

$$F_{rpi}(\boldsymbol{p}_{obs}, \boldsymbol{p}_i) = -\nabla \Psi_{rp}(\boldsymbol{p}_{obs}, \boldsymbol{p}_i) = \frac{k_{rp} \ln \varepsilon}{\eta_{rp} \varepsilon^{\eta_{rp}(\|d(\boldsymbol{p}_{obs}, \boldsymbol{p}_i)\| - \|d_{min}\|)}} \frac{d(\boldsymbol{p}_{obs}, \boldsymbol{p}_i)}{\|d(\boldsymbol{p}_{obs}, \boldsymbol{p}_i)\|} \quad (3-43)$$

斥力 F_{rpi} 的方向指向无人机与障碍物连线的反方向。对于斥力 F_{rpi},可引入速度参考量,即令

$$F_{rpi}(\boldsymbol{p}_{obs}, \boldsymbol{p}_i) = \begin{cases} (1 + k_{obs} V_t) \dfrac{k_{rp} \ln \varepsilon}{\eta_{rp} \varepsilon^{\eta_{rp}(\|d(\boldsymbol{p}_{obs}, \boldsymbol{p}_i)\| - \|d_{min}\|)}} \dfrac{d(\boldsymbol{p}_{obs}, \boldsymbol{p}_i)}{\|d(\boldsymbol{p}_{obs}, \boldsymbol{p}_i)\|}, & V_t > 0 \\[3mm] \dfrac{k_{rp} \ln \varepsilon}{\eta_{rp} \varepsilon^{\eta_{rp}(\|d(\boldsymbol{p}_{obs}, \boldsymbol{p}_i)\| - \|d_{min}\|)}} \dfrac{d(\boldsymbol{p}_{obs}, \boldsymbol{p}_i)}{\|d(\boldsymbol{p}_{obs}, \boldsymbol{p}_i)\|}, & \text{其他} \end{cases} \quad (3-44)$$

由式(3-44)可知,当无人机接近障碍物时,无人机的速度越大,$k_{obs} V_t$ 的值就越大,无人机受到的斥力也越大;当无人机远离障碍物时,无人机的速度对 F_{rpi} 不产生影响。由速度产生的斥力场能够起到改善整体避障的作用;当无人机快速靠近障碍物时可以增大无人机避障的力度,靠近的速度越快,阻碍其靠近的力度越强。

3.4.3　编队个体间势场的建立

编队中无人机相互之间的势场需要同时考虑机间的引力和斥力,其中引力的作用为维持预定的编队队形,斥力的作用为防止编队中无人机间的碰撞。考虑到实际中无人机间的通信情况,设计每架无人机只会受到能够与其通信的无人机势场的影响。编队个体间势场的建立可以由目标点产生的引力场和障碍物产生的斥力场扩展而来,其原理是基本相同的。

定义无人机编队通信拓扑的邻接矩阵为 $\boldsymbol{A} = [a_{ij}] \in \mathbf{R}^{N \times N}$,则无人机 i 处于的无人机间势场之和为

$$\left.\begin{aligned}\boldsymbol{\Psi}_{\mathrm{ap}} &= \sum_{j=1}^{n} a_{ij}\boldsymbol{\Psi}_{\mathrm{ap}ij}(\boldsymbol{p}_i,\boldsymbol{p}_j) \\ \boldsymbol{\Psi}_{\mathrm{rp}} &= \sum_{j=1}^{n} a_{ij}\boldsymbol{\Psi}_{\mathrm{rp}ij}(\boldsymbol{p}_i,\boldsymbol{p}_j)\end{aligned}\right\} \tag{3-45}$$

式中，$\boldsymbol{\Psi}_{\mathrm{ap}}$ 与 $\boldsymbol{\Psi}_{\mathrm{rp}}$ 分别为所有能够与无人机 i 通信的无人机产生的引力场与斥力场之和。

不与无人机 i 通信的无人机将无法产生对 i 的势场，这与实际的情况相符合。记无人机 i 与无人机 j 之间的距离为 $d(\boldsymbol{p}_i,\boldsymbol{p}_j)$，则设计无人机间的引力场为

$$\boldsymbol{\Psi}_{\mathrm{ap}ij}(\boldsymbol{p}_i,\boldsymbol{p}_j) = 0.5k_{ij}\parallel d(\boldsymbol{p}_i,\boldsymbol{p}_j)\parallel^2 \tag{3-46}$$

式中，k_{ij} 为引力场增益系数。

对于无人机间的引力场，需要确定其作用范围。当两架无人机接近到将要发生碰撞时，机间的引力场将不会再产生效果，记此距离为引力场的最小作用范围 $d_{\min}$；当无人机间距离超过机间势场的最大作用范围时，引力场同样将不再产生效果，记此距离为 $d_{\max}$。

无人机间的斥力场为

$$\boldsymbol{\Psi}_{\mathrm{rp}ij}(\boldsymbol{p}_i,\boldsymbol{p}_j) = \frac{k_{ij}}{\varepsilon^{\eta_{\mathrm{rp}}(\parallel d(\boldsymbol{p}_i,\boldsymbol{p}_j)\parallel - \parallel d_{\min}\parallel)}} \tag{3-47}$$

对于式(3-47)，同样有斥力场的作用范围 $[d_{\min},d_{\max}]$。当机间距离趋近于 $d_{\min}$ 时，斥力场迅速增大，趋近于正无穷，可以防止机间碰撞的产生。

对于无人机 j 对无人机 i 产生的势场，需要确定其平衡点 $\boldsymbol{R}$。当两机距离 $d(\boldsymbol{p}_i,\boldsymbol{p}_j)$ 大于平衡点时，机间引力场的作用效果更明显，此时两机将会靠近，维持编队队形；当 $d(\boldsymbol{p}_i,\boldsymbol{p}_j)$ 小于平衡点时，机间斥力场的作用效果更明显，此时两机将会分离，防止碰撞的产生；当两机位于平衡点时，无人机 i 既不会受到引力的作用，也不会受到斥力的作用，此时两机的相对位置将会维持稳定。为了避免在平衡点周围引力与斥力反复转换引起的振荡问题，可将平衡点定义为一段距离范围 (r_i,r_j)，在此范围内的势场为零，通过这样的方式可以有效减少振荡的产生。

由式(3-45)~式(3-47)可得无人机 i 的机间势场之和为

$$\left.\begin{aligned}\boldsymbol{\Psi}_{\mathrm{ap}} &= \sum_{j=1}^{n} a_{ij}\left(0.5k_{ij}\parallel d(\boldsymbol{p}_i,\boldsymbol{p}_j)\parallel^2\right) \\ \boldsymbol{\Psi}_{\mathrm{rp}} &= \sum_{j=1}^{n} a_{ij}\frac{k_{ij}}{\varepsilon^{\eta_{\mathrm{rp}}(\parallel d(\boldsymbol{p}_i,\boldsymbol{p}_j)\parallel - \parallel d_{\min}\parallel)}}\end{aligned}\right\},(\parallel d_{\min}\parallel,r_i]\bigcup[r_j,\parallel d_{\max}\parallel) \tag{3-48}$$

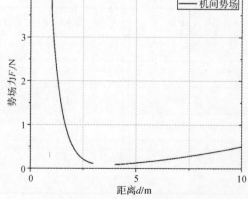

图 3-23　机间势场

图 3-23 所示为机间势场的一种情况。当机间距离趋近于 $d_{\min}$ 时,机间势场趋近于正无穷;当机间距离小于 r_i 时,机间势场呈现为斥力场;当机间距离在范围 (r_i, r_j) 内时,机间势场为零;当机间距离大于 r_j 小于 $d_{\min}$ 时,机间引力场起主要作用。

无人机间势场产生的力为机间势场的负梯度,由式(3-48)可得

$$F_i = -\nabla \Psi_{\mathrm{ap}} - \nabla \Psi_{\mathrm{rp}}$$

$$= \sum_{j=1}^{n} a_{ij} \left(-k_{ij} d(\boldsymbol{p}_i, \boldsymbol{p}_j) + \frac{k_{\mathrm{rp}} \ln \varepsilon}{\eta_{\mathrm{rp}} \varepsilon^{\eta_{\mathrm{rp}}(\|d(\boldsymbol{p}_i, \boldsymbol{p}_j)\| - \|d_{\min}\|)}} \right) \frac{d(\boldsymbol{p}_i, \boldsymbol{p}_j)}{\| d(\boldsymbol{p}_i, \boldsymbol{p}_j) \|} \qquad (3-49)$$

式(3-49)为无人机 i 所受其他无人机产生的合力。当选择合适的参数时,可以确定不同的势场平衡点,对应于不同的编队队形。当编队间通信拓扑畅通时,编队可以维持队形的稳定并且实现编队间成员的避撞。

由建立的势场可以设计无人机编队算法。令人工势场通过控制无人机的速度来实现对无人机的控制,则有如下控制算法

$$v_i = \boldsymbol{F}_{\mathrm{api}} + \sum \boldsymbol{F}_{\mathrm{rpi}} + \boldsymbol{F}_i + \boldsymbol{v}_0 \qquad (3-50)$$

式中,v_0 为无人机编队基础速度;$\sum \boldsymbol{F}_{\mathrm{rpi}}$ 为无人机 i 受所有障碍物斥力的合力。

由式(3-50)可知,当无人机编队队形稳定时且未进入障碍物的作用范围时,无人机仅受到目标点的引力,此时无人机将向目标点移动,并在到达目标点时保持基础移动速度 v_0。当无人机编队进入障碍物的作用区域时,编队整体将会在障碍物斥力场的作用下进行避障动作。

3.4.4 四旋翼无人机编队的避障算法实验

1. 机间防碰撞仿真

下面将对算法进行仿真验证,首先对无人机编队间的防碰撞进行仿真。选取三架无人机构成的编队,编队的通信拓扑如图 3-24 所示。

$$①\longleftrightarrow②\longleftrightarrow③$$

图 3-24 编队通信拓扑

设编队队形稳定时无人机间距离为 8 m,$d_{\min}$ 为 1 m,$d_{\max}$ 为 15 m,v_0 为 3 m/s,编队中各架无人机的初始状态见表 3-1。

表 3-1 编队中无人机初始状态

	无人机 1	无人机 2	无人机 3
X/m	3	5	7
Y/m	7	5	3
Z/m	10	10	10
$v_X/(\mathrm{m \cdot s^{-1}})$	3	3	3
$v_Y/(\mathrm{m \cdot s^{-1}})$	3	3	3
$v_Z/(\mathrm{m \cdot s^{-1}})$	0	0	0

　　由表 3-1 中给出的无人机编队初始状态可知,此时无人机间的距离小于编队预设的队形间距。为了防止无人机间碰撞的产生,需要使无人机相互远离直到成为预定的队形。

　　选择合适的参数,可以使无人机编队保持为预设队形。对于算法,选取参数 $k_{rp}=4$,$\varepsilon=e$,$\eta_{rp}=1$,$k_{ij}=1$。设仿真时长为 15 s,无人机编队在平面中的运动轨迹如图 3-25(见彩插图 3-25)所示。从图 3-25 中可以看出,当无人机编队的间距小于安全距离时,在机间势场的作用下,编队能够迅速散开至预定距离,随后保持编队队形进行运动。图 3-26(见彩插图 3-26)分别为无人机在 X 轴方向和 Y 轴方向上的运动速度。从图 3-26 中可以看出,无人机编队在机间势场的作用下从危险距离恢复到安全距离用了 2.5 s,速度在 1 s 内能够变化到足以使无人机到达安全位置的水平;随后无人机编队将保持预定速度继续运动。从上述仿真可以看出,人工势场算法能够实现无人机编队间的避撞任务,速度响应迅速,机间距离调整速度快,能够应对紧急情况的发生。

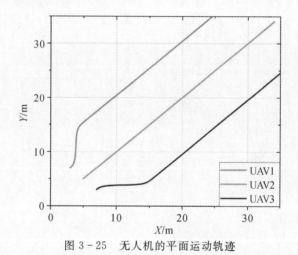

图 3-25　无人机的平面运动轨迹

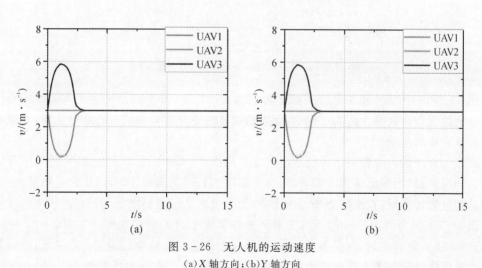

(a)　　　　　　　　　　　　　　　　(b)

图 3-26　无人机的运动速度

(a)X 轴方向;(b)Y 轴方向

2.编队避障能力验证

　　下面对算法避障能力进行仿真验证。仍然选择图 3-24 给出的编队通信拓扑,编队无人机间距离保持为 7 m,各架无人机的初始位置状态见表 3-2。

表 3-2　编队无人机初始位置

	无人机 1	无人机 2	无人机 3
X/m	−5	0	5
Y/m	5	0	−5
Z/m	0	0	0

令各架无人机的初始速度均为零,设置编队的目标点位于 p_0(200,200,200)处。为了测试编队的避障能力,在编队的预计运行轨迹上放置两个障碍物,障碍物的位置坐标分别为 p_{obs1}(30,30,25)与 p_{obs2}(125,120,125)。设置障碍物斥力场的最大生效范围为 10 m,选择参数分别为 $k_{rp}=5$,$\varepsilon=e$,$\eta_{rp}=1$,$k_{ij}=1$。通过仿真,可得无人机编队运行轨迹,如图 3-27(见彩插图 3-27)所示。

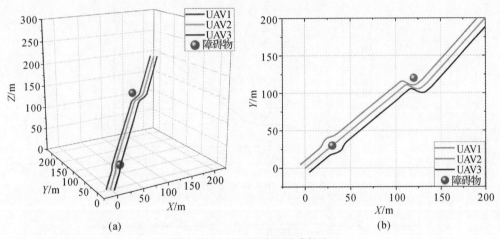

图 3-27　无人机编队避障轨迹
(a)三维空间的运动轨迹;(b)运动轨迹在平面上的投影

图 3-27(a)为无人机编队在三维空间中的运行轨迹,图 3-27(b)为无人机编队运行轨迹在平面上的投影。在整个运动过程中,无人机编队在遇到障碍物时进行避障动作,其他时刻能够保持预定队形运动。

图 3-28 为编队中各架无人机运动速度。从图 3-28 中可以看出,编队整体在开始时能够维持预定队形;当编队遇到障碍物时,由于编队进行了避障动作,编队中无人机间距离增大;在编队越过障碍物后,在机间势场的作用下,无人机的队形能够恢复到预定的距离。

图 3-29(见彩插图 3-29)所示为编队中各架无人机的运动速度。从图 3-29 中可以看出,当编队遇到障碍物时,在斥力场的作用下,无人机朝向障碍物的速度将会降低,此时其他方向上的速度将会推动无人机远离障碍物;在越过障碍物后,在引力场的作用下,无人机将会修正自己的运动方向,并保持编队的速度向目标点运动。

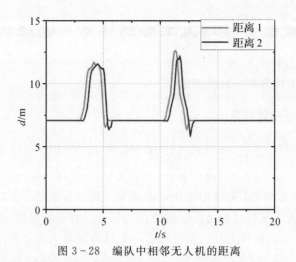

图 3-28 编队中相邻无人机的距离

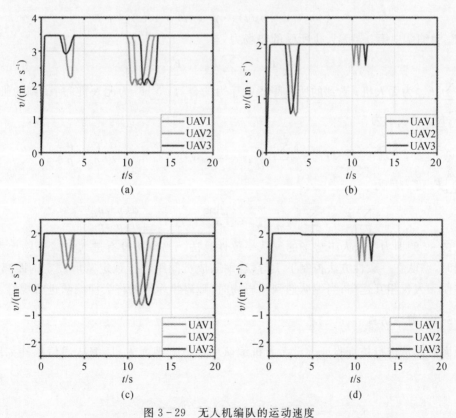

图 3-29 无人机编队的运动速度

(a)无人机速度;(b)无人机 X 轴速度;(c)无人机 Y 轴速度;(d)无人机 Z 轴速度

由上述仿真可知,算法将人工势场法应用于无人机编队控制中,不仅可以实现编队成员间的避撞,还能够实现对障碍物的躲避。

3.5 一致性方法与人工势场法结合的编队控制方法

3.5.1 引入人工势场的一致性算法

3.3 节给出了如下一致性算法：

$$u_i(t) = \sum_{j=1}^{n} a_{ij} \{[\boldsymbol{p}_j(t) - \boldsymbol{p}_i(t)] + \gamma[v_j(t) - v_i(t)]\} +$$
$$k\{\boldsymbol{p}_0(t) - \boldsymbol{p}_i(t) + \gamma[v_0(t) - v_i(t)]\} \qquad (3-51)$$

现考虑在算法中引入人工势场的思想。考虑到一致性方法已经可以实现编队的集结与队形保持，引入人工势场的主要目的是为了防止机间碰撞与躲避障碍物，因此在设计人工势场时只考虑机间斥力与障碍物的斥力场。据此结合一致性方法与人工势场法，可得

$$\boldsymbol{u}_i(t) = \sum_{j=1}^{n} a_{ij} \{[\boldsymbol{p}_j(t) - \boldsymbol{p}_i(t)] + \gamma[v_j(t) - v_i(t)]\} +$$
$$k\{\boldsymbol{p}_0(t) - \boldsymbol{p}_i(t) + \gamma[v_0(t) - v_i(t)]\} + \boldsymbol{F}_{pi} \qquad (3-52)$$

式中，$\boldsymbol{F}_{pi}$ 为编队中第 i 架无人机所受的势场力，有

$$\boldsymbol{F}_{pi} = \sum \boldsymbol{F}_{rpi} + \boldsymbol{F}_i \qquad (3-53)$$

式中，$\sum \boldsymbol{F}_{rpi}$ 为无人机 i 受到的所有障碍物斥力的合力；$\sum \boldsymbol{F}_i$ 为无人机 i 所受到的机间斥力。

$\sum \boldsymbol{F}_{rpi}$ 可表示为

$$\sum \boldsymbol{F}_{rpi}(\boldsymbol{p}_{obs}, \boldsymbol{p}_i) = \sum \frac{k_{rp} \ln\varepsilon}{\eta_{rp} \varepsilon^{\eta_{rp}(\|d(\boldsymbol{p}_{obs}, \boldsymbol{p}_i)\| - \|d_{min}\|)}} \frac{d(\boldsymbol{p}_{obs}, \boldsymbol{p}_i)}{\|d(\boldsymbol{p}_{obs}, \boldsymbol{p}_i)\|} \qquad (3-54)$$

$\sum \boldsymbol{F}_i$ 可表示为

$$\sum \boldsymbol{F}_i = \sum_{j=1}^{n} a_{ij} \frac{k_{rp} \ln\varepsilon}{\eta_{rp} \varepsilon^{\eta_{rp}(\|d(\boldsymbol{p}_i, \boldsymbol{p}_j)\| - \|d_{min}\|)}} \frac{d(\boldsymbol{p}_i, \boldsymbol{p}_j)}{\|d(\boldsymbol{p}_i, \boldsymbol{p}_j)\|} \qquad (3-55)$$

式(3-52)即为引入人工势场的编队一致性算法。当编队没有进入到障碍物斥力场的影响范围时，编队在一致性方法控制下飞行；当编队成员间距小于预定队形设定的距离时，机间势场将使无人机相互远离；当编队遇到障碍物时，障碍物斥力场将会使编队进行规避。

3.5.2 算法仿真

下面对算法进行仿真验证。设无人机编队中共有五架无人机，编队通信拓扑如图 3-30 所示。

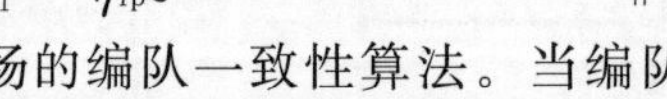

图 3-30 编队通信拓扑

对于图 3-30 所示的通信拓扑，其邻接矩阵为

$$A = \begin{bmatrix} 0 & 1 & 1 & 0 & 0 \\ 1 & 0 & 0 & 0 & 1 \\ 1 & 0 & 0 & 1 & 0 \\ 0 & 0 & 1 & 0 & 0 \\ 0 & 1 & 0 & 0 & 0 \end{bmatrix} \tag{3-56}$$

设置无人机编队的预设队形为楔形,编队中相邻无人机的距离设为 7 m,编队中各架无人机的位置见表 3-3。

表 3-3　无人机初始位置

	无人机 1	无人机 2	无人机 3	无人机 4	无人机 5
X/m	0	40	15	20	50
Y/m	0	−5	15	48	20
Z/m	0	0	0	0	0

在编队飞行的预定轨迹上设置障碍物,障碍物的坐标为 $p_{obs}(120, 100, 100)$,设定无人机编队跟随的编队参考点的速度为

$$\left. \begin{array}{l} v_X = 4 \\ v_Y = 4 \\ v_Z = 4 \end{array} \right\} \tag{3-57}$$

对算法进行仿真验证,选用的参数与 3.4 节中保持一致,设定仿真时长为 50 s,则仿真结果如图 3-31(见彩插图 3-31)所示。在图 3-31 中,图 3-31(a)为无人机编队运动轨迹,图 3-31(b)为运动轨迹在水平面上的投影。从图 3-31 中可以看出,在一致性算法的作用下,分散的无人机能够实现编队的集结,并在保持队形的同时按照预定的轨迹运动;当遇到位于编队中心右下方的障碍物时,在斥力场的作用下编队能够向左上方绕过障碍物,实现对障碍物的躲避。

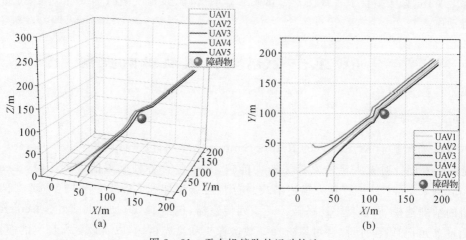

图 3-31　无人机编队的运动轨迹

(a)无人机三维运动轨迹;(b)无人机平面运动轨迹

图 3 - 32(见彩插图 3 - 32)为编队中各架无人机的速度。如图 3 - 32 所示,在一致性方法的作用下,编队在仿真进行到 5 s 左右时可以实现编队速度的一致性收敛,并按照预定的速度进行运动;当编队遇到障碍物时,可调整运动速度的方向与大小,以绕过障碍物;在避障结束后,编队在一致性方法的作用下继续运动,每架无人机运动速度仍然能够收敛到期望值。

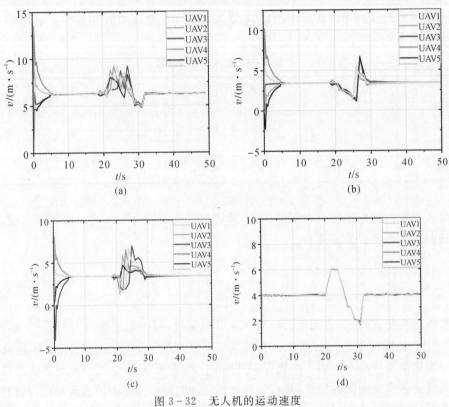

图 3 - 32　无人机的运动速度

(a)无人机速度;(b)无人机 X 轴速度;(c)无人机 Y 轴速度;(d)无人机 Z 轴速度

综上所述,算法结合了一致性方法和人工势场法,能够完成编队形成、队形保持与障碍物躲避等动作。

3.6　基于 ROS 的无人机编队控制

3.6.1　参考设置

本节将选择基于 ROS 平台的 Rotors Simulators 功能包进行模拟实验。Rotors Simulators 是一个专门针对无人机仿真构建的功能包,其中包含各种旋翼的 URDF(United Robot Description Format,统一机器人描述格式)模型,可以添加到 Gazebo 中进行仿真测试。除了无人机的基础建模外,模型中还搭载了一系列传感器,包括 IMU(Inertial Measurement Unit,惯性测量单元)和里程计等,并可以选择搭载摄像头和激光雷达,以实现更为真实的模拟。

本章中选择的无人机模型物理参数见表 3 - 4。

表 3 - 4　无人机物理模型参数

参数	数值	单位
m	1.5	kg
$J_X \times 10^{-3}$	0.045	kg · m^2
$J_Y \times 10^{-3}$	0.045	kg · m^2
$J_Z \times 10^{-3}$	0.098	kg · m^2
g	9.8	m/s^2
机体宽度	0.1	m
机体高度	0.363	m
机臂长度	0.215	m
最大线速度	10	m/s
最大横滚/俯仰角	30	(°)

　　设置各架无人机在 ROS 中的命名空间为 firefly_x, x 为无人机的编号。图 3 - 33 为单架无人机在 ROS 中各个节点的关系图。如图 3 - 33 所示, odometry 节点负责控制无人机上搭载的传感器, 包括 IMU 以及里程计。它将传感器得到的信息解算为无人机的位置坐标与位姿状态, 并将解算的结果按照指定的消息格式发布到相应的话题中。lee position controller node 是无人机的核心控制节点, 负责无人机的位置控制。该节点订阅了 odometry 节点所发布的无人机的当前信息, 并结合无人机的任务需求得出无人机接下来的目标控制量, 之后将目标控制量输入无人机的飞控系统中, 通过无人机的位置控制器得出无人机对各个旋翼的控制量, 再将控制量发布到无人机的旋翼转速话题中。motor speed 节点是无人机的电机控制节点, 该节点订阅了 lee position controller node 发布的无人机旋翼转速消息, 并以此来控制电机的旋转, 实现对无人机位置的控制。最后由 gazebo 读取无人机当前的状态, 并在导入其中的无人机的物理模型上对无人机的状态进行仿真。

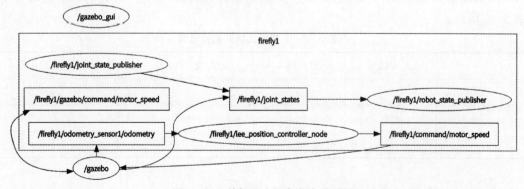

图 3 - 33　单架无人机各节点关系图

3.6.2 队形形成仿真

ROS 中的 Gazebo 是一款具有物理引擎和图形界面的仿真工具,可以准确模拟机器人的运动和物理碰撞表现。本节将基于 Gazebo 仿真环境对 3.5 节提出的一致性编队方法进行仿真。

图 3-34 为编队中第 i 架无人机的飞行控制原理框图。如图 3-34 所示,按照预先设定的队形和轨迹,输入第 i 架无人机的目标位置与速度,同时在相应话题中订阅相邻无人机的位置与速度信息,并计算出位置与速度的误差;之后,将位置与速度误差输入编队飞行控制器中,解算得出相应的控制量后通过无人机的自动驾驶仪实现对旋翼电机转速的控制,最终使无人机按预定轨迹与速度运动,以实现对无人机编队的控制。

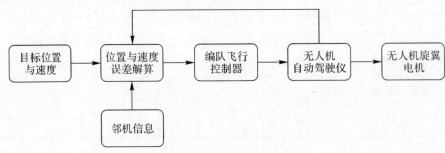

图 3-34 编队飞行控制原理图

若预定编队为线性编队,则无人机编队的通信拓扑如图 3-35 所示。

$$⑤ \longleftrightarrow ② \longleftrightarrow ① \longleftrightarrow ③ \longleftrightarrow ④$$

图 3-35 无人机通信拓扑

实际在 ROS 系统中,各个无人机的位置与速度信息都将发布在相应的话题中,只要能连接到 ROS 核心(ROS Master),无人机即可通过订阅相应节点来获得所有其他无人机的位置与速度。但通过话题订阅的通信方式是一种异步通信方式,实时性差,如果获得的不是相邻无人机的信息,则会出现时延大的问题,因此可认为每架无人机只能获得相邻无人机的信息。

本节首先对编队的形成进行仿真。设置编队形成时相邻两架无人机间的距离为 2 m,无人机 1 的位置为编队参考点,并据此计算各架无人机的虚拟位置。各架无人机的初始位置如表 3-5 所示。

表 3-5 5 架无人机的初始位置

	无人机 1	无人机 2	无人机 3	无人机 4	无人机 5
X/m	0	0	0	0	0
Y/m	-1	0	1	-2	2
Z/m	0	0	0	0	0

在无人机编队形成后,各架无人机的目标位置见表 3-6。

表 3 - 6　各架无人机的目标位置

	无人机 1	无人机 2	无人机 3	无人机 4	无人机 5
X/m	0	2	-2	4	-4
Y/m	-5	-5	-5	-5	-5
Z/m	1	1	1	1	1

　　在 Gazebo 中添加 5 架无人机模型,并将其放置在预定的起点上,启动 ROS 节点以实现对无人机编队的控制,进行无人机编队形成仿真。图 3 - 36 和图 3 - 37 为 Gazebo 中无人机模型与仿真过程中的节点状态图。

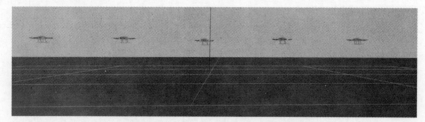

图 3 - 36　Gazebo 中的无人机编队

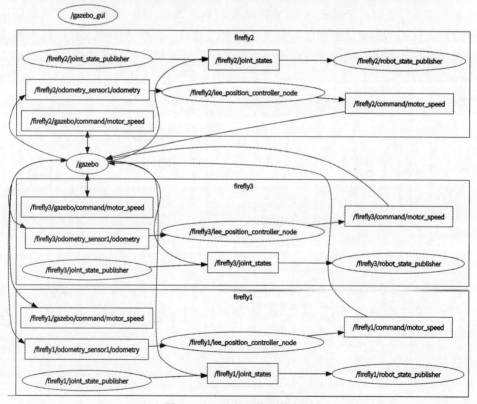

图 3 - 37　无人机编队节点图

　　完成仿真,无人机到达指定位置实现编队形成,此时使用 ROS 中的 rosbag 工具记录各架无人机的运动轨迹和速度。各架无人机的运动轨迹如图 3 - 38(见彩插图 3 - 38)所示,图

3-38(a)和图3-38(b)分别为各架无人机在三维空间中和二维平面上的运动轨迹。从图3-38中可以看出,各架无人机从起始位置出发,分别在编队控制算法下向期望位置运动。当各架无人机到达目标位置时,编队即形成了预定的线型队形。

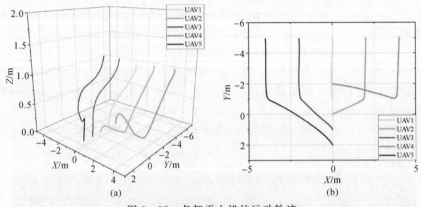

图 3-38　各架无人机的运动轨迹
(a)无人机三维运动轨迹;(b)无人机空间运动轨迹

图3-39(见彩插图3-39)所示为编队中各架无人机的运动速度。从图3-39中可以看出,各架无人机在开始时处于静止状态,在编队控制算法的作用下,各架无人机向编队所要求的队形飞行靠近,并当编队队形形成时实现了速度的收敛。由于各架无人机的初始速度状态均为零,因此最后各架无人机速度的收敛值为各架无人机初始状态的平均值,即各架无人机保持在空中悬停的状态。

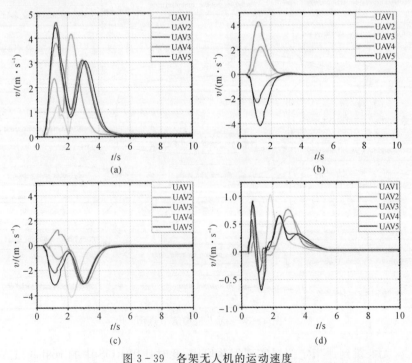

图 3-39　各架无人机的运动速度
(a)无人机速度;(b)无人机 X 轴速度;(c)无人机 Y 轴速度;(d)无人机 Z 轴速度

在仿真验证无人机编队形成后,将通过改变编队参考点速度来实现一致性方法对编队队形保持的效果。本次仿真中将无人机编队运动分为两段,在第一段运动中,编队参考点将做绕圆弧运动;在第二段运动中,编队参考点将做直线运动。第一段运动中,编队参考点的速度为

$$\left. \begin{array}{l} v_X = 2\cos\left(\dfrac{\pi}{10}t\right) \\[2mm] v_Y = 2\sin\left(\dfrac{\pi}{10}t\right) \\[2mm] v_Z = 0 \end{array} \right\} \tag{3-58}$$

在编队完成第一段运动后,令各架无人机跟随编队参考点做直线运动,则编队参考点的速度为

$$\left. \begin{array}{l} v_X = 2.5 \\ v_Y = 2.5 \\ v_Z = 1 \end{array} \right\} \tag{3-59}$$

在完成之前的编队形成任务后,向无人机编队输入运动控制指令,控制编队跟随参考点的运动速度前进。图 3-40(见附录彩页图 3-40)为仿真中各架无人机间的相对位置关系在 rviz 中的显示,其中 world 为世界坐标系,base_link 为各架无人机机体的坐标轴,可以看出在运动时各架无人机仍然能够保持预定的编队队形。

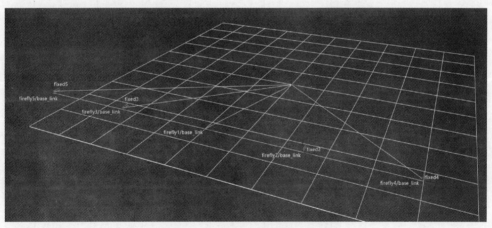

图 3-40　rviz 中各架无人机的位置

设置无人机编队做两段运动的时间分别为 8 s 和 5 s,记录各架无人机的运动轨迹和运动速度,完成仿真。图 3-41(见彩插图 3-41)为编队中各架无人机的运动轨迹,各架无人机从 3.5 节仿真结束时编队悬停的位置开始运动,首先编队跟随参考点在水平面上做弧线运动,其间保持编队高度不变;在第二段运动中,编队向斜上方直线运动。在整个运动过程中,编队能够在保持队形稳定的情况下完成平飞、转向、爬升等飞行任务。

图 3-42(见彩插图 3-42)为编队中各架无人机的运动速度。从图 3-42 中可以看出,在编队控制算法的作用下,各架无人机能够保持编队速度的收敛,并按照预定的轨迹进行运动。在两段运动之间切换时,无人机能够迅速调整运动的速度,并且能够实现速度的快速收敛。

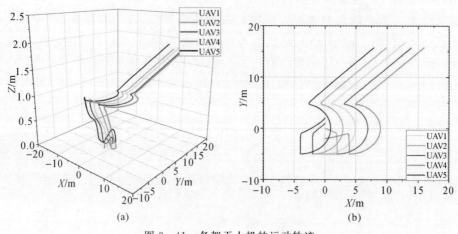

图 3-41　各架无人机的运动轨迹

（a）无人机三维运动轨迹；（b）无人机平面运动轨迹

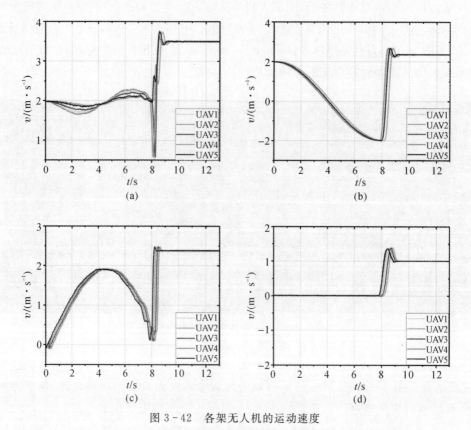

图 3-42　各架无人机的运动速度

（a）无人机速度；（b）无人机 X 轴速度；（c）无人机 Y 轴速度；（d）无人机 Z 轴速度

以上两段仿真测试了基于 ROS 平台建立的无人机编队控制系统，仿真结果验证了一致性编队控制算法能够完成编队形成、队形保持等飞行任务。基于 Gazebo 物理引擎的真实性，可认为仿真验证的编队控制算法在实际运用中也能完成预期的飞行任务。

3.7　本章小结

本章从多无人机编队飞行控制技术的角度出发,对基于一致性方法和人工势场法的无人机编队方法展开了研究,首先针对无人机编队的编队形成与队形保持问题,基于二阶一致性方法设计了无人机编队控制器,通过对编队中各架无人机加速度的控制来实现对整体编队的控制,完成了编队形成、轨迹跟踪等任务。在一致性控制算法的设计过程中考虑了通信时延的影响,并给出了时延存在的情况下系统稳定的条件。之后针对四旋翼无人机编队的防碰撞问题,为无人机编队设计了三维空间人工势场,包括目标点引力场、障碍物斥力场和编队个体间势场,实现了编队成员间的紧急避撞和对障碍物的规避。然后将一致性编队控制方法和人工势场方法相结合,在一致性方法中引入了斥力场,可以在对空间中进行障碍物规避的同时能够保持队形并按照预定的速度运动。最后,基于 ROS 机器人开发平台的话题通信机制对四旋翼无人机编队系统进行了实现,并通过在 Gazebo 仿真环境中添加物理模型进行了编队飞行的仿真测试。实验结果表明本章建立的四旋翼无人机编队系统能够完成预定的飞行任务。

思　考　题

1. 目前无人机编队的控制主要包括哪些方法? 它们是如何实现的?

2. 在基于一致性的多无人机编队控制中,无人机之间是如何进行信息传输的?

3. 安装 ROS 平台下的 Rotos Simulator 功能包并进行模拟实验,说一说功能包中的节点都传递的是什么类型遥信息? 是如何传递的?(具体细节请查看 http://wiki. ros. org/rotors_simulator)

参　考　文　献

[1] MERCADO D, CASTRO R, LOZANO R. Quadrotors flight formation control using a leader-follower approach[C]//2013 European Control Conference (ECC). Zurich Switzerland：IEEE, 2013：3858 - 3863.

[2] SASKA M, BACA T, THOMAS J, et al. System for deployment of groups of unmanned micro aerial vehicles in GPS-denied environments using onboard visual relative localization[J]. Autonomous Robots, 2017, 41(4)：919 - 944.

[3] GHAMRY K A, DONG Y, KAMEL M A, et al. Real-Time Autonomous Take-off, Tracking and Landing of UAV on a Moving UGV Platform[C]//24th Mediterranean Conference on Control and Automation (MED). Athens：IEEE, 2016：1236 - 1241.

[4] AGHDAM A S, MENHAJ M B, BARAZANDEH F, et al. Cooperative load transport with movable load center of mass using multiple quadrotor UAVs[C]//2016 4th International Conference on Control, Instrumentation, and Automation (ICCIA). Qazvin：IEEE, 2016：23 - 27.

[5] LEWIS M A, TAN K H. High precision formation control of mobile robots using virtual structures[J]. Autonomous Robots, 1997, 4(4)：387 - 403.

[6] CHANG B L, NG Q S. A flexible virtual structure formation keeping control for fixed-wing UAVs[C]//IEEE International Conference on Control & Automation. Santiago Chile: IEEE,2011:19-21.

[7] PETERSON C K, BARTON J. Virtual structure formations of cooperating UAVs using wind-compensation command generation and generalized velocity obstacles[C]//2015 IEEE Aerospace Conference. MontanaUSA: IEEE, 2015: 451-454.

[8] QI G, XIANG Z, BO L, et al. One virtual structure formation control approach based on RRT and fuzzy control algorithm[C]//2016 IEEE Chinese Guidance, Navigation and Control Conference (CGNCC). Nanjing China: IEEE,2016:492-497.

[9] OYEKAN J, LU B, LI B, et al. A behavior based control system for surveillance UAVs [J]. Robot Intelligence, 2010(8):209-228.

[10] NGUYEN T V T, PHUNG M D, TRAN Q V. Behavior-based navigation of mobile robot in unknown environments using fuzzy logic and multi-objective optimization[J]. International Journal of Control Automation, 2017, 10(2): 349-364.

[11] KIM S K, KIM Y D. Behavioral decentralized optimum controller design for UAV formation flight[J], Journal of the Korean Society for Aeronautical & Space Sciences, 2008(1):36-39.

[12] 宋运忠, 杨飞飞. 基于行为法多智能体系统构形控制研究[J]. 控制工程, 2012, 19(4): 687-690.

[13] 邱华鑫, 段海滨, 范彦铭. 基于鸽群行为机制的多无人机自主编队[J]. 控制理论与应用, 2015, 32(10): 24-30.

[14] YI X, YANG T, WU J, et al. Event-Triggered Control for Multi-Agent Systems with Output Saturation[C]//2017 36th Chinese Control Conference (CCC). Dalian: IEEE, 2017: 6-8.

[15] KOWNACKI, C. Multi-UAV flight using virtual structure combined with behavioral Approach[J]. Acta Mechanica Et Automatica, 2016, 10(2):11-19.

[16] WACHTER L M, RAY L E. Stability of potential function formation control with communication and processing delay[C]//2009 American Control Conference. St. Louis: IEEE, 2009: 2997-3004.

[17] RIZQIA A A, CAHYADI A I, ADJI T B. Path planning and formation control via potential function for UAV Quadrotor[C]//2014 International Conference on Advanced Robotics and Intelligent Systems (ARIS). Taipei: IEEE,2014: 165-170.

[18] FENG Y, WU Y, CAO H, et al. Uav formation and obstacle avoidance based on improved APF[C]//2018 10th International Conference on Modelling, Identification and Control (ICMIC). Guizhou: IEEE, 2018: 1-6.

[19] 张佳龙, 闫建国, 张普, 等. 基于改进人工势场的无人机编队避障控制研究[J]. 西安交通大学学报, 2018, 52(11): 112-119.

[20] 朱旭, 闫茂德, 张昌利, 等. 基于改进人工势场的无人机编队防碰撞控制方法[J]. 哈尔滨工程大学学报, 2017, 38(6): 961-968.

[21] REN W, BEARD R W, ATKINS E M. Information consensus in multivehicle cooperative control[J]. IEEE Control systems magazine, 2007, 27(2): 71 – 82.

[22] MO J, GOMEZ J, JAIMES A S. Intelligent control of UAVs for consensus-based and network controlled applications[J]. Applied Computational Mathematics, 2011, 10 (1):32 – 37.

[23] SEO J, AHN C, KIM Y. Controller design for UAV formation flight using consensus based decentralized approach[C]// 2018 10th International Conference on Modelling, Identification and Control (ICMIC). Seattle: AIAA,2009: 6 – 9.

[24] TURPIN M, MICHAEL N, KUMAR V. Trajectory design and control for aggressive formation flight with quadrotors[J]. Autonomous Robots, 2012, 33(1): 143 – 156.

[25] KURIKI Y, NAMERIKAWA T. Formation control with collision avoidance for a multi-UAV system using decentralized MPC and consensus-based control[J]. SICE Journal of Control, Measurement,System Integration, 2015, 8(4): 285 – 294.

[26] DONG X, YU B, SHI Z, et al. Time-varying formation control for unmanned aerial vehicles: Theories and applications[J]. IEEE Transactions on Control Systems Technology, 2014, 23(1): 340 – 348.

[27] KOLARIC P, CHEN C, DALAL A, et al. Consensus controller for multi-UAV navigation[J]. Control Theory, 2018, 16(2): 110 – 121.

[28] HU J, LI S, ZHAO C, et al. Finite-time consensus for multi UAV system with collision avoidance [C]//2017 IEEE International Conference on Unmanned Systems (ICUS). Beijing: IEEE,2017: 517 – 522.

[29] 朱旭,张逊逊,闫茂德,等. 基于一致性的无人机编队控制策略[J]. 计算机仿真, 2016, 33(8): 30 – 34.

[30] 张佳龙,闫建国,张普,等. 基于一致性算法的无人机协同编队避障研究[J]. 西安交通大学学报, 2018, 52(9): 168 – 174.

[31] ZONG Q, SHAO S. Decentralized finite-time attitude synchronization for multiple rigid spacecraft via a novel disturbance observer[J]. Isa Transactions, 2016,65: 150 – 163.

[32] VENKATARAMANAN S, DOGAN A. Nonlinear control for reconfiguration of UAV formation[C]//AIAA Guidance, Navigation, and Control Conference and Exhibit. Austin: AIAA ,2003: 5725 – 5729.

[33] ZHAO W, GO T. 3 – D formulation of formation flight based on model predictive control with collision avoidance scheme[C]//48th AIAA Aerospace Sciences Meeting Including the New Horizons Forum and Aerospace Exposition. Orlando: AIAA, 2010: 493.

[34] 宋敏,魏瑞轩,沈东,等. 基于非线性动态逆的无人机编队协同控制[J]. 控制与决策, 2011, 26(3): 448 – 452.

[35] SEO J, KIM Y, KIM S, et al. Collision avoidance strategies for unmanned aerial vehicles in formation flight[J]. IEEE Transactions on Aerospace Electronic Systems, 2017, 53(6): 2718 – 2734.

[36] 王晓燕，王新民，姚从潮. 无人机编队飞行神经网络自适应逆控制器设计[J]. 控制与决策，2013(6)：837 - 843.

[37] 马思迁，董朝阳，马鸣宇，等. 基于自适应通信拓扑四旋翼无人机编队重构控制[J]. 北京航空航天大学学报，2018,44(4):35 - 39.

[38] 郑重，熊朝华，党宏涛，等. 时变通信延迟下的无人机编队鲁棒自适应控制[J]. 中国惯性技术学报，2016, 24(1)：108 - 113.

[39] TOMIC I, MILONIDIS E, HALIKIAS G D. LQR distributed cooperative control of a formation of low-speed experimental UAVs[C]//2016 UKACC 11th International Conference on Control (CONTROL). London：IEEE,2016：1 - 6.

[40] XIE F, ZHANG X, FIERRO R, et al. Autopilot-based nonlinear uav formation controller with extremum-seeking[C]//Proceedings of the 44th IEEE Conference on Decision and Control. Seville：IEEE, 2005：4933 - 4938.

[41] 周映江，蒋国平，周帆，等. 基于滑模方法的分布式多无人机编队控制[J]. 信息与控制，2018, 47(3)：306 - 313.

[42] 许玥. 基于自适应控制的无人机编队控制研究[D].南京:南京航空航天大学，2018.

[43] 万婧. 无人机自主编队飞行控制系统设计方法及应用研究[D].上海:复旦大学，2009.

[44] 孟诚. 二阶多智能体系统的一致性研究[D].武汉:华中科技大学，2012.

[45] OLFATI-SABER R, MURRAY R M. Consensus problems in networks of agents with switching topology and time-delays[J]. IEEE Transactions on Automatic Control, 2004, 49(9): 1520 - 1533.

[46] REN W, BEARD R W. Consensus seeking in multiagent systems under dynamically changing interaction topologies[J]. IEEE Transactions on Automatic Control, 2005, 50(5): 655 - 661.

[47] CAO Y, REN W. Containment control with multiple stationary or dynamic leaders under a directed interaction graph[C]//Proceedings of the 48h IEEE Conference on Decision and Control (CDC) held jointly with 2009 28th Chinese Control Conference. Shanghai：IEEE,2009：3014 - 3019.

[48] REN W, ATKINS E. Second-order consensus protocols in multiple vehicle systems with local interactions[C]//AIAA Guidance, Navigation, and Control Conference and Exhibit. San Franisco：AIAA, 2005：6238.

[49] PEPE P, JIANG Z-P J S, LETTERS C. A Lyapunov-Krasovskii methodology for ISS and iISS of time-delay systems[J]. Systems & Control Letters, 2006, 55(12): 1006 - 1014.

[50] KHATIB O. Real-time obstacle avoidance for manipulators and mobile robots, Autonomous robot vehicles[J]. Autonomous Robot Vehicles,1986(8):396 - 404.

第4章　无人机即时定位与地图构建技术(上)

无人机集群在运动过程中,需要借助外部信息来确定自身的位置,再通过自身位置来规划下一步的路线,这就是无人机的定位导航技术。传统的无人机定位导航主要借助全球导航卫星系统(Global Navigation Satellite System,GNSS)来实现。GNSS可以让无人机实现精确悬停以及定点巡航,但是当处于GNSS信号缺失的环境中时,无人机将会面临巨大的安全隐患。因此,本章将介绍一类不完全依赖于GNSS信号的新兴定位导航方式——即时定位与地图构建技术(Simultaneous Localization And Mapping,SLAM),该技术最早由Randall Smith等人[1]提出,可以通过感知自身周围空间的信息来实现定位和导航。本章将展开介绍即时定位与地图构建的基本框架以及关键算法,讲述无人机如何利用周围环境来确定自身的位置。

4.1　概　　述

即时定位与地图构建技术(SLAM)是现阶段移动机器人进行自主定位导航的关键技术,它指的是一种搭载特定传感器的移动机器人,在陌生环境中估计自身的运动,实现实时定位,并在运动过程中构建环境地图[2]的技术。它克服了卫星导航技术不能在室内或者较为恶劣环境下定位的问题,对于无人机集群的空间感知与导航也具有重要意义。

旋翼无人机要实现定位以及导航首先要搭配感知设备,用传感器收集周围的环境信息。到目前为止可以应用在SLAM技术上的传感器有激光雷达、视觉传感器和声呐传感器。近十年来,声呐和激光雷达在SLAM技术中的应用都已经到了较为成熟的阶段,但激光雷达和声响传感器较为昂贵,功耗较大,并不适合安装在小型旋翼无人机上。视觉传感器具有体积小、质量轻、功耗低等许多优点,不仅可以用于自主定位,还可以用于目标识别、跟踪、障碍物检测等。因此本书将重点围绕视觉传感器展开介绍,探讨小型化、轻量化的无人机SLAM技术。

基于视觉的无人机SLAM技术需要解决三个问题,即确定无人机的位置、描述无人机所处的环境以及目的地该怎样到达。这三个基本问题具体来讲就是无人机的视觉定位与建图、避障和无人机路径规划问题,其中首要问题就是无人机的视觉SLAM问题,只有实现了无人机定位与建图,才能在此基础上进行避障以及路径规划,从而达到自主导航的目的。

完整的视觉SLAM系统主要分为前端、后端、回环和建图四个部分,如图4-1所示。首先,视觉SLAM中需要先关联图像信息与真实环境(即需要确定图像内容与真实环境的关系[3]),并对相机采集到的图像信息进行处理;然后估计相邻两帧之间或者相邻两关键帧之间的相机运动,找到其相关性信息来计算这两帧之间的相机位姿,同时再通过数学方法计算出相机中的像素坐标所对应的世界坐标系的坐标,得到一个局部地图;最后将每次估计的运动串联起来,就构成了相机的初步运动轨迹,这一过程就是视觉里程计(Visual Odometry,VO)。目前较为主流的视觉里程计方法是基于特征点法的视觉前端[4]。

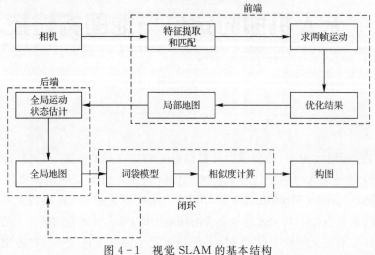

图 4-1　视觉 SLAM 的基本结构

由于传感器有自身的噪声以及环境噪声,不同时刻估计的位姿和构建的局部地图均会存在误差,并且随着时间的推移误差会越来越大,运动估计的不确定性也就越来越高。其中,相机造成的误差可以通过给定合适的内参和外参来降低。为降低周围环境带来的误差,需要将不同时刻计算出的相机位姿统一送入后端模块。通过后端模块的优化算法来减小误差,从而得到全局一致的地图和轨迹。有相当长的一段时间,SLAM 后端优化算法以滤波算法为主[5],最近几年来非线性优化算法成为了研究的热点与前沿。

在真实的环境中,如果仅以 VO 为基础计算局部位姿,那么位姿解算产生的误差将会一直累积下去,使得整个 SLAM 系统出现较大的偏差,这样最终估计结果的可靠性也将难以保证[6],导致无法构建全局一致的轨迹和地图。为了减小此误差,得到全局一致的地图和轨迹,在后端模块之后还需要回环模块。回环又叫回环检测[7]或者闭环检测。闭环检测利用词袋模型来对比相机运动一段时间之后场景中所涵盖的物体,并利用相似度计算来判断相机是否曾经到达过此位置;若是,则形成闭合环路。

实现闭环检测的方法不只有词袋模型,还有随机蕨法(Random Ferns)、基于深度学习的方法等,有兴趣的读者可以自行查阅资料。本书仅探讨较为主流的词袋模型方法。

构图部分就是指地图构建的过程,其实在前端 VO 的过程中,已经有路标点的集合——局部地图的生成,并且在后端优化之后形成统一的全局地图。这类地图称为稀疏地图,稀疏地图可以帮助诸如旋翼无人机之类的移动机器人进行定位,但是要实现导航避障等功能,还需要构建稠密地图来获得更多的场景信息。

4.2　三维空间中的刚体运动

1. 欧氏变换

本节将介绍 SLAM 的基本问题之一——如何描述刚体在三维空间中的运动。这里将无人机整体当作一个刚体。在无人机上,经常存在多个坐标系,需要描述坐标系间的平移关系和旋转关系(统称为坐标系间的变换关系)。在无人机运动过程中,设定一个世界坐标系,如图 4 - 2 中所定义的坐标系 $Ox_wy_wz_w$,而无人机是一个移动坐标系 $Ox_cy_cz_c$。同一向量 $\boldsymbol{p}$ 在两坐标系下的坐标是不同的,需要一个变换矩阵 $\boldsymbol{T}$ 来描述这其中的变换关系。

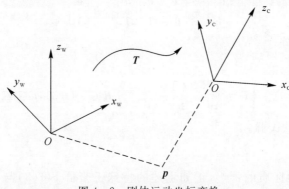

图 4 - 2　刚体运动坐标变换

在三维空间中,任一向量 $\boldsymbol{a}$ 的坐标都可以用 $\mathbb{R}^3$ 中的三个数表示,也就是一个线性空间基 $(\boldsymbol{e}_1,\boldsymbol{e}_2,\boldsymbol{e}_3)$。向量 $\boldsymbol{a}$ 在这组基中的坐标可以表示为:

$$\boldsymbol{a} = \begin{bmatrix} \boldsymbol{e}_1 & \boldsymbol{e}_2 & \boldsymbol{e}_3 \end{bmatrix} \begin{bmatrix} a_1 \\ a_2 \\ a_3 \end{bmatrix} = a_1\boldsymbol{e}_1 + a_2\boldsymbol{e}_2 + a_3\boldsymbol{e}_3 \tag{4-1}$$

通常情况下,坐标系由 3 个正交坐标轴组成,给定 x 轴和 y 轴时,z 轴可通过右手法则(也可用左手法则,大多数情况均为右手)由 $x \times y$ 确定。假设无人机及其搭载的传感器的运动均为刚体运动(在不同坐标系下,无人机各个部分的长度与夹角都不会发生变化),这种变换称为欧氏变换。一个欧氏变换包括平移部分和旋转部分。

设一个单位线性空间正交基为 $(\boldsymbol{e}_1,\boldsymbol{e}_2,\boldsymbol{e}_3)$,由一次旋转变成 $(\boldsymbol{e}_1',\boldsymbol{e}_2',\boldsymbol{e}_3')$,同一向量 $\boldsymbol{a}$(该向量并未随坐标变换而发生运动)在两坐标系下的坐标分别为 $[a_1\ a_2\ a_3]^\mathrm{T}$ 和 $[a_1'\ a_2'\ a_3']^\mathrm{T}$,根据坐标定义有

$$\begin{bmatrix} \boldsymbol{e}_1 & \boldsymbol{e}_2 & \boldsymbol{e}_3 \end{bmatrix} \begin{bmatrix} a_1 \\ a_2 \\ a_3 \end{bmatrix} = \begin{bmatrix} \boldsymbol{e}_1' & \boldsymbol{e}_2' & \boldsymbol{e}_3' \end{bmatrix} \begin{bmatrix} a_1' \\ a_2' \\ a_3' \end{bmatrix} \tag{4-2}$$

对式(4 - 2)两边同时左乘 $[\boldsymbol{e}_1^\mathrm{T}\ \boldsymbol{e}_2^\mathrm{T}\ \boldsymbol{e}_3^\mathrm{T}]^\mathrm{T}$,得到

$$\begin{bmatrix} a_1 \\ a_2 \\ a_3 \end{bmatrix} = \begin{bmatrix} \boldsymbol{e}_1^\mathrm{T}\boldsymbol{e}_1' & \boldsymbol{e}_1^\mathrm{T}\boldsymbol{e}_2' & \boldsymbol{e}_1^\mathrm{T}\boldsymbol{e}_3' \\ \boldsymbol{e}_2^\mathrm{T}\boldsymbol{e}_1' & \boldsymbol{e}_2^\mathrm{T}\boldsymbol{e}_2' & \boldsymbol{e}_2^\mathrm{T}\boldsymbol{e}_3' \\ \boldsymbol{e}_3^\mathrm{T}\boldsymbol{e}_1' & \boldsymbol{e}_3^\mathrm{T}\boldsymbol{e}_2' & \boldsymbol{e}_3^\mathrm{T}\boldsymbol{e}_3' \end{bmatrix} \begin{bmatrix} a_1' \\ a_2' \\ a_3' \end{bmatrix} \triangleq \boldsymbol{R}\boldsymbol{a}' \tag{4-3}$$

我们把中间矩阵定义为一个矩阵 $\boldsymbol{R}$。此矩阵刻画了旋转前后同一向量坐标的变换关系,故称为旋转矩阵。旋转矩阵的集合可定义为

$$\mathrm{SO}(3) = \{\boldsymbol{R} \in \mathbb{R}^{3\times3} \,|\, \boldsymbol{R}\boldsymbol{R}^\mathrm{T} = \boldsymbol{I}, \det(\boldsymbol{R}) = 1\} \tag{4-4}$$

其中,SO(3) 为特殊正交群。

在欧氏变换中,除旋转之外,还存在平移。把 $\boldsymbol{t}$ 定义为平移量,把旋转与平移合在一起,

可得

$$a' = Ra + t \qquad (4-5)$$

在经过多次变换（即多次旋转和平移）之后，式(4-5)会过于复杂，因此引入齐次坐标以及变换矩阵重写式(4-5)，得

$$\begin{bmatrix} a' \\ 1 \end{bmatrix} = \begin{bmatrix} R & t \\ 0^T & 1 \end{bmatrix} \begin{bmatrix} a \\ 1 \end{bmatrix} \triangleq T \begin{bmatrix} a \\ 1 \end{bmatrix} \qquad (4-6)$$

式中，矩阵 T 为变换矩阵。

定义如下集合：

$$SE(3) = \left\{ T = \begin{bmatrix} R & t \\ 0^T & 1 \end{bmatrix} \in \mathbb{R}^{4\times4} \mid R \in SO(3), t \in \mathbb{R}^3 \right\} \qquad (4-7)$$

其中，SE(3)称为特殊欧氏群。

2. 李群与李代数

李群是指具有连续性质的群[8]，正如上述的特殊正交群 SO(3)与特殊欧氏群 SE(3)。SO(3)和 SE(3)的李代数分别为 so(3)和 se(3)，即

$$so(3) = \{ \boldsymbol{\varphi} \in \mathbb{R}^3, \boldsymbol{\Phi} = \boldsymbol{\varphi}^{\wedge} \in \mathbb{R}^{3\times3} \}$$

$$se(3) = \left\{ \boldsymbol{\xi} = \begin{bmatrix} \boldsymbol{\rho} \\ \boldsymbol{\phi} \end{bmatrix} \in \mathbb{R}^6, \boldsymbol{\rho} \in \mathbb{R}^3, \boldsymbol{\phi} \in so(3), \boldsymbol{\xi}^{\wedge} = \begin{bmatrix} \boldsymbol{\phi}^{\wedge} & \boldsymbol{\rho} \\ 0^T & 0 \end{bmatrix} \in \mathbb{R}^{4\times4} \right\} \qquad (4-8)$$

式中，$\boldsymbol{\Phi}$ 为反对称矩阵，形式为 $[\boldsymbol{\phi}_1\ \boldsymbol{\phi}_2\ \boldsymbol{\phi}_3]^T$；$\boldsymbol{\xi}$ 是 6 维向量，由平移 $\boldsymbol{\rho}$ 和旋转 $\boldsymbol{\varphi}$ 组成；$^{\wedge}$ 表示由向量变换到矩阵。

通过指数映射以及对数映射可以表示李群和李代数之间的转化，如图 4-3 所示。引入李代数是为了后面的优化步骤，比如降低重投影误差的优化函数等。李群只有乘法运算，无加法运算，所以无法求导。李代数是由向量组成的，可以进行求导数的加法运算。

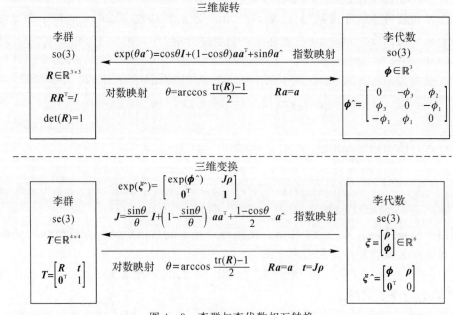

图 4-3 李群与李代数相互转换

4.3　视觉传感器

4.3.1　相机模型

相机是所有视觉 SLAM 的第一步,它从外部世界获取图像信息并交给前端。相机以及相机模型的优劣直接影响着整个视觉 SLAM 系统的可靠性,是整个系统中的重要一环。相机将以米为单位的三维世界坐标投影到以像素为单位的二维图像平面,这其中的过程可以用一个数学模型来描述,经典而且有效的方法就是针孔相机模型,如图 4-4 所示。

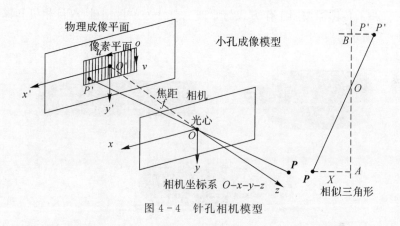

图 4-4　针孔相机模型

图 4-4 中,现实中的空间点为 $\boldsymbol{P}$,坐标为 $[X\ Y\ Z]^{\mathrm{T}}$,经过光心 O 投影,落在物理成像平面 $O'\ x'\ y'$ 上,成像点为 $\boldsymbol{P}'$,坐标为 $[X'\ Y'\ Z']^{\mathrm{T}}$,焦距为 f,有

$$\frac{Z}{f} = -\frac{X}{X'} = -\frac{Y}{Y'} \Rightarrow \frac{Z}{f} = \frac{X}{X'} = \frac{Y}{Y'} \tag{4-9}$$

对物理成像平面进行采样与量化得到像素平面 ouv,得到了 $\boldsymbol{P}'$ 的像素平面 $[u\ v]^{\mathrm{T}}$,物理成像平面与像素平面之间相差了一个原点平移与缩放,所以 $\boldsymbol{P}'$ 的坐标与像素坐标 $[u\ v]^{\mathrm{T}}$ 的关系为

$$\left.\begin{aligned} u &= \alpha X' + c_x \\ v &= \beta Y' + c_y \end{aligned}\right\} \Rightarrow \left.\begin{aligned} u &= f_x \frac{X}{Z} + c_x \\ v &= f_y \frac{Y}{Z} + c_y \end{aligned}\right\} \tag{4-10}$$

式中,α、β 为缩放倍数,$f_x = \alpha f$,$f_y = \beta f$。

矩阵形式为

$$\begin{bmatrix} u \\ v \\ 1 \end{bmatrix} = \frac{1}{Z} \begin{bmatrix} f_x & 0 & c_x \\ 0 & f_y & c_y \\ 0 & 0 & 1 \end{bmatrix} \begin{bmatrix} X \\ Y \\ Z \end{bmatrix} \triangleq \frac{1}{Z} \boldsymbol{KP} \tag{4-11}$$

式中,$\boldsymbol{K}$ 为相机的内参矩阵。

因此,世界坐标系到相机坐标系再到像素坐标系三者之间的转换关系为

$$\boldsymbol{P}_{u,v} = \frac{1}{Z} \boldsymbol{KP}_{\mathrm{C}} = \frac{1}{Z} \boldsymbol{K}(\boldsymbol{RP}_{\mathrm{w}} + \boldsymbol{t}) = \frac{1}{Z} \boldsymbol{KTP}_{\mathrm{w}} \tag{4-12}$$

除此之外，由于相机的结构，一般来说还存在径向畸变以及切向畸变，径向畸变和切向畸变通过下式来校正

$$
\left.\begin{aligned}
x_{\text{distorted}} &= x(1 + k_1 r^2 + k_2 r^4 + k_3 r^6) + 2p_1 xy + p_2(r^2 + 2x^2) \\
y_{\text{distorted}} &= y(1 + k_1 r^2 + k_2 r^4 + k_3 r^6) + p_1(r^2 + 2y^2) + 2p_2 xy
\end{aligned}\right\} \quad (4-13)
$$

式中，x、y 为相机坐标 p；r 是点 p 到坐标原点的距离。

因此，考虑到相机成像的精度，在实际使用之前，必须对相机进行标定，确定相机内参 f_x、f_y、c_x、c_y 和畸变参数 k_1、k_2、k_3、p_1、p_2，才能有效减少相机误差。

4.3.2 视觉传感器分类

视觉 SLAM 中的传感器按照工作方式与原理主要分为单目相机、双目相机和深度（RGB-D）相机[①]，如图 4-5 所示。

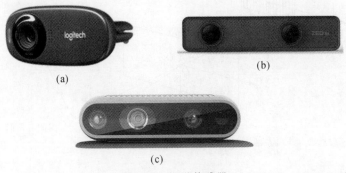

图 4-5 视觉传感器
(a)单目相机；(b)双目相机；(c)深度相机

其中，单目相机由于具有结构简单、体积小、易于安装等特点而得到了广泛的应用。但是单目相机输出的信息仅为二维，无法完整地描述周围场景的信息，也无法通过单张图片来获得场景中物体与相机的距离（即深度信息），只能通过在相邻视角上进行三角测量得出对应点的深度信息。双目相机利用自身双摄像头的视差来计算获取深度信息。这两种相机计算深度信息时都需要后方的机载电脑有极高的运算能力，这在无人机平台上实时处理显然是很难实现的。RGB-D 深度相机利用红外结构光（Structured Light）或者飞行时间法（Time of Flight，ToF）来主动测量每个像素的深度，大大减轻了机载电脑的计算量，适合在算力和功率受限的无人机平台使用。

4.4 前端视觉里程计

在 SLAM 中估计优化位姿主要使用视觉里程计和后端两个部分，其中视觉里程计通过相机获取的相邻图像估计出粗略的位姿变换，输出到后端作为优化的初值。它的主要方法分为

① 视觉 SLAM 的传感器包括单目相机、双目相机和 RGB-D 相机，但是近年来也有较多新的传感器在视觉 SLAM 领域取得了非常好的效果，例如事件相机（Event Camera）、热敏相机（Thermo Camera）。有兴趣的读者可以查看 Rebecq H 的文章《Evo：A geometric approach to event-based 6-dof parallel tracking and mapping in real time》以及 Saputra M R U 的文章《Deeptio：A deep thermal-inertial odometry with visual hallucination》或者其他参考资料。

特征点法和直接法,其中特征点法属于目前主流的方法,有计算量小、对光照和快速运动不敏感等优点,但是只能建立稀疏的地图,并且在缺失特征点的场景中估计结果误差很大。直接法可以建立稠密地图且无需提取特征,但是计算量大,鲁棒性较差,且在相机运动大的情况下很难精确估计位姿。

基于特征点的视觉里程计算法比较常见的有 1999 年 Lowe 提出的 SIFT(Scale-Invariant Feature Transform,尺度不变特征转换)、Bay 等人[9]提出的 SURF(Speeded Up Robust Features,加速稳健特征)算法以及 2011 年由 Rublee 等人[10]提出的 ORB(Oriented FAST and Rotated BRIEF,快速特征点提取和描述)算法。接下来以经典的 ORB 特征点法为例介绍视觉里程计的原理框架。

4.4.1　ORB 特征点法

ORB 特征点法是经典的视觉里程计方法之一,其特征点具有可重复性、可区别性、高效率、本地性四大特性,且描述子计算量小,具有很好的泛用性。ORB 特征提取主要分为两步:首先提取图像中的 FAST 角点,并计算特征点的主方向;然后再对提取的特征点添加描述子,为后续匹配做准备。

1. FAST 角点提取

下面先介绍 FAST 角点的提取。FAST 主要检测的位置是灰度值出现明显变化的地方,以单个像素为例,如图 4-6 所示,具体检测过程如下:

(1)先在图像中选取候选像素点 p,亮度为 I_p,并基于该亮度设置一个适中的阈值为 T。

(2)以像素点 p 为中心画半径为 3 像素的圆,在圆上选取 16 个像素点。

(3)假设圆上序号为 1、5、9、13 的 4 个像素点中至少 3 个像素点亮度大于 I_p+T 或小于 I_p-T,则把点 p 设置为候选点,进行第(4)步;否则抛弃该点。

(4)假设候选点 p 的圆上连续 N 个点的亮度大于 I_p+T 或小于 I_p-T,则保留该候选点,否则去除该点(N 一般取值为 9、11 或 12)。

(5)遍历整个图像,把所有选择出的候选点进行 Harris 响应值排序,保留前 M 个响应值最大的点作为 FAST 角点。

(6)对所有选择出的角点用灰度质心法描述主方向。定义图像块的矩为

$$m_{p+q} = \sum_{x,y} x^p y^q I(x,y) \qquad (4-14)$$

式中,$I(x,y)$ 为点 (x,y) 的灰度值;$p+q$ 为灰度矩的阶数。

然后求出图像块的质心位置为

$$\boldsymbol{K} = \begin{bmatrix} \dfrac{m_{10}}{m_{00}} & \dfrac{m_{01}}{m_{00}} \end{bmatrix} \qquad (4-15)$$

将图像块质心 K 和几何中心 O 连接得到的方向向量就是该角点对应的主方向。

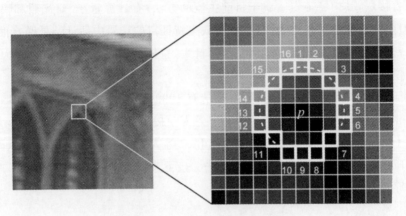

图 4-6　FAST 角点的提取原理[6]

2.计算描述子

提取出角点后需要计算与之对应的描述子,ORB 使用的是与 FAST 非常适配的 BRIEF 算法。该算法通过 0 和 1 描述角点附近的两个像素点灰度值的大小关系,组成二进制形式的 BRIEF 描述子,具体步骤如下:

(1)首先比较角点 p 邻域内 n 个点对灰度值大小,即

$$\varphi(p,x,y) = \begin{cases} 1, & I(x) < I(y) \\ 0, & I(x) > I(y) \end{cases} \tag{4-16}$$

式中,p 表示某角点;x 和 y 是角点邻域内随机两像素点。

(2)将该角点 p 内 n 个点对组合成为二进制向量,可表示为

$$f_n(p) := \sum_{1 \leqslant i \leqslant n} 2^{i-1} \varphi(p, x_i, y_i) \tag{4-17}$$

(3)对该描述子增添方向信息,使其拥有旋转不变性。在任意位置(x_i, y_i)处定义矩阵如下

$$\boldsymbol{S} = \begin{bmatrix} x_1 & \cdots & x_n \\ y_1 & \cdots & y_n \end{bmatrix} \tag{4-18}$$

利用该位置的旋转角度变换该矩阵为

$$\boldsymbol{S}_\theta = \begin{bmatrix} \cos\theta & \sin\theta \\ -\sin\theta & \cos\theta \end{bmatrix} \boldsymbol{S} \tag{4-19}$$

代入式(4-17)中获得带有方向信息的描述子向量,即

$$\boldsymbol{g}_n(p, \theta) = \boldsymbol{f}_n(p) \mid (x_i, y_i) \in \boldsymbol{S}_\theta \tag{4-20}$$

(4)对第(3)步获得的所有描述子向量进行相关性排序,图像块中相关性最低的 n 个描述子向量组成 BRIEF 描述子。

如图 4-7(见彩插图 4-7)所示,被提取的点都处于物体的边缘或角上,是图像块中具有代表性的特征点。

图 4 - 7　FAST 角点提取

4.4.2　特征匹配

提取出图片中的特征点之后,就可以进行相邻图片的匹配了。由于匹配是关联不同时刻运动和路标点的重要部分,因此对精度要求很高。它的基本原理是比较不同帧中特征点的描述子,将差异性小于阈值的特征点对判断为同一个世界坐标点在不同时刻对像素平面的投影。

最经典的匹配方法是暴力匹配法,也就是用第一帧的某个特征点 p 遍历下一帧的所有特征点,计算描述子的距离差值,取最小距离的点为匹配点。由于 BRIEF 描述子是二进制编码的 n 维向量,因此需要使用汉明距离计算描述子的差值,差值越小表示两个点相似度越高。

暴力匹配法虽然简单直接,但是容易产生误匹配,尤其是在旋转较大或者相机运动过快时误差很大。对此,可以使用 RANSAC(Random Sample Consensus,随机抽样一致性)算法[11]优化匹配结果,去除噪声数据,同时提高运算的速度和匹配的精度。

利用 RANSAC 算法筛选匹配点的步骤如下:

(1)在图像平面中选择 N 个点对投影到像素平面 $\boldsymbol{P}_1$ 和 $\boldsymbol{P}_2$,并在两个平面中选择 4 组匹配点对。

(2)通过上面得到的四组点对计算单应矩阵 $\boldsymbol{H}$(单应矩阵在后文中会有介绍),将剩余的特征点通过该矩阵映射,计算重投影误差 Δd;如果误差小于阈值则将该点归入内点集合。

(3)如果新的内点集合里的元素个数大于目前最优的内点集合,则更新最优内点集合;如果元素个数不够时,更新迭代次数 L 并重新选择匹配点。

(4)当迭代数大于阈值时,最后更新的内点集合就是最终结果。

判定内点公式可简化为

$$d^2 = \Delta u^2 + \Delta v^2 \leqslant F_2^{-1}(\alpha)\sigma^2 \tag{4-21}$$

式中,Δu、Δv 为 u、v 轴像素坐标的重投影误差;α 为置信概率,误差服从正态高斯分布,因此二次方和符合 χ^2 分布。

RANSAC 算法可以剔除例如误匹配之类的大量外点,获得更精确的匹配信息。

4.4.3　常见特征点法的测试分析

本节将对 SIFT、SURF 和 ORB 三种特征点法进行测试对比,检验其各方面的性能。

1.特征匹配对比

首先利用慕尼黑工业大学计算机视觉组（TUM Computer Vision Group）所提供的公开数据集来对比 ORB、SIFT 和 SURF 三种图像特征算法最终的特征匹配结果，如图 4-8（见彩插图 4-8）所示。

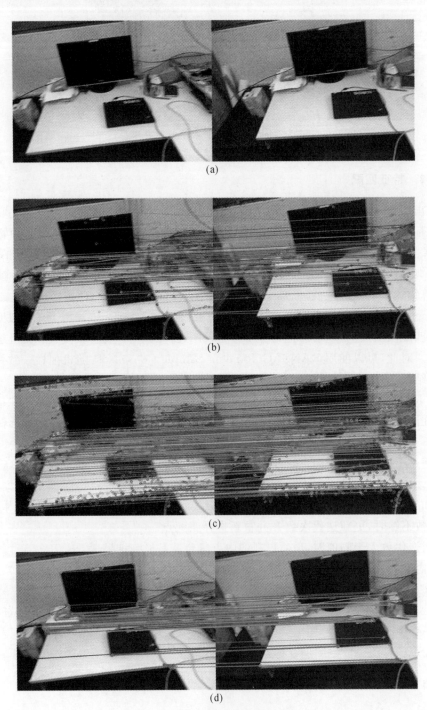

(a)

(b)

(c)

(d)

图 4-8　三种算法的特征匹配结果

图 4-8 中,(a)是原数据集的两帧图片,(b)、(c)、(d)分别是 SIFT、SURF 和 ORB 三种图像特征算法所提取的特征点以及匹配结果。如图 4-8 所示,SIFT 和 SURF 所提取的特征点都较多,并且都存在部分误匹配的现象;ORB 图像特征算法特征点较少,而且并未出现误匹配现象。

图 4-9(见彩插图 4-9)为利用多个数据集场景的两帧图像重复试验,结果相同。

(a)　　　　　　　　　　　　(b)

(c)　　　　　　　　　　　　(d)

图 4-9　多场景对比

2.匹配正确率对比

在无人机所处的实际环境中,无人机自身原因以及外部原因都会影响到图像特征的提取,例如光照、模糊和无人机自身旋转等。为了让后续 SLAM 研究中产生的误差尽可能小,在这里还需要考虑这些外部环境对图像特征算法的影响。

首先输入 TUM 公开数据集的一小段视频流,分别对其进行不同亮度、不同模糊度、不同旋转、不同尺度的处理来模拟真实的环境变化(在这里模糊度采用高斯模糊度),对比 SIFT、SURF 和 ORB 图像特征算法在这些环境变化之下的效果。

图 4-10 为不同的变化对 SIFT、SURF 和 ORB 三种图像特征算法匹配的正确率的影响,这里,正确率指的是去除误匹配之后的匹配特征点占总的匹配特征点的百分比。从图 4-10 中可以看出,在不同的亮度变化过程中,总体上三种图像特征算法都是先上升再下降,即在过于黑暗和过于亮的条件下正确率都较低,SIFT 算法相对较优。在高斯模糊度从小到大的变化过程中,可以看出图像越模糊,特征匹配的正确率就越低,ORB 算法的正确率相对下降得最为缓慢。在从 0°～360°的旋转变化中,SIFT 算法和 SURF 算法的波动都较大,极不稳定;ORB 算法中增加了关于旋转的描述,所以正确率较为平稳。在尺度变化中,虽然 ORB 算法在正常尺度范围内的正确率能保持相对稳定,但是显然 SIFT 算法要略优一些。

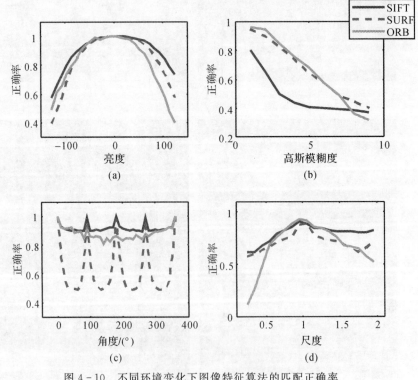

图 4-10　不同环境变化下图像特征算法的匹配正确率

(a)亮度变化;(b)高斯模糊度变化;(c)角度变化;(d)尺度变化

3.匹配比对比

图 4-11 为不同的变化对 SIFT、SURF 和 ORB 三种图像特征算法的匹配比的影响。匹

配比指的是最初的匹配对数与变换后的待配准图像提取出的特征点的数目之比,可以从特征匹配的方面反映出各种变化对于图像特征算法的影响。从图4-11中可以看出在亮度变大以及变小的过程中,SIFT、SURF和ORB三种算法的匹配比都呈现下降的趋势,可见过于明亮与过于黑暗的环境对于三种图像特征算法的特征匹配都有着较大的影响,而其中SIFT算法受到亮度变化的影响相对低一些。在高斯模糊度从小到大的变化过程之中,ORB和SURF算法的匹配比都呈现下降趋势,而SIFT算法的匹配比反而上升了。可以看出,SIFT算法比较适用于环境噪声较大、成像较为模糊的环境,ORB和SURF算法较适用于噪声较小的环境。在旋转变化中,SIFT和SURF算法的匹配比振荡较为剧烈,可见SIFT和SURF算法对于旋转的变化较为敏感;而由于ORB算法中加入了对于旋转的描述,因此匹配比较为平稳。在尺度变化中,可以看到SIFT和SURF算法在尺度较小时的匹配比较高,而尺度较大时的匹配比下降严重。可见SIFT和SURF在小尺度场景中特征匹配较好,而随着尺度逐渐变大,匹配比急剧下降;而ORB算法在尺度变化中匹配比较为平稳,可见在较小和较大尺度场景中,ORB算法都适用。

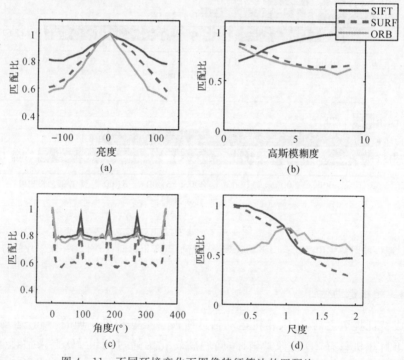

图4-11 不同环境变化下图像特征算法的匹配比
(a)高度变化;(b)高斯模糊度变化;(c)向度变化;(d)尺度变化

4.处理性能对比

最后,本节统计了整个视频处理过程中SIFT、SURF和ORB三种图像特征算法的处理性能比较。如图4-12所示[①],在每帧图像的处理用时、每个特征点的处理用时以及一张图片的

[①] 由于实时性和算法参数配置与硬件平台性能有着直接关系,所以此处展示的性能对比公代表它们在图像输入、参数配置以及硬件平台相同时的一个参照,具体数值随着条件的不同会有差异。本次实验硬件平台CPU为Intel Core i7 9750H,主频2.6 GHz,16 GB 2 666 MHz双通道内存,算法均采用OPENCV 3.4.1版本库函数,参数均为默认。

特征点数目方面,ORB算法都远低于 SIFT 和 SURF 两种算法,即 ORB 算法的实时性要优于 SIFT 与 SURF 算法。综合之前所考虑的实际环境变化因素,不难看出,ORB 算法匹配正确率等指标在不同环境条件变化中并不落后,甚至有些条件下领先,同时它的实时性远优于其他两种算法,非常满足本书所研究的无人机即时定位与地图构建的实时性需求,所以在以下的研究中默认采用 ORB 图像特征算法。

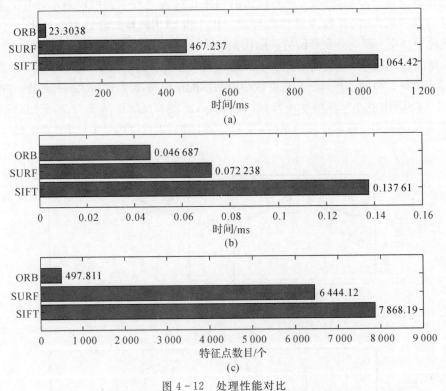

图 4-12 处理性能对比

(a)处理一帧图像所用时间;(b)平均处理一个特征点所用时间;(c)平均一张图片的特征点数目

4.4.4 相机运动估计

在完成特征提取之后,进入相机运动估计阶段。根据相机原理的不同,运动估计方法也存在差异。单目相机只有 2D 的像素坐标,问题就转化为通过两组 2D 点来估计运动,可以利用对极几何[12]解决;对于双目相机以及 RGB-D 相机,由于可以较为直接地得到距离信息,因此问题就转化为通过两组 3D 点来估计运动,利用 ICP(Iterative Closese Point,迭代最近点)算法解决。此外,若知道了 3D 点及其在相机的投影位置,也能利用 PnP 算法来估计运动。接下来依次介绍三种方法。

1. 对极几何

如图 4-13 所示,以得到一对匹配好的特征点为前提,求解 I_1、I_2 两帧图像之间的运动。首先假设从第一帧到第二帧经历的运动:平移为 t,旋转为 R;O_1、O_2 分别为不同时刻两帧图像中相机的中心,p_1 和 p_2 分别为两帧图像所对应着的特征点,它们是同一空间位置点 P 在两成像面上的投影。O_1、O_2、P 三点可确定一个平面,称之为极平面;O_1、O_2 与像素平面 I_1、I_2 分别

交于极点 e_1、e_2 上,O_1O_2 称为基线,极平面与 I_1、I_2 的交线 l_1、l_2 称为极线。

根据针孔相机模型,有

$$s_1 \boldsymbol{p}_1 = \boldsymbol{KP}, s_2 \boldsymbol{p}_2 = \boldsymbol{K}(\boldsymbol{RP} + \boldsymbol{t}) \tag{4-22}$$

使用齐次坐标,再经过转换,得到两个归一化平面坐标 $\boldsymbol{x}_1$、$\boldsymbol{x}_2$ 为

$$\boldsymbol{x}_1 = \boldsymbol{K}^{-1} \boldsymbol{p}_1, \boldsymbol{x}_2 = \boldsymbol{K}^{-1} \boldsymbol{p}_2 \tag{4-23}$$

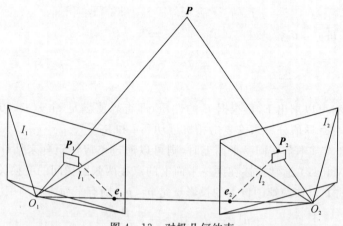

图 4 - 13　对极几何约束

再根据式(4 - 22),得到

$$\boldsymbol{x}_2 = \boldsymbol{Rx}_1 + \boldsymbol{t} \tag{4-24}$$

将式(4 - 24)两边同时左乘 $\boldsymbol{t}^{\wedge}$ 以及 $\boldsymbol{x}_2^{\mathrm{T}}$,得到

$$\boldsymbol{x}_2^{\mathrm{T}} \boldsymbol{t}^{\wedge} \boldsymbol{x}_2 = \boldsymbol{x}_2^{\mathrm{T}} \boldsymbol{t}^{\wedge} \boldsymbol{Rx}_1 \tag{4-25}$$

由于 $\boldsymbol{t}^{\wedge} \boldsymbol{x}_2$ 互为垂直关系,因此

$$\boldsymbol{x}_2^{\mathrm{T}} \boldsymbol{t}^{\wedge} \boldsymbol{Rx}_1 = 0 \tag{4-26}$$

则有

$$\boldsymbol{p}_2^{\mathrm{T}} \boldsymbol{K}^{-\mathrm{T}} \boldsymbol{t}^{\wedge} \boldsymbol{RK}^{-1} \boldsymbol{p}_1 = 0 \tag{4-27}$$

式(4 - 26)和式(4 - 27)即为对极约束公式,其中

$$\boldsymbol{E} = \boldsymbol{t}^{\wedge} \boldsymbol{R}, \boldsymbol{F} = \boldsymbol{K}^{-\mathrm{T}} \boldsymbol{EK}^{-1} \tag{4-28}$$

则

$$\boldsymbol{x}_2^{\mathrm{T}} \boldsymbol{Ex}_1 = \boldsymbol{p}_2^{\mathrm{T}} \boldsymbol{Fp}_1 = 0 \tag{4-29}$$

式中,$\boldsymbol{E}$ 为本质矩阵(essential matrix);$\boldsymbol{F}$ 为基础矩阵(fundamental matrix)。

这样估计相机的位姿仅需要根据匹配的限速点位置求出基础矩阵和本质矩阵,再利用它们求出相应的平移 $\boldsymbol{t}$ 和旋转 $\boldsymbol{R}$ 即可。

由式(4 - 29)可知,当对 $\boldsymbol{E}$ 乘任意非零常数时,此约束依旧成立,也就是说 $\boldsymbol{E}$ 在不同的尺度下是等价的。因此考虑到 $\boldsymbol{E}$ 的尺度等价性,一般采用八点法来求解。

设一组匹配点的归一化坐标为 $\boldsymbol{x}_1 = [u_1 \; v_1 \; 1]^{\mathrm{T}}, \boldsymbol{x}_2 = [u_2 \; v_2 \; 1]^{\mathrm{T}}$,根据对极约束,有

$$[u_1 \; v_1 \; 1] \begin{bmatrix} \boldsymbol{e}_1 & \boldsymbol{e}_2 & \boldsymbol{e}_3 \\ \boldsymbol{e}_4 & \boldsymbol{e}_5 & \boldsymbol{e}_6 \\ \boldsymbol{e}_7 & \boldsymbol{e}_8 & \boldsymbol{e}_9 \end{bmatrix} \begin{bmatrix} u_2 \\ v_2 \\ 1 \end{bmatrix} = 0 \tag{4-30}$$

再写成线性方程组的形式为

$$
\begin{bmatrix}
u_1^1 u_2^1 & u_1^1 v_2^1 & u_1^1 & v_1^1 u_2^1 & v_1^1 v_2^1 & v_1^1 & u_2^1 & v_2^1 & 1 \\
u_1^2 u_2^2 & u_1^2 v_2^2 & u_1^2 & v_1^2 u_2^2 & v_1^2 v_2^2 & v_1^2 & u_2^2 & v_2^2 & 1 \\
\vdots & \vdots & \vdots & \vdots & \vdots & \vdots & \vdots & \vdots & \vdots \\
u_1^8 u_2^8 & u_1^8 v_2^8 & u_1^8 & v_1^8 u_2^8 & v_1^8 v_2^8 & v_1^8 & u_2^8 & v_2^8 & 1
\end{bmatrix}
\begin{bmatrix}
\boldsymbol{e}_1 \\ \boldsymbol{e}_2 \\ \boldsymbol{e}_3 \\ \boldsymbol{e}_4 \\ \boldsymbol{e}_5 \\ \boldsymbol{e}_6 \\ \boldsymbol{e}_7 \\ \boldsymbol{e}_8 \\ \boldsymbol{e}_9
\end{bmatrix} = 0 \tag{4-31}
$$

通过式(4-31)可以求出 $\boldsymbol{E}$，再根据 $\boldsymbol{E}$ 的性质，即奇异值满足 $\mathrm{diag}(\sigma,\sigma,0)$ 的形式，矫正本质矩阵 $\boldsymbol{E}$，最后通过奇异值分解来恢复出相机运动和 $\boldsymbol{t}$ 和 $\boldsymbol{R}$。

当场景的特征点基本落在同一平面上时，则可以通过单应性矩阵来估计运动。单应矩阵 $\boldsymbol{H}$(Homography Matrix) 通常描述在同一平面上的点在两张图像间的变换关系。

设一平面上的 $\boldsymbol{P}$ 点在两帧图像上的投影点是 $\boldsymbol{p}_1$、$\boldsymbol{p}_2$，则有平面方程约束

$$
\boldsymbol{n}^{\mathrm{T}} \boldsymbol{P} + d = 0 \Rightarrow -\frac{\boldsymbol{n}^{\mathrm{T}} \boldsymbol{P}}{d} = 1 \tag{4-32}
$$

根据式(4-22)，有

$$
\boldsymbol{p}_2 = \boldsymbol{K}(\boldsymbol{RP} + \boldsymbol{t}) = \boldsymbol{K}\left(\boldsymbol{R} - \frac{\boldsymbol{t}\boldsymbol{n}^{\mathrm{T}}}{d}\right) \boldsymbol{K}^{-1} \boldsymbol{p}_1 \tag{4-33}
$$

中间部分为单应矩阵 $\boldsymbol{H}$，得

$$
\boldsymbol{p}_2 = \boldsymbol{H} \boldsymbol{p}_1 \tag{4-34}
$$

在式(4-34)中，同样可以用八点法求解 $\boldsymbol{H}$ 矩阵，与本质矩阵 $\boldsymbol{E}$ 类似，最终确定相机运动 $\boldsymbol{t}$ 和 $\boldsymbol{R}$。

2. PnP 算法

PnP 算法全称为 Perspective n Point 算法[13]，用来求解三维到二维点对的运动，是一种已知三维空间点及其二维投影位置，估计相机位姿的算法。单目相机运动估计所利用的对极几何需要利用八点法甚至更多点的方法才能求解，而且还存在初始化、尺度等一系列问题。而 PnP 算法利用深度相机的特性，最少只需要 3 个点即可估计相机位姿，大大增加了实时性。所以，PnP 是深度视觉 SLAM 算法中估计相机运动的重要算法。

设空间中任意一点 $\boldsymbol{P}$，齐次坐标为 $\boldsymbol{P} = [X\ Y\ Z\ 1]^{\mathrm{T}}$，在相机第 I_1 帧所投影特征点的像素坐标为 $\boldsymbol{x}_1 = [u_1\ v_1\ 1]^{\mathrm{T}}$。根据投影关系，有

$$
s \begin{bmatrix} u_1 \\ v_1 \\ 1 \end{bmatrix} = \boldsymbol{T} \begin{bmatrix} X \\ Y \\ Z \\ 1 \end{bmatrix} \tag{4-35}
$$

式中，$\boldsymbol{T}$ 为含有相机平移 $\boldsymbol{t}$ 与旋转 $\boldsymbol{R}$ 信息的矩阵，即

$$
\boldsymbol{T} = \begin{bmatrix}
t_1 & t_2 & t_3 & t_4 \\
t_5 & t_6 & t_7 & t_8 \\
t_9 & t_{10} & t_{11} & t_{12}
\end{bmatrix} = \begin{bmatrix} \boldsymbol{T}_1 \\ \boldsymbol{T}_2 \\ \boldsymbol{T}_3 \end{bmatrix} \tag{4-36}
$$

将式(4-35)中的 s 消去,得到

$$u_1 = \frac{t_1 X + t_2 Y + t_3 Z + t_4}{t_9 X + t_{10} Y + t_{11} Z + t_{12}} \tag{4-37}$$

$$v_1 = \frac{t_5 X + t_6 Y + t_7 Z + t_8}{t_9 X + t_{10} Y + t_{11} Z + t_{12}} \tag{4-38}$$

整理得到

$$\boldsymbol{T}_1^{\mathrm{T}} \boldsymbol{P} - \boldsymbol{T}_3^{\mathrm{T}} \boldsymbol{P} u_1 = 0 \tag{4-39}$$

$$\boldsymbol{T}_2^{\mathrm{T}} \boldsymbol{P} - \boldsymbol{T}_3^{\mathrm{T}} \boldsymbol{P} v_1 = 0 \tag{4-40}$$

可以看到,式(4-39)和式(4-40),为每一个特征点都提供了两个与 t 相关的线性约束。若有 N 个特征点,则有

$$\begin{bmatrix} \boldsymbol{P}_1^{\mathrm{T}} & 0 & -u_1 \boldsymbol{P}_1^{\mathrm{T}} \\ 0 & \boldsymbol{P}_1^{\mathrm{T}} & -v_1 \boldsymbol{P}_1^{\mathrm{T}} \\ \vdots & \vdots & \vdots \\ \boldsymbol{P}_N^{\mathrm{T}} & 0 & -u_N \boldsymbol{P}_N^{\mathrm{T}} \\ 0 & \boldsymbol{P}_N^{\mathrm{T}} & -v_N \boldsymbol{P}_N^{\mathrm{T}} \end{bmatrix} \begin{bmatrix} \boldsymbol{T}_1 \\ \boldsymbol{T}_2 \\ \boldsymbol{T}_3 \end{bmatrix} = 0 \tag{4-41}$$

其中,$\boldsymbol{T}$ 有 12 个维度,求解矩阵 $\boldsymbol{T}$ 至少需要 6 对匹配点。

这种方法往往先求解相机位姿,再求解空间点,称为直接线性变换法。除此之外,也可借助非线性优化的思想,将它们都看成待优化变量,统一优化。在这里,可以将它理解为最小重投影误差问题。

考虑 n 个三维空间点 $\boldsymbol{P}_i = [X_i \quad Y_i \quad Z_i]^{\mathrm{T}}$ 和投影 $\boldsymbol{p}_i = [u_i \quad v_i]^{\mathrm{T}} (i=1 \sim n)$,根据相机成像模型,有

$$s_i \boldsymbol{p}_i = s_i \begin{bmatrix} u_i \\ v_i \\ 1 \end{bmatrix} = \boldsymbol{K} \exp(\boldsymbol{\xi}^\wedge) \begin{bmatrix} X_i \\ Y_i \\ Z_i \\ 1 \end{bmatrix} = \boldsymbol{K} \exp(\boldsymbol{\xi}^\wedge) \boldsymbol{P}_i \tag{4-42}$$

式中,$\boldsymbol{\xi}$ 为相机位姿的李代数形式。

由于噪声以及其他误差的影响,实际中等式两边会存在误差。根据非线性优化的思想,把误差累加起来,将其构建为最小二乘问题,寻找当误差最小时的最优位姿,即

$$e^* = \arg\min_e \frac{1}{2} \sum_{i=1}^n \| \boldsymbol{p}_i - \frac{1}{s_i} \boldsymbol{K} \exp(\boldsymbol{\xi}^\wedge) \boldsymbol{P}_i \|_2^2 \tag{4-43}$$

式中,e 是将像素坐标 $\boldsymbol{p}_i$ 与空间中的三维点 $\boldsymbol{P}$ 按照 PnP 算法所估计的位姿进行投影的位置 $\hat{\boldsymbol{p}}_i$ 与真实位置 $\boldsymbol{p}_i$ 作比较而产生的误差,称为重投影误差,具体如图 4-14 所示。

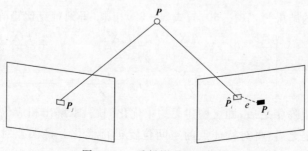

图 4-14　重投影误差示意图

现在求解式(4-43)中每一个误差项对于优化变量的导数。首先设相机坐标系下的空间坐标点为 $\boldsymbol{P}'$，并取其前三维，有

$$\boldsymbol{P}' = (\exp(\boldsymbol{\xi}^\wedge)\boldsymbol{P})_{1:3} = \begin{bmatrix} X' & Y' & Z' \end{bmatrix}^{\mathrm{T}} \tag{4-44}$$

根据相机成像模型，有

$$s\boldsymbol{p} = \boldsymbol{K}\boldsymbol{P}' \tag{4-45}$$

展开可得

$$\begin{bmatrix} su \\ sv \\ s \end{bmatrix} = \begin{bmatrix} f_x & 0 & c_x \\ 0 & f_y & c_y \\ 0 & 0 & 1 \end{bmatrix} \begin{bmatrix} X' \\ Y' \\ Z' \end{bmatrix} \tag{4-46}$$

消去 s 得到

$$u = f_x \frac{X'}{Z'} + c_x \tag{4-47}$$

$$v = f_y \frac{Y'}{Z'} + c_y \tag{4-48}$$

定义了以下的中间变量后，对考虑误差 e 优化变量的求导，根据扰动模型(一种李代数求导的方法)以及链式法则，可以写成

$$\frac{\partial \boldsymbol{e}}{\partial \delta \boldsymbol{\xi}} = \lim_{\delta \boldsymbol{\xi} \to 0} \frac{\boldsymbol{e}(\delta \boldsymbol{\xi} \oplus \boldsymbol{\xi})}{\delta \boldsymbol{\xi}} = \frac{\partial \boldsymbol{e}}{\partial \boldsymbol{P}'} \frac{\partial \boldsymbol{P}'}{\partial \delta \boldsymbol{\xi}} \tag{4-49}$$

式中，$\oplus$ 指的是在李代数上左乘扰动。

根据式(4-47)与式(4-48)可得

$$\frac{\partial \boldsymbol{e}}{\partial \boldsymbol{P}'} = -\begin{bmatrix} \dfrac{\partial u}{\partial X'} & \dfrac{\partial u}{\partial Y'} & \dfrac{\partial u}{\partial Z'} \\ \dfrac{\partial v}{\partial X'} & \dfrac{\partial v}{\partial Y'} & \dfrac{\partial v}{\partial Z'} \end{bmatrix} = -\begin{bmatrix} \dfrac{f_x}{Z'} & 0 & -\dfrac{f_x X'}{Z'^2} \\ 0 & \dfrac{f_y}{Z'} & -\dfrac{f_y Y'}{Z'^2} \end{bmatrix} \tag{4-50}$$

因为 SE(3)的扰动模型为[6]

$$\frac{\partial (\boldsymbol{TP})}{\partial \delta \boldsymbol{\xi}} = (\boldsymbol{TP})^{\odot} = \begin{bmatrix} \boldsymbol{I} & -\boldsymbol{P}'^\wedge \\ \boldsymbol{0}^{\mathrm{T}} & \boldsymbol{0}^{\mathrm{T}} \end{bmatrix} \tag{4-51}$$

式中，$\odot$ 表示将一个齐次坐标的空间点变换为 4×6 矩阵。

因此可得

$$\frac{\partial \boldsymbol{P}'}{\partial \delta \boldsymbol{\xi}} = \begin{bmatrix} \boldsymbol{I} & -\boldsymbol{P}'^\wedge \end{bmatrix} \tag{4-52}$$

所以误差求导的结果为式(4-50)与式(4-52)相乘，得到雅克比矩阵为

$$\boldsymbol{J} = \frac{\partial \boldsymbol{e}}{\partial \delta \boldsymbol{\xi}} = -\begin{bmatrix} \dfrac{f_x}{Z'} & 0 & -\dfrac{f_x X'}{Z'^2} & -\dfrac{f_x X'Y'}{Z'^2} & f_x + \dfrac{f_x X^2}{Z'^2} & -\dfrac{f_x Y'}{Z'} \\ 0 & \dfrac{f_y}{Z'} & -\dfrac{f_y Y'}{Z'^2} & -f_y - \dfrac{f_y Y'^2}{Z'^2} & \dfrac{f_y X'Y'}{Z'^2} & \dfrac{f_y X'}{Z'} \end{bmatrix} \tag{4-53}$$

得到了雅克比矩阵 $\boldsymbol{J}$ 之后，即可构建无约束优化问题，求解出相应位姿。

在优化完成位姿之后，再对特征点的空间位置进行优化。将误差对空间点 $\boldsymbol{P}$ 求偏导，与上述求导同理，有

$$\frac{\partial \boldsymbol{e}}{\partial \boldsymbol{P}} = \frac{\partial \boldsymbol{e}}{\partial \boldsymbol{P}'} \frac{\partial \boldsymbol{P}'}{\partial \boldsymbol{P}} \tag{4-54}$$

其中,第一项误差 $\boldsymbol{e}$ 关于 $\boldsymbol{P}'$ 的导数如式(4-50)所示;第二项为

$$\frac{\partial \boldsymbol{P}'}{\partial \boldsymbol{P}} = \frac{\partial (\boldsymbol{R}\boldsymbol{P} + \boldsymbol{t})}{\partial \boldsymbol{P}} = \boldsymbol{R} \tag{4-55}$$

因此雅可比矩阵为

$$\boldsymbol{J}_p = \frac{\partial \boldsymbol{e}}{\partial \boldsymbol{P}} = -\begin{bmatrix} \dfrac{f_x}{Z'} & 0 & -\dfrac{f_x X'}{Z'^2} \\ 0 & \dfrac{f_y}{Z'} & -\dfrac{f_y Y'}{Z'^2} \end{bmatrix} \boldsymbol{R} \tag{4-56}$$

式中,$\boldsymbol{R}$ 已经在优化相机位姿时解得,因此就能根据非线性优化的思想对特征点的空间位置进行优化。

3. ICP 算法

Iterative Closest Point(ICP)算法[14]又叫迭代最近点算法,它是一种点云配准算法,能够利用匹配之后的三维空间点对进行运动估计,应用于深度视觉 SLAM 和激光 SLAM 中。在深度视觉 SLAM 中,由于视觉图像的特征点之间可以通过计算得到较好的匹配关系,因此可以较为容易地通过 3D 点计算出相机的位姿。

已知两幅 RGB-D 图像特征匹配完成之后有匹配好的 3D 点对:

$$\boldsymbol{P} = \{\boldsymbol{p}_1, \boldsymbol{p}_2, \cdots, \boldsymbol{p}_n\}, \boldsymbol{P}' = \{\boldsymbol{p}'_1, \boldsymbol{p}'_2, \cdots, \boldsymbol{p}'_n\} \tag{4-57}$$

ICP 算法就是需要求解 $\boldsymbol{P}$、$\boldsymbol{P}'$ 这两组 3D 点之间经历的变换,即求解一平移量 $\boldsymbol{t}$ 和旋转量 $\boldsymbol{R}$,使得式(4-58)成立

$$\boldsymbol{p}_i = \boldsymbol{R}\boldsymbol{p}'_i + \boldsymbol{t}(\forall i) \tag{4-58}$$

根据式(4-58),首先定义第 i 点的误差为

$$\boldsymbol{e}_i = \boldsymbol{p}_i - (\boldsymbol{R}\boldsymbol{p}'_i + \boldsymbol{t}) \tag{4-59}$$

然后构建关于误差的最小二乘问题,求解误差达到最小时的 $\boldsymbol{R}$ 和 $\boldsymbol{t}$

$$\min_{\boldsymbol{R},\boldsymbol{t}} \boldsymbol{J} = \frac{1}{2} \sum_{i=1}^{n} \| (\boldsymbol{p}_i - (\boldsymbol{R}\boldsymbol{p}'_i + \boldsymbol{t})) \|_2^2 \tag{4-60}$$

定义 $\boldsymbol{P}$、$\boldsymbol{P}'$ 的质心坐标为

$$\boldsymbol{p} = \frac{1}{n} \sum_{i=1}^{n} (\boldsymbol{p}_i), \boldsymbol{p}' = \frac{1}{n} \sum_{i=1}^{n} (\boldsymbol{p}'_i) \tag{4-61}$$

将式(4-60)进行处理,得到

$$\frac{1}{2} \sum_{i=1}^{n} \| [\boldsymbol{p}_i - (\boldsymbol{R}\boldsymbol{p}'_i + \boldsymbol{t})] \|_2^2 = \frac{1}{2} \sum_{i=1}^{n} \| (\boldsymbol{p}_i - \boldsymbol{R}\boldsymbol{p}'_i - \boldsymbol{t} - \boldsymbol{p} + \boldsymbol{R}\boldsymbol{p}' + \boldsymbol{p} - \boldsymbol{R}\boldsymbol{p}') \|_2^2 =$$

$$\frac{1}{2} \sum_{i=1}^{n} (\| \boldsymbol{p}_i - \boldsymbol{p} - \boldsymbol{R}(\boldsymbol{p}'_i - \boldsymbol{p}') \|_2^2 + \| \boldsymbol{p} - \boldsymbol{R}\boldsymbol{p}' - \boldsymbol{t} \|_2^2 +$$

$$2[\boldsymbol{p}_i - \boldsymbol{p} - \boldsymbol{R}(\boldsymbol{p}'_i - \boldsymbol{p}')]^\mathrm{T} (\boldsymbol{p} - \boldsymbol{R}\boldsymbol{p}' - \boldsymbol{t}) \tag{4-62}$$

式(4-62)中 $2[\boldsymbol{p}_i - \boldsymbol{p} - \boldsymbol{R}(\boldsymbol{p}'_i - \boldsymbol{p}')]$ 求和结束之后为零,所以

$$\frac{1}{2} \sum_{i=1}^{n} \| [\boldsymbol{p}_i - (\boldsymbol{R}\boldsymbol{p}'_i + \boldsymbol{t})] \|_2^2 = \frac{1}{2} \sum_{i=1}^{n} \| \boldsymbol{p}_i - \boldsymbol{p} - \boldsymbol{R}(\boldsymbol{p}'_i - \boldsymbol{p}') \|_2^2 + \| \boldsymbol{p} - \boldsymbol{R}\boldsymbol{p}' - \boldsymbol{t} \|_2^2$$

$$\tag{4-63}$$

根据式(4-63),要想让误差达到最小,需要使等式右边的两项都达到最小,第二项最小可达到零,可以得到旋转向量 t 的解为

$$t = p - Rp'\tag{4-64}$$

其中,t 是关于旋转矩阵 R 的线性表达式,所以需要先求得 R 的值。

要求 R,需要使式(4-63)中等式右边第一项达到最小,据此构建优化问题,即

$$e_R = \arg\min_R \frac{1}{2}\sum_{i=1}^{n} \parallel p_i - p - R(p'_i - p')\parallel^2\tag{4-65}$$

根据式(4-61)计算每个点的去质心坐标

$$q_i = p_i - p, q'_i = p'_i - p'\tag{4-66}$$

所以

$$e_R = \arg\min_R \frac{1}{2}\sum_{i=1}^{n} \parallel q_i - Rq'_i \parallel^2\tag{4-67}$$

将 R 的误差项展开,有

$$\frac{1}{2}\sum_{i=1}^{n} \parallel q_i - Rq'_i \parallel^2 = \frac{1}{2}\sum_{i=1}^{n}(q_i^{\mathrm{T}}q_i + q'^{\mathrm{T}}_i R^{\mathrm{T}}Rq'_i - 2q_i^{\mathrm{T}}Rq'_i)\tag{4-68}$$

由于式(4-68)右边前两项均与 R 无关,因此需要优化的目标仅为第三项,整理得

$$\sum_{i=1}^{n} - q_i^{\mathrm{T}}Rq'_i = \sum_{i=1}^{n} - \mathrm{tr}(Rq'_i q_i^{\mathrm{T}}) = -\mathrm{tr}\left(R\sum_{i=1}^{n} q'_i q_i^{\mathrm{T}}\right)\tag{4-69}$$

再利用 SVD(Singular Value Decomposition,奇异值分解)算法求解 R,构建矩阵

$$W = \sum_{i=1}^{n} q_i q'^{\mathrm{T}}_i\tag{4-70}$$

将 W 利用 SVD 算法分解为

$$W = U\Sigma V^{\mathrm{T}}\tag{4-71}$$

式中,Σ 为奇异值组成的 3×3 对角阵,对角线额元素从大到小依次排列;U 和 V 为对角阵。

因此,在 W 满秩的条件下,R 的表达式为

$$R = UV^{\mathrm{T}}\tag{4-72}$$

得到 R 后,t 可由式(4-64)计算得出。

以上为 ICP 的线性解法。与 PnP 一样,ICP 也可以利用非线性优化的思想进行求解。这种方法可从头开始,利用已知匹配好的 3D 点来求解位姿;也可以先利用线性方法求解出位姿,将其当作初始值再进行优化,以提高位姿估计的精度。

在 ICP 的非线性优化中,用李代数描述位姿,目标函数为

$$\xi^* = \arg\min_\xi \frac{1}{2}\sum_{i=1}^{n} \parallel (p_i - \exp(\xi^\wedge)p'_i)\parallel_2^2\tag{4-73}$$

解决此问题需要求解误差关于位姿的导数,同样利用扰动模型

$$\frac{\partial e}{\partial \delta\xi} = -\left[\exp(\xi^\wedge)p'_i\right]^\odot\tag{4-74}$$

之后得到雅可比矩阵(思路与 PnP 的非线性优化思路类似),再不断地迭代,就能找到极小值,从而求解出相机的位姿。

4.5　后　端　优　化

后端优化模块是 SLAM 系统中用于整体估计位姿、计算路标点的重要组成部分。在视觉里程计中系统完成了短时间内的运动、观测方程估计,但是在场景不断扩大的情况下,误差会逐步累积,地图正确率也将直线下降。后端优化模块构建了一个全局的大规模优化模型,可以在长时间、大场景的情况下对运动和路标点进行准确的估计。目前后端优化划分为两个方向,分别是 EKF 算法框架和图优化框架。EKF 算法只考虑前一时刻的状态,存在马尔可夫性,运算速度快,但是精度较低,因此图优化算法是目前 SLAM 的主流后端优化算法。接下来以图优化的核心 BA 算法框架为基础介绍后端优化模块的框架与原理。

4.5.1　BA 模型建立

BA[15](Bundle Adjustment)即光束调整法或集束调整法,通过调整特征点的空间位置和相机的位姿,使所有特征点反射的光束汇聚到光心,如图 4-15 所示。

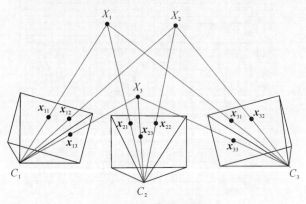

图 4-15　BA 模型原理

在 4.4 节视觉里程计的非线性优化中,优化的模型是单次相机运动和路标点,在后端中需要对全部的运动和观测进行优化。BA 求解需要分为三步执行,具体步骤如下:

(1)构建正规方程(Normal Equation);

(2)利用 Hessian(海塞)矩阵的稀疏性进行 Schur 消元;

(3)通过 Cholesky 分解(即平方根法)或 PCG(共梯度算法)等方法解出相机运动估计值;

(4)将运动估计带入正规方程,解得路标点估计,构建地图信息。

接下来对 BA 流程进行详细介绍。

首先需要把所有待测量的优化方程列出,即

$$e^* = \underset{C_1,C_2,\cdots C_m,X_1,X_2,\cdots X_n}{\mathrm{argmin}} \sum \parallel \pi(C_i,X_j) - x_{ij} \parallel^2 \tag{4-75}$$

式中,C_i 代表所有的相机;X_j 代表所有的路标点。

这里同样也能用到视觉里程计相关的推论,即把式(4-75)等效为最小二乘求解的问题。把所有的优化量表示为 N 维向量 $\hat{x}$,正确的运动和观测量表示为 x^*,可得

$$E(x^*) \approx (\varepsilon(\hat{x}) + J\Delta x)^2 = \Delta x^{\mathrm{T}}(J^{\mathrm{T}}J)\Delta x + 2[J^{\mathrm{T}}\varepsilon(\hat{x})]\Delta x + \varepsilon(\hat{x})^{\mathrm{T}}\varepsilon(\hat{x}) \tag{4-76}$$

对式(4-76)关于增量 Δx 进行求导,得到极值的等式为

$$J^{\mathrm{T}}J\Delta x = -J^{\mathrm{T}}\varepsilon(\hat{x}) \tag{4-77}$$

式(4-77)被称为正规方程,等式左侧的 $J^{\mathrm{T}}J$ 被称为海塞矩阵,求解海塞矩阵是 BA 中的重要步骤。但是每帧图像都包含数百个特征点,整个矩阵很可能有几万阶,要求解如此复杂的矩阵十分困难。在经过漫长的探索之后,世界各地的学者们发现了海塞矩阵的特殊性质——稀疏性,利用这个特性来求解矩阵会大大加快运算的速度,也使得 SLAM 实时求解位姿成为可能。

4.5.2 海塞矩阵求解

海塞矩阵内部同时包含相机和路标点数据,形状如图 4-16 所示。

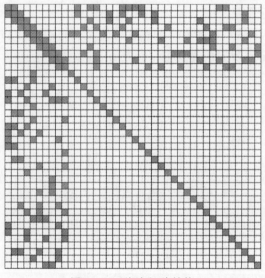

图 4-16 海塞矩阵结构

可以从图 4-16 中看到海塞矩阵结构稀疏,且该矩阵有着固定的结构。假设有 m 个相机 $C_1,C_2,\cdots,C_m$,捕获到 n 个世界坐标系下的路标点 $P_1,P_2,\cdots,P_n$,那么图 4-16 的矩阵形式可具体化为

$$H = J^{\mathrm{T}}J = \begin{bmatrix} C & W \\ W^{\mathrm{T}} & P \end{bmatrix} = \begin{bmatrix} C_1 & 0 & \cdots & 0 & W_{11} & W_{12} & \cdots & W_{1n} \\ 0 & C_2 & \cdots & 0 & W_{21} & W_{22} & \cdots & W_{2n} \\ \vdots & \vdots & & \vdots & \vdots & \vdots & & \vdots \\ 0 & 0 & \cdots & C_m & W_{m1} & W_{m2} & \cdots & W_{mn} \\ W_{11}^{\mathrm{T}} & W_{21}^{\mathrm{T}} & \cdots & W_{m1}^{\mathrm{T}} & P_1 & 0 & \cdots & 0 \\ W_{12}^{\mathrm{T}} & W_{22}^{\mathrm{T}} & \cdots & W_{m2}^{\mathrm{T}} & 0 & P_2 & \cdots & 0 \\ \vdots & \vdots & & \vdots & \vdots & \vdots & & \vdots \\ W_{1n}^{\mathrm{T}} & W_{2n}^{\mathrm{T}} & \cdots & W_{mn}^{\mathrm{T}} & 0 & 0 & \cdots & P_n \end{bmatrix} \tag{4-78}$$

式中,C_i 为所有路标点与第 i 帧相机的误差导数;P_j 为每一帧相机与第 j 个路标点的误差导数;W_{ij} 用于描述第 i 帧相机与路标点 j 的相关性。

可以将矩阵中的这些元素表示为

$$
\left.
\begin{aligned}
\boldsymbol{C}_i &= \sum_{j=1}^{n} \boldsymbol{A}_{ij}^{\mathrm{T}} \boldsymbol{A}_{ij} \\
\boldsymbol{W}_{ij} &= \boldsymbol{A}_{ij}^{\mathrm{T}} \boldsymbol{B}_{ij} \\
\boldsymbol{P}_j &= \sum_{i=1}^{m} \boldsymbol{B}_{ij}^{\mathrm{T}} \boldsymbol{B}_{ij}
\end{aligned}
\right\}
\tag{4-79}
$$

如果第 i 帧相机没有捕获到路标点 j 的信息，就有 $\boldsymbol{A}_{ij} = \boldsymbol{B}_{ij} = \boldsymbol{o}$，因此海塞矩阵非常稀疏，易于求解。

正规方程式(4-77)的右侧可以拆分为相机和路标点两个向量组成的矩阵，即

$$
-\boldsymbol{J}^{\mathrm{T}} \boldsymbol{\varepsilon}(\hat{\boldsymbol{x}}) = -\begin{bmatrix} \boldsymbol{c}_1 & \cdots & \boldsymbol{c}_n & \boldsymbol{p}_1 & \cdots & \boldsymbol{p}_m \end{bmatrix}^{\mathrm{T}} = -\begin{bmatrix} \boldsymbol{c} \\ \boldsymbol{p} \end{bmatrix}
\tag{4-80}
$$

式中, $\boldsymbol{c}_i = \sum_{j=1}^{n} \boldsymbol{A}_{ij}^{\mathrm{T}} \boldsymbol{\varepsilon}_{ij}$; $\boldsymbol{p}_j = \sum_{i=1}^{m} \boldsymbol{B}_{ij}^{\mathrm{T}} \boldsymbol{\varepsilon}_{ij}$; 增量 $\Delta \boldsymbol{x}$ 可记为 $\begin{bmatrix} \Delta \boldsymbol{x}_c \\ \Delta \boldsymbol{x}_p \end{bmatrix}$。

将上述表现形式代入式(4-77)可得

$$
\begin{bmatrix} \boldsymbol{C} & \boldsymbol{W} \\ \boldsymbol{W}^{\mathrm{T}} & \boldsymbol{P} \end{bmatrix} \begin{bmatrix} \Delta \boldsymbol{x}_c \\ \Delta \boldsymbol{x}_p \end{bmatrix} = -\begin{bmatrix} \boldsymbol{c} \\ \boldsymbol{p} \end{bmatrix}
\tag{4-81}
$$

定义 Schur 补偿为

$$
\boldsymbol{S} = \boldsymbol{C} - \boldsymbol{W} \boldsymbol{P}^{-1} \boldsymbol{W}^{\mathrm{T}}
\tag{4-82}
$$

由于误差增量中路标点的个数远远大于相机的帧数，所以使用 Schur 补偿时，可以先计算出相机位姿的估计增量，再返回矩阵求解路标点估计增量，将公式简化为

$$
\left.
\begin{aligned}
\boldsymbol{S} \Delta \boldsymbol{x}_c &= -(\boldsymbol{c} - \boldsymbol{W} \boldsymbol{P}^{-1} \boldsymbol{p}) \\
\boldsymbol{P} \Delta \boldsymbol{x}_p &= -\boldsymbol{p} - \boldsymbol{W}^{\mathrm{T}} \Delta \boldsymbol{x}_c
\end{aligned}
\right\}
\tag{4-83}
$$

式(4-83)中的两个方程都非常容易求解，其中 $\boldsymbol{W} \boldsymbol{P}^{-1} \boldsymbol{p}$ 项由于稀疏特性，存在大量的 0 值，再加上相机估计量少，通过 Cholesky 分解等方法可以很快解得 $\Delta \boldsymbol{x}_c$。之后对 $\Delta \boldsymbol{x}_p$ 进行计算时，可以看出等式中每个路标点都可以分离运算，大大降低了运算复杂度。单个路标点误差增量可表示为

$$
\Delta \boldsymbol{x}_{pj} = -\boldsymbol{p}_j - \sum_{i=1}^{m} \boldsymbol{W}_{ij}^{\mathrm{T}} \Delta \boldsymbol{x}_{ci}
\tag{4-84}
$$

通过上述四步算法流程就可以优化出拥有较高精度的相机运动和路标点坐标。

4.6　回环检测

上文中介绍了通过前端和后端优化，系统完成了高精度的相机运动和地图数据估计，但是如果只考虑局部地图的优化，在长时间的运转后累积误差不断增大，会产生尺度漂移，如图 4-17(见彩插图 4-17)所示，最终导致估计的轨迹与地图无法闭合。

为了消除累积误差，使得 SLAM 在长时间、大场景下仍能获得高精度的位姿以及准确的地图，需要考虑全局的关键帧优化问题。回环检测作为消除累计误差、进行全局地图优化的模块，在 SLAM 中具有很重要的意义。

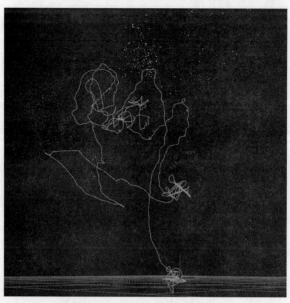

图 4-17　尺度漂移现象

回环检测的大概流程如图 4-18 所示。

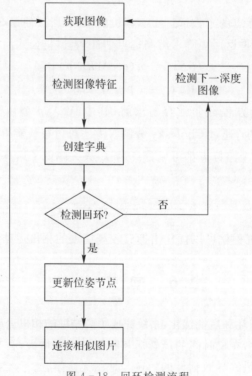

图 4-18　回环检测流程

从图 4-18 中可以看出,回环检测的核心在于判断图像是否达到回环的标准,即如何计算图像之间的相似程度。在判断的过程中一般会出现如表 4-1 所列的四种情况。

表 4-1　回环检测结果

算法/事实	回环	无回环
回环	真阳性	假阳性
无回环	假阳性	真阴性

为了使算法符合现实,就要尽可能获得高的真阳性 TP 和真阴性 TN,这也是判断回环检测是否成立的标准之一。如果采取直接比较两张图像的灰度值的判断方式,会发现其 TP 和 TN 比例很低,因为光照、旋转等因素对灰度的影响很大。目前使用最为广泛的方式是采用词袋模型[16](Bag-of-Words)进行该环节的判断。

4.6.1　词袋模型

构建词袋模型是为了能够利用图像里的特征对每一帧图片进行有效的描述,相当于前端特征点的描述子。建立词袋首先需要提取图片的特征并将其聚类为单词,然后将大量的单词制作成字典,根据字典中每个对应单词出现的频率描述图像。通过这种形式,图像就可以被一连串编码过的词袋向量描述,判断两帧图像是否相似,也就等价于比较对应的词袋向量。

K-means[17]是比较经典的生成字典的方法,具体步骤如下:

(1)在样本中任意选取 n 个中心点 $c_1, c_2, \cdots, c_n$;

(2)对所有的样本计算与每个中心点的距离,取最小值归类;

(3)重新计算每一类的中心点;

(4)第二次计算的中心点如果几乎没有发生变化,则聚类成功,否则返回(2)重新计算。

通过上述四步之后就可以获得包含若干单词的字典,接下来就需要根据图像特征匹配单词进行相似度比较。但是大多数字典为了保证通用性会收录大量的单词,不利于一般的查找算法。这里使用 K 叉树结构进行查找,如图 4-19 所示,符合 SLAM 对高效、实时的要求。

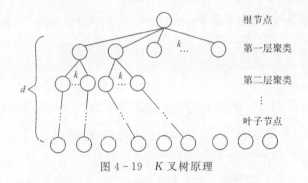

图 4-19　K 叉树原理

查找步骤如下:

(1)首先在根节点处用 K-means 把所有样本聚成 k 类;

(2)第一层的所有节点作为根节点继续使用 K-means 聚类,以此类推;

(3)最后聚类到叶子层,最后一层也就是字典里的单词。

通过上述三个步骤构建了深度为 d 的字典树,这样每次查找叶子上的单词只需要与不同层的节点比较 d 次即可,大大提高了查找效率。这样的树结构字典里可容纳 k^d 个单词,也可以保证查找的总数量满足大多数环境。

4.6.2 相似度计算

找到图像中所有匹配上的单词后,就可以获得对应的单词分布直方图,接下来就要进行不同图像的相似度计算,这里使用 TF-IDF[18](Term Frequency-Inverse Document Freuency)方法来检验图像的相似度。该方法的核心思想是使用代表性单词为图像做额外区分,TF 指代的是单幅图中出现次数多的单词,IDF 指代所有图中出现较少的单词。假设某叶子节点 l_i 中的特征数量为 n_i,特征总数为 n,那么有

$$\text{IDF}_i = \lg \frac{n}{n_i} \tag{4-85}$$

假设图像 I 中出现了 n_i 次单词 l_i,出现的单词总量为 n,则有

$$\text{TF}_i = \frac{n_i}{n} \tag{4-86}$$

该单词 l_i 的权重就表示为

$$\omega_i = \text{IDF}_i \times \text{TF}_i \tag{4-87}$$

通过出现的单词和对应的权重就可以表示图像的描述价值

$$V_I \triangleq \{(\omega_1, l_1), (\omega_2, l_2), \cdots, (\omega_n, l_n)\} \tag{4-88}$$

把所有图像的描述价值计算出来,就可以根据范数的形式来计算它们的相似度,即

$$s(V_A - V_B) = 2\sum_{i=1}^{n} |V_{Ai}| + |V_{Bi}| - |V_{Ai} - V_{Bi}| \tag{4-89}$$

4.7 地 图 构 建

作为 SLAM 最后的一个组成部分,建图模块也拥有极大的作用。首先,建图作为保存所有估测路标点的载体,可以用来进行许多应用的开发,例如路径规划、自主导航等。建立精确的地图对于 SLAM 在许多实际场景下的应用至关重要。实际应用中,地图可分为六个类别,如图 4-20 所示。

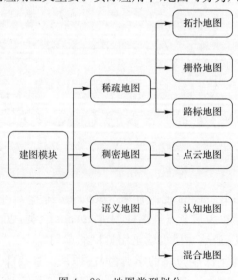

图 4-20 地图类型划分

在 SLAM 系统中,将地图划分为稀疏地图、稠密地图和语义地图三个种类。稀疏地图中所包含信息过少,无法实现导航、三维重建等功能;语义地图计算复杂,处理信息过多,占用内存大,无法保障实时建图。本章的目的是在不依赖 GNSS 的前提下使无人机能够实现定位与导航,而稠密地图可以实现这一目的,它在某种意义上相当于稀疏地图和语义地图的一种折中,既包含了较为丰富的信息,所占用的资源又比语义地图少,具有一定的实时性,可以满足定位导航的需求,因此在这里以压缩性能优越的八叉树地图[19]形式建立稠密地图为例来介绍。八叉树地图不仅包含有大量的点云信息,也能保障快速的运算速度和精度。

八叉树地图的结构与 4.6 节中所讲的 K 叉树类似,不同的是八叉树地图的根节点和每一层的父节点都对应八个子节点,因此每向上走一层就能将地图扩大八倍。由于地图体积和储存深度呈指数关系,因此八叉树结构比普通点云结构占用空间小很多,如图 4 - 21 所示。

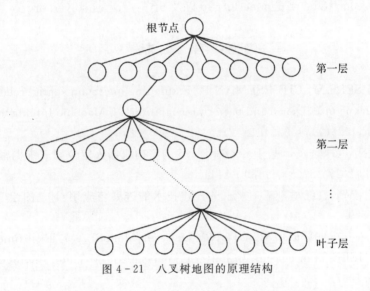

图 4 - 21　八叉树地图的原理结构

每个八叉树的节点中存放是否占据物体的概率由概率对数值描述,可表示为

$$y = \lg \mathrm{it}(x) = \lg\left(\frac{x}{1-x}\right) \tag{4-90}$$

如果相机有一帧观测到了该节点存在物体,y 就相应增加一个值;否则减去。假设 t 时刻概率对数值为 $L(n \mid z_{1:t})$,则下一时刻可表示为

$$L(n \mid z_{1:t+1}) = L(n \mid z_{1:t-1}) + L(n \mid z_t) \tag{4-91}$$

通过对数概率可以很清楚地了解到某节点是否存在物体,接下来只需再通过八叉树的所有节点信息对地图进行更新,即可得到实时的稠密地图信息。此外,八叉树结构遍历速度快,足以完成实时建图任务。

4.8　本 章 小 结

本章详细介绍了刚体的运动模型和描述方式,讲述了视觉 SLAM 的原理框架及其关键技术,其中首先对相机的模型进行了介绍,之后详细介绍了视觉里程计模块,并对特征点提取方法进行了重点讨论;对比了 SIFT、SURF、ORB 三种特征点提取算法,分析了各项数据的优劣,并对特征点的匹配以及优化模型进行了详细的公式推导;然后对后端优化的 BA 算法进行了详细推导,以前端估计值为初值构建了全局的优化模型,获得了更精确的位姿估计和路标点坐标;最后介绍了回环检测与地图构建的基本原理,证明八叉树结构能够完成实时建图任务。

思 考 题

1.除了本章所介绍的 ORB、SIFT、SURF 等图像特征算法,还有哪些图像特征算法? 它们各自的特点是什么? 请查阅资料之后回答。

2.RANSAC 是什么? 它是如何优化匹配结果的? 请查阅相关资料解答。

3.阅读 G^{2}O 以及 ceres 的相关文档,思考如何利用这些优化器解决 BA 问题。(可以参考 https://github.com/RainerKuemmerle/g2o 以及 http://ceres-solver.org/)

参 考 文 献

[1] SMITH R, SELF M, CHEESEMAN P. Estimating uncertain spatial relationships in robotics, Machine intelligence and pattern recognition[J]. Machine Intelligence and Pattern Recognition,1986(1):435 - 461.

[2] 侯荣波,魏武,黄婷,等. 基于 ORB-SLAM 的室内机器人定位和三维稠密地图构建[J]. 计算机应用, 2017, 37(5): 1439 - 1444.

[3] 邸凯昌,万文辉,赵红颖,等. 视觉 SLAM 技术的进展与应用[J]. 测绘学报, 2018, 47(6): 770 - 779.

[4] DAVISON A J, REID I D, MOLTON N D, et al. MonoSLAM:Real-time single camera SLAM[J]. IEEE Transactions on Pattern Analysis and Machine Intelligence,2007,29(6):1052 - 1067.

[5] LI S, NI P. Square-root unscented Kalman filter based simultaneous localization and mapping[C]//The 2010 IEEE International Conference on Information and Automation. Harbin:IEEE,2010:2384 - 2388.

[6] 高翔,张涛,刘毅,等. 视觉 SLAM 十四讲:从理论到实践[M].北京:电子工业出版社, 2017.

[7] LABBE M, MICHAUD F. IEEE:Online Global Loop Closure Detection for Large-Scale Multi-Session Graph-Based SLAM[C]//2014 IEEE/RSJ International Conference on Intelligent Robots and Systems. Chicago:IEEE, 2014: 2661 - 2666.

[8] BARFOOT T D. State Estimation for Robotics:A Matrix Lie Group Approach[M]. Cambridge:Cambridge University Press, 2017.

[9] BAY H, TUYTELAARS T, VAN GOOL L. Surf:Speeded up robust features[C]// European conference on computer vision. Beijing China:Springer,2006:404 - 417.

[10] RUBLEE E, RABAUD V, KONOLIGE K, et al. ORB:An efficient alternative to SIFT or SURF[C]//2011 International conference on computer vision. Barcelona-Spain:IEEE, 2011:2564 - 2571.

[11] FISCHLER M A, BOLLES R C. Random sample consensus: a paradigm for model fitting with applications to image analysis and automated cartography[J]. Communications of the ACM, 1981, 24(6): 381 - 395.

[12] ZHANG Z. Determining the epipolar geometry and its uncertainty: A review[J]. International Journal of Computer Vision, 1998, 27(2): 161 - 195.

[13] LI S, XU C, XIE M. A robust O (n) solution to the perspective-n-point problem[J]. IEEE transactions on pattern analysis machine intelligence, 2012, 34(7): 1444 - 1450.

[14] CHETVERIKOV D, SVIRKO D, STEPANOV D, et al. The trimmed iterative closest point algorithm[C]//16th International Conference on Pattern Recognition. Quebec: IEEE, 2002: 545 - 548.

[15] WU C C, AGARWAL S, CURLESS B, et al. Multicore bundle adjustment[C]// CVPR 2011. Colorado: IEEE, 2011: 3057 - 3064.

[16] GALVEZ-LOPEZ D, TARDOS J D. Real-time loop detection with bags of binary words [C]//2011 IEEE/RSJ International Conference on Intelligent Robots and Systems. San Francisco: IEEE, 2011: 51 - 58.

[17] KRISHNA K, MURTY M N, CYBERNETICS P B. Genetic K-means algorithm[C]//IEEE Transactions on Systems, Man, and Cybernetics. Quebec: IEEE, 1999: 433 - 439.

[18] RAMOS J. Using TF-IDF to determine word relevance in document queries[C]//Proceedings of the first instructional conference on machine learning. Washington: IEEE, 2003: 133 - 142.

[19] STÜCKLER J, BEHNKE S. Multi-resolution surfel maps for efficient dense 3D modeling and tracking[J]. Journal of Visual Communication and Image Representation, 2014, 25(1): 137 - 147.

第5章 无人机即时定位与地图构建技术(下)

基于无人机的 SLAM 研究,首先需要解决的就是定位问题。在定位完成后,还需要添加导航方法。由于经典的视觉 SLAM 算法受制于相机结构很难实时计算深度信息,导致在地图构建部分只能构建稀疏地图,只能实现定位,并不能兼顾定位与导航。因此,在第 4 章介绍视觉 SLAM 的基础上,引入 RealSense 深度相机,介绍无人机深度视觉 SLAM,并以此为基础介绍路径规划方法与实践,实现无人机即时定位与地图构建技术。

5.1 深度视觉 SLAM 方法与实践

5.2.1 RealSense 深度相机

RealSense 是英特尔公司推出的一套深度和跟踪解决方案,目的在于使无人机、机器人等设备具备深度感知的功能。到目前为止,英特尔 RealSense 系列的产品包括 RealSense 200 系列相机、RealSense 300 系列相机和 RealSense 400 系列相机,如图 5-1 所示。

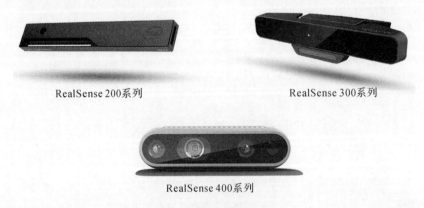

RealSense 200系列　　　　　　RealSense 300系列

RealSense 400系列

图 5-1　RealSense 相机

本章采用英特尔最新推出的 RealSense 400 系列相机中的 RealSense D435i RGB-D 相机。D435i 中添加了英特尔最新的深度传感器等模块,能提供更全面的数据维度。其硬件组成如图 5-2 所示,主要由左右红外相机、红外点阵投射器、RGB 相机组成,具体参数见表5-1。

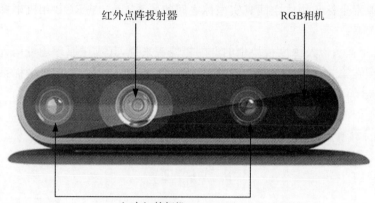

图 5 - 2　RealSense D435i RGB - D 相机的硬件组成

表 5 - 1　**RealSense D435i RGB - D 相机的参数**

参数	具体数值
深度视野(水平×垂直×对角)	$(87\pm3)^{\circ}\times(58\pm3)^{\circ}\times(95\pm3)^{\circ}$
深度流输出分辨率	$\leqslant 1\ 280\times720$
深度流输出帧速率	$\leqslant 90\ \mathrm{FPS}$
最小深度距离	0.1 m
传感器快门类型	全局快门
最大范围	约 10 m
RGB 传感器分辨率与帧速率	$1\ 920\times1\ 080,30\ \mathrm{FPS}$
RGB 传感器视野(水平×垂直×对角)	$(69.4\pm3)^{\circ}\times(42.5\pm3)^{\circ}\times(77^{\circ}\pm3)^{\circ}$
相机尺寸(长×宽×高)	90 mm×25 mm×25 mm
连接器	US-C* 3.1 Gen 1

　　RealSense D435i RGB - D 相机利用双目红外结构光技术,由红外摄像头进行红外图像采集,红外点阵投影器进行红外散斑投射,内部的视觉处理器则根据红外图像的散斑特征点匹配来计算视差图,从而得到深度图。

5.1.2　深度成像模型

　　RealSense D435i RGB - D 深度相机,可以看成是由 RGB 相机与深度模块组合而成的。由于 RealSense D435i RGB - D 的深度测量模块是基于双目红外结构光技术的多相机以及红外光的集成,并且深度测量模块中的红外信息流与图像信息流已经对齐,所以可以将深度测量模块统一成一个深度坐标系。深度相机成像原理包含两个方面,其一是 RGB 相机与深度模块自身所得到的像素坐标与物体空间真实坐标之间的关系,其二是 RGB 相机坐标系与深度坐标系的位置转换关系。

对于 RGB 摄像头以及深度模块中的红外摄像头来说,其成像原理均可用针孔相机模型来表示。这一模型在第 4 章已经详细介绍过了,因此此处仅讨论 RGB 相机坐标系与深度坐标系之间的转换关系。

设任意一个空间中的特征点为 P,其在 RGB 相机坐标系的投影点为 P_{RGB},在深度坐标系的投影点为 P_D,可得

$$P_{RGB} = R_{RGB}P + t_{RGB} \tag{5-1}$$
$$P_D = R_D P + t_D \tag{5-2}$$

消去 P,可得

$$P_{RGB} = R_{RGB}R_D^{-1}P_D - R_{RGB}R_D^{-1}t_D + t_{RGB} \tag{5-3}$$

另外,P_{RGB} 与 P_D 分别所在的 RGB 相机坐标系与深度坐标系之间的变换也可以通过平移向量 t 与旋转向量 R 来表示,即

$$P_{RGB} = RP_D + t \tag{5-4}$$

根据式(5-3)与式(5-4),可得

$$R = R_{RGB}R_D^{-1} \tag{5-5}$$
$$t = t_{RGB} - R_{RGB}R_D^{-1}t_D = t_{RGB} - Rt_D \tag{5-6}$$

设两坐标系中各自的内参矩阵为 K_{RGB} 和 K_D,则像素坐标 p_{rgb}、p_d 和 P_{RGB}、P_D 两相机的坐标关系为

$$p_{rgb} = K_{RGB}P_{RGB} \tag{5-7}$$
$$p_d = K_D P_D \tag{5-8}$$

RGB 相机坐标系与深度坐标系的像素坐标之间的关系为

$$p_{rgb} = K_{RGB}P_{RGB} = K_{RGB}(RP_D + t) = K_{RGB}(RK_D^{-1}p_d + t) \tag{5-9}$$

因此,当分别得到 RGB 相机坐标系与深度模块的内参矩阵时,即可求解两坐标系间的变换关系。

5.1.3 深度相机标定与成像实验

为了获取深度相机中 RGB 摄像头与红外摄像头的内参,需要对深度相机进行标定实验,这里利用 Kalibr[1-2] 进行标定。Kalibr 是瑞士苏黎世联邦理工学院自动化系统实验室开发的一套多相机多传感器联合标定系统。本次标定实验的硬件平台为 Ubuntu 16.04 和 ROS Kinectic 操作系统,采用精度最高的 Aprilgrid 制作标定板,如图 5-3(a) 所示;该标定板为 6×6 的棋盘点格,规格为 $80 \, cm \times 80 \, cm$,利用 A0 纸板制作,如图 5-3(b) 所示。将待标定的深度相机放在距离标定板约 2 m 的位置,进行实验。

1.深度相机标定

首先启动 RealSense D435i RGB-D 深度相机,提取待标定的 RGB 摄像头以及红外摄像头的 topic;为了控制标定的计算量,利用 ROS 中的 topic_tools throttle 指令将 RGB 摄像头以及红外摄像头话题的发布频率降低到 4 Hz;缓慢从右向左平移标定板,确保图片不出现模糊,同时利用 rosbag 指令录制降低频率之后的 RGB 摄像头与红外摄像头所采集的标定板信息。

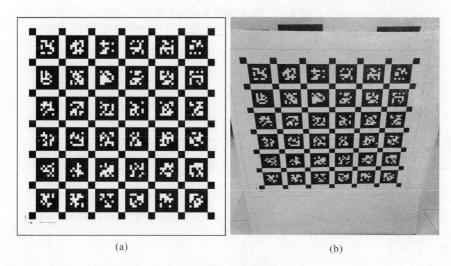

图 5-3 标 定 板

(a)Aprilgrid;(b)标定板实物

标定板运动过程中截取的关键几帧如图 5-4(见彩插图 5-4)所示。图 5-4(a)为标定板运动过程中 RGB 摄像头截取的关键几帧,图 5-4(b)为标定板运动过程中红外摄像头截取的关键几帧,由于 RGB 相机与红外相机的视野不同,因此所截的帧视野也有所差异。

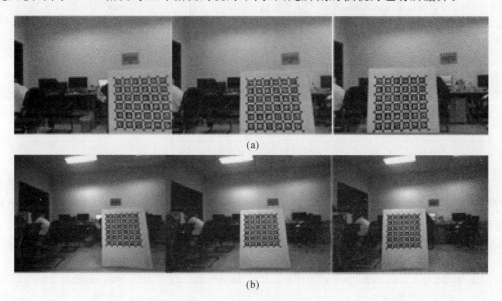

图 5-4 标定板运动过程

将录制完成的信息送入 Kalibr 进行处理,RGB 相机的标定结果见表 5-2。接着对 RGB 相机的标定情况进行检测并对重投影误差进行量化分析。如图 5-5(见彩插图 5-5)所示,图 5-5(a) 为对录制 RGB 相机所采集标定板信息的特征提取情况,图 5-5(b)为重投影误差的量化统计,坐标轴均以像素为单位。可以看出误差绝大部分都落在横纵轴±0.5 个像素之内,误差较小,可以认为标定数据有效。

表 5-2　RGB 摄像头的标定结果

相机内参/mm		畸变参数	
f_x	616.886 716 92	k_1	0.138 721 68
f_y	615.231 520 22	k_2	−0.318 010 19
c_x	309.265 112 45	p_1	−0.002 729 43
c_y	231.572 623 05	p_2	−0.000 507 43

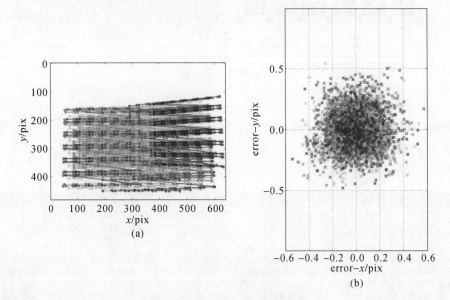

图 5-5　RGB 摄像头标定情况统计

(a)特征提取；(b)重投影误差统计

红外相机的标定结果见表 5-3。同理,对红外相机的标定情况进行检测并对重投影误差进行量化分析。如图 5-6(见彩插图 5-6)所示,图 5-6(a)为对录制红外摄像头所采集标定板信息的特征提取情况,图 5-6(b)为重投影误差的量化统计,坐标轴均以像素为单位。可以看出重投影误差基本全部都在横纵轴±0.5 个像素以内,精度较高,标定数据有效。

表 5-3　红外摄像头标定结果

相机内参/mm		畸变参数	
f_x	357.564 450 14	k_1	0.007 272 40
f_y	356.563 573 52	k_2	−0.001 754 56
c_x	313.895 605 56	p_1	−0.002 804 06
c_y	228.038 838 34	p_2	0.000 603 56

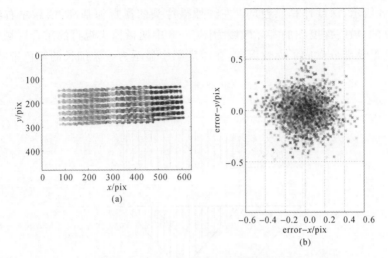

图 5-6　红外摄像头标定的重投影误差

(a)特征提取；(b)重投影误差统计

同时，根据平移旋转向量的结果得到 RGB 坐标系与深度坐标系之间的变换矩阵 $\boldsymbol{T}$ 为

$$\boldsymbol{T} = \begin{bmatrix} 0.999 & 0.012 & 0.029 & -0.042 \\ -0.011 & 0.997 & -0.035 & 0.003 \\ -0.032 & 0.033 & 0.999 & 0.007 \\ 0 & 0 & 0 & 1 \end{bmatrix} \tag{5-10}$$

可以看出，变换矩阵的平移部分接近于单位阵，可以认为 RGB 坐标系与深度坐标系之间没有旋转，只有一个 x 轴的平移向量。

2. 成像实验

在相机标定完成之后，将计算好的内参写入相机中，再进行成像实验。利用驱动程序 librealsense 完成图像提取，设置分辨率为 1 280×720，帧率为 30，实验区域为 5 m×3.6 m 的空间，所得到的 RGB 图像以及计算之后的深度图像如图 5-7(a)(见彩插图 5-7)所示。

图 5-7(b)(见彩插图 5-7)中的颜色表示深度，距离从近到远，颜色从蓝到红逐渐变化。图 5-7(b) 中最左边出现了一条细长的黑色带状区域，这是由于左右两红外摄像头计算深度时不重叠部分的视野盲区导致的。

图 5-7　RGB 深度成像效果图

(a)RGB 图像；(b)深度图像

如图 5-8 所示,深度计算原理是以左红外摄像头的视野为基准,依靠左右红外摄像头的成像联合计算的,最终深度图的实际区域为图 5-8 中两摄像头视野的重合区域。而左红外摄像头视野的不重叠部分就成了无效深度,在深度图中显示为一条细长的黑色带状区域,为无效深度区域。

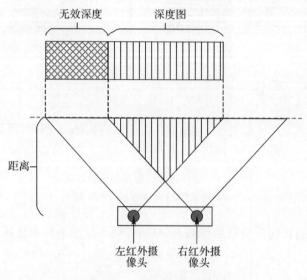

图 5-8　深度视野示意图

结合 RGB 图以及深度图,在 RVIZ 三维可视化工具中初步建立点云图,效果如图 5-9 所示。图 5-9 是尚未处理的点云图,可以看到图中存在一些黑点。图 5-7(b)也存在同样的情况。这种情况是由于摄像头自身的误差以及环境噪声的影响,个别位置未能测量出深度导致的。

图 5-9　点云图

5.1.4　深度视觉位姿估计算法实践

通过第 3 章的讨论,我们已经知道 PnP 算法与 ICP 算法适用于深度视觉位姿估计,下面就通过数据集分别对两种算法进行实践。数据集以 TUM 公开数据集作为数据,包括 RGB 图像以及对应的深度图。此数据集的图像是通过 Kinect RGB-D 相机采集的,RGB 摄像头与深度摄像头具体的内参以及畸变系数如表 5-4 所示。

表 5 - 4　数据集相机内参及畸变系数

RGB 摄像头		深度摄像头	
f_x	517.3	f_x	591.1
f_y	516.5	f_y	590.1
c_x	318.6	c_x	331.0
c_y	255.3	c_y	234.0
k_1	$-0.262\,4$	k_1	0.041 0
k_2	$-0.953\,1$	k_2	0.328 6
p_1	0.002 6	p_1	0.005 1
p_2	1.163 3	p_2	$-0.564\,3$

1. PnP 位姿估计实验

选取 TUM 公开数据集 rgbd_dataset_freiburg1_room 的前 7 帧 RGB 图像以及深度图,提取的 RGB 图像如图 5 - 10 所示。

图 5 - 10　rgbd_dataset_freiburg1_room 图像

(1)PnP 位轨姿轨迹。

以前两帧为例,首先利用第 4 章研究过的 ORB 特征点法对两帧图像进行特征提取以及匹配;得到两张图片的匹配点;再读取第一帧图像的深度图,结合匹配点与深度图利用 OPENCV 提供的线性求解方法来求解 PnP 问题。求解结果见表 5 - 5,可以看到旋转矩阵 **R** 接近于单位阵,平移量也比较小,可以认为相机有一定的平移量,基本没有旋转量。表 5 - 5 中的特征点需剔除坏点的原因是两张 RGB 图像在匹配好特征点之后需要映射到对应的深度图上,而由于深度相机本身的一些误差或者其他原因,对应的深度图会存在一些无效点。这些无效点称为"坏点",应该剔除。

表 5 - 5　两帧图像的 PnP 计算结果

BRIEF 描述子的汉明距离	最大	89
	最小	5
特征匹配点数	324	
剔除坏点之后的匹配点	284	
旋转矩阵 $\boldsymbol{R}$	$\boldsymbol{R} = \begin{bmatrix} 0.999\,83 & -0.017\,51 & 0.003\,86 \\ 0.017\,47 & 0.999\,78 & 0.010\,79 \\ -0.004\,05 & -0.010\,72 & 0.999\,93 \end{bmatrix}$	
平移向量 $\boldsymbol{t}$	$\boldsymbol{t} = \begin{bmatrix} 0.063\,31 & -0.005\,66 & -0.011\,40 \end{bmatrix}$	

根据表 5-5 计算第二帧图像中的空间点经过变换矩阵再次投影到第一帧图像上后空间点的误差。以相机坐标系为基准,任取 5 个匹配好的特征点,结果见表 5-6。

表 5-6 特征点以及重投影点的坐标

序号	特征点	重投影点
1	$(-2.899\ 77, -1.767\ 50, 7.404\ 01)$	$(-2.636\ 70, -1.705\ 18, 7.391\ 27)$
2	$(-2.593\ 14, -1.826\ 40, 7.469\ 01)$	$(-2.363\ 33, -1.772\ 12, 7.517\ 03)$
3	$(-2.802\ 11, -1.760\ 11, 7.373\ 02)$	$(-2.554\ 84, -1.697\ 03, 7.360\ 88)$
4	$(-2.871\ 14, -1.796\ 17, 7.404\ 03)$	$(-2.646\ 09, -1.748\ 93, 7.457\ 70)$
5	$(0.133\ 98, -1.674\ 45, 7.373\ 01)$	$(0.367\ 53, -1.509\ 32, 7.378\ 22)$

根据表 5-6 的数据,按照下式计算特征点与重投影点之间的均方根误差,即

$$\text{RMSE} = \sqrt{\frac{1}{N}\sum_{i=1}^{N}(\boldsymbol{p}_i - \boldsymbol{q}_i)^2} \tag{5-11}$$

解得此均方根误差为 0.121 1 mm,再将两帧图像所匹配的所有特征点与重投影点作比较,利用相同方法解得均方根误差为 0.146 4 mm。

再利用线性方法处理连续 7 帧图像,得到相邻帧之间的变换矩阵。已知数据集的初始坐标为 $(-0.868\ 3, 0.602\ 6, 1.562\ 7)$,则计算得到连续帧位姿轨迹图如图 5-11 所示。

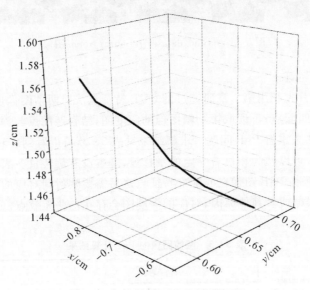

图 5-11 PnP 算法的位姿轨迹图

(2)BA 优化后的位姿轨迹。

直接线性求解 PnP 会带来测量误差、环境噪声等诸多方面的误差。为降低这一误差,可将求解得到的位姿当作初始值,利用 Bundle Adjustment 进行进一步优化,来尽可能地降低重投影误差。具体步骤如下:

1) 输入 RGB 图像及深度图像,并将其对齐;

2) 帧间 ORB 特征提取及匹配;

3) 对匹配上的特征点在深度图的对应位置进行检测,剔除"坏点";

4) 根据特征点以及内参得到对应的 3D 点以及 2D 点;

5) 利用式(4-41)以及 2D、3D 和内参求解位姿的初始值;

6) 利用式(4-53)进一步优化位姿。

此处的 BA 优化利用 G²O(General Graphic Optimization)优化库实现,G²O 库是以图优化为基础的库。第 4 章介绍过图优化是目前视觉 SLAM 的主流优化方法,它将图论的知识与非线性优化方法结合起来,将一个优化问题用图论中图的形式呈现出来,优化变量在图中被表示为顶点,误差项表示为图中的边,这样构建一个有若干顶点与边的图就可以解决非线性最小二乘问题。

再次按照之前的思路对特征点以及重投影点进行比较分析,以前两帧图像为例,抽取 5 个特征点,每个点三维坐标的重投影误差见表 5-7。

表 5-7　PnP 算法部分特征点的重投影误差

序号	重投影误差/mm
1	$(-0.261\ 57, -0.064\ 01, 0.009\ 31)$
2	$(-0.228\ 32, -0.056\ 21, -0.051\ 80)$
3	$(-0.245\ 89, -0.064\ 75, 0.008\ 63)$
4	$(-0.223\ 60, -0.049\ 02, -0.057\ 27)$
5	$(-0.232\ 12, -0.167\ 51, -0.011\ 14)$

根据式(5-11)计算其均方根误差为 0.121 9 mm。再将所有特征点与重投影点作比较,计算出均方根误差为 0.146 3 mm。可见,在大量数据下,经过 BA 优化之后的均方根误差要略低于优化之前,但是由于迭代次数较少,差别并不明显。

利用 G²O 解决位姿优化问题的结果与真实位姿轨迹以及单纯 PnP 位姿轨迹的比较如图 5-12 所示。从图 5-12 中可以看出,在 BA 优化过后,相比于单纯的 PnP 位姿解算要更加接近真实的位姿(Ground_truth)。

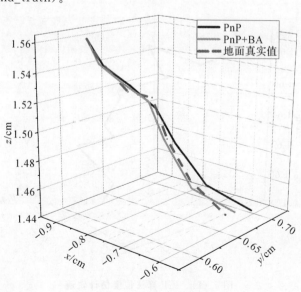

图 5-12　轨迹对比图

在本实验中,不仅可以将 7 帧图像输入进来,还可以将大量空间点以及相机位姿输入进来,甚至可以将整个视频流输入进程序,做成一个基本的视觉里程计。但是由于没有后端统一优化以及闭环检测,再加上数据集本身的误差,会使估计出的位姿结果与真实位姿的差距越来越大。为了保证位姿估计的可靠性,整体的系统会在后续小节中进行讨论。

2. ICP 位姿估计实验

在 TUM 公开数据集 rgbd_dataset_freiburg1_room 中随机选择连续 15 帧 RGB 图像以及对应的深度图进行 ICP 位姿估计实验,所提取的 RGB 图像如图 5 - 13 所示。

图 5 - 13　rgbd_dataset_freiburg1_room 图片集

(1)ICP 位姿轨迹。

同样以前两帧为例,首先利用 ORB 图像特征算法对两帧图像进行特征提取以及匹配,得到两帧图片的匹配点;再读取两帧图片对应的深度图,结合匹配点以及深度图利用 SVD 算法求解 ICP 问题,结果见表 5 - 8。由于相机运动较为剧烈,图像采集较为模糊,导致坏点较多。与 PnP 算法过程同理,ICP 算法过程同样需要剔除"坏点"。用该方法处理连续 15 帧图像,得到相邻帧之间的变换矩阵。已知第 200 帧相机的位姿为(0.203 0,−0.494 9,1.694 7),则这连续 15 帧图像的位姿轨迹如图 5 - 14 所示。

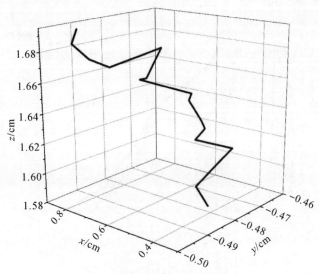

图 5 - 14　ICP 算法位姿估计轨迹

表 5-8　两帧图像的 ICP 计算结果

BRIEF 描述子汉明距离	最大	89
	最小	5
特征匹配点数	170	
剔除坏点之后的匹配点	64	
W	$W = \begin{bmatrix} 1\,158.990\,13 & -31.637\,34 & -237.950\,14 \\ -30.430\,96 & 180.169\,01 & 9.756\,63 \\ -215.310\,27 & 2.469\,81 & 71.373\,05 \end{bmatrix}$	
U	$U = \begin{bmatrix} 0.981\,91 & 0.027\,26 & 0.187\,57 \\ -0.307\,61 & 0.999\,42 & 0.017\,23 \\ -0.186\,92 & -0.022\,64 & 0.982\,13 \end{bmatrix}$	
V	$V = \begin{bmatrix} 0.978\,21 & 0.033\,43 & 0.204\,72 \\ -0.030\,82 & 0.999\,43 & -0.015\,97 \\ -0.205\,11 & 0.009\,38 & 0.978\,72 \end{bmatrix}$	
旋转矩阵 R	$R = \begin{bmatrix} 0.999\,83 & -0.006\,03 & -0.017\,64 \\ 0.006\,60 & 0.999\,45 & 0.032\,41 \\ 0.017\,44 & -0.032\,52 & 0.999\,32 \end{bmatrix}$	
平移向量 t	$t = \begin{bmatrix} 0.332\,62 & -0.101\,68 & -0.003\,91 \end{bmatrix}$	

根据表 5-8 所计算出的两帧之间的变换矩阵,计算第二帧图像中的空间点经过变换矩阵再次投影到第一帧图像上后空间点的重投影误差。以相机坐标系为基准,任选图像中的 5 个匹配点,所计算出的三维坐标的重投影误差见表 5-9。

表 5-9　ICP 算法部分特征点重投影误差

序号	重投影误差/mm
1	(0.062 90,0.260 83,0.161 43)
2	(-0.078 95,0.129 06,0.314 30)
3	(-0.005 83,0.025 75,0.002 91)
4	(0.005 58,0.017 97,0.099 38)
5	(0.040 08,0.024 88,-0.000 96)

根据表 5-9 数据和式(5-11),计算出均方根误差为 0.114 7 mm;再将所有特征点与重投影点作比较,计算出均方根误差为 0.208 9 mm。

(2)BA 优化后的位姿轨迹。

与 PnP 情况类似,为减少计算以及外界影响带来的误差,将用 SVD 算法求解出的 ICP 位

姿作为初值,利用 BA 进一步优化,具体步骤如下:

1)输入 RGB 图像及深度图像,并将其对齐;

2)帧间 ORB 特征提取及匹配;

3)对匹配上的特征点在深度图的对应位置进行检测,剔除"坏点";

4)根据特征点以及内参得到对应的 3D 点;

5)利用线性 SVD 方法以及 3D 点求解位姿的初始值;

6)利用集束调整(BA)进一步优化位姿。

在这里,BA 优化同样利用 G^2O 优化库来进行,优化前后的位姿轨迹对比如图 5－15 所示。

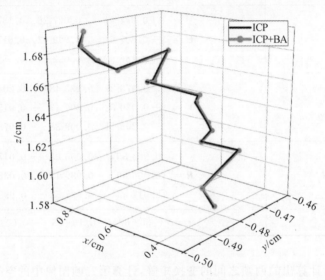

图 5－15 ICP 算法优化前后的位姿轨迹对比

从图 5－15 可以看出,用 SVD 线性求解得到的位姿与优化之后的位姿轨迹基本重合,而且在实验过程中发现进入 BA 优化之后仅迭代一到两次算法就已经收敛,可以认为本次实验中 SVD 线性求解出的位姿已经是最优值。

通过上述实验可以知道,当两个 3D 点建立匹配关系时,最小二乘问题存在解析解,可以快速计算出位姿而不需要进一步优化。但是在实际情况中,有时由于深度相机运动过快、光照差异等一些原因,某些像素的深度数据有可能缺失,无法建立三维空间之间的匹配。这时可以将之前研究过的 PnP 与 ICP 结合起来;当某些特征点的深度信息已知时,利用 ICP 算法解算位姿;当某些特征点的深度信息未知时,利用 PnP 算法解算位姿,这样计算更加方便。

5.1.5 回环检测实验

1. 相似度比较

首先进行相似论比较测试,用一段 TUM 公开数据集的一连串图像,一共 1 360 张图片,作为训练集。利用开源视觉词袋库 DBOW3 来训练,训练的字典信息如图 5－16 所示,字典的分支为 10,深度为 5,可容纳的最大单词数为 100 000。训练过后,字典中一共有 97 111 个单词。

```
reading images...
detecting ORB features ...
[ INFO:0] Initialize OpenCL runtime...
creating vocabulary ...
vocabulary info: Vocabulary: k = 10, L = 5, Weighting = tf-idf, Scoring = L1-norm, Number of words = 97111
done
```

图 5-16　字典信息

从 1 360 张图片中任选 28 张图片,确保其随机性。如图 5-17 所示,图片编号从左到右、从上到下依次为 1~7 号、8~14 号、15~21 号、22~28 号。分别找出与第 1 张图片和第 2 张图片相似度最高的 6 张图片,如图 5-18 所示,其相似度计算结果见表 5-10。由实验结果可知,经过相似度计算可以分别检测出与第 1 张和第 2 张图像最为相似的 6 张图像,相似度从高到低降序排列。第 1 张图片与自身相似度为 1,与剩下的 6、12、13、16、11 号图片的相似度逐渐减小,除自身之外相似度最高约为 0.26,如图 5-18(a) 从左至右所示;同样,第 2 张图片与自身相似度为 1,与 17、10、14、24、18 号图片的相似度逐渐减小,除自身之外相似度最高约为 0.23,如图 5-18(b) 从左至右所示。由于训练的图片张数较少,单词数量不足,而且字典的规模也较小,因此除了与自身相似度为 1 外,与其他图像的相似度都比较低。

图 5-17　图片集

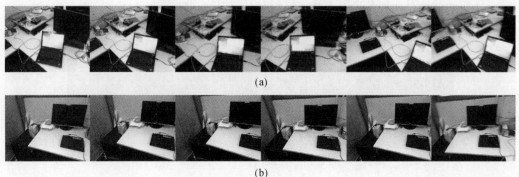

(a)

(b)

图 5-18　相似度结果图

表 5 - 10 相似度计算结果

图像编号(第1张)	相似度	图像编号(第2张)	相似度
1	1	2	1
6	0.255 190	17	0.228 523
12	0.117 887	10	0.172 274
13	0.110 931	14	0.168 161
16	0.102 657	24	0.149 629
11	0.070 744	18	0.136 906

2.回环检测

另外,回环检测(Loop Closure Detection,LCD)的主要功能在于消除误差累积,对 SLAM 进行全局优化。因此本章又在以上实验的基础上进行有无回环检测 SLAM 的对比实验,以相对于真实路径的运动估计误差为参照进行比较。

本次所使用的数据集来自于 TUM 的 fr2_large_with_loop。该数据集总耗时 173.19 s,行进距离为 39.111 m,速度为 0.231 m/s,使用的模型是手持传感器,得到的位姿精度比较见表 5 - 11。可以看到,加了回环检测模块之后,除了最小误差,其他误差项都有明显的优化,尤其是均方根误差经回环优化后降低了 40.3%。

表 5 - 11 回环检测测试　　　　　　　　　　　　　　　　单位:m

检测方法	误差平均值	误差中值	误差标准差	误差最小值	误差最大值	均方根误差
VO	0.412 33	0.403 924	0.289 312	**0.055 274**	0.193 842 1	0.587 132
VO+LCD	**0.306 77**	**0.267 372**	**0.174 862**	0.058 659	**0.094 529 2**	**0.350 423**

注:黑体数字表示两种方法中较好的一个,下同。

图 5 - 19(见彩插图 5 - 19)中,图 5 - 19(a)是没有使用回环检测的估计轨迹,图 5 - 19(b)使用了回环检测,其中绿色是真实的运动轨迹,红色是计算得到的运动轨迹。由图 5 - 19 以及表5 - 11的数据可以看出,回环检测后的图像更加精确,与真实路径更为接近。仅有后端优化的 SLAM 运动估计存在许多误差漂移,且运行时间越长,误差越大。

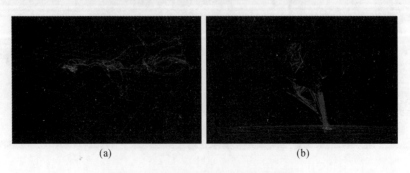

(a)　　　　　　　　　　　　　(b)

图 5 - 19 回环检测的位姿估计结果

5.2　路径规划方法与实践

在整个 SLAM 流程完成之后，就需要使用路径规划算法来帮助无人机在所构建的三维环境中获取对目标点的路径规划能力，并且求出一条最优轨迹，将两个位置点连接起来。目前已有众多的路径规划算法，例如人工势场法[3]、模拟退火算法[4]、蚁群算法[6]、A* 算法[7]、Dijkstra 算法[8]等。其中，A* 算法以其灵活、适用性广等特点，成为众多路径规划算法中最受欢迎的算法之一。本利用一种三维 A* 算法来实现三维空间的路径规划，最终目的是在无人机所构建的稠密点云图中实现路径规划。

5.2.1　A* 算法概述

A* 算法是一种启发式的搜索算法。在搜索过程中，它将整个空间划分成一个个规则的网格节点，利用二维或三维数组储存整个空间的信息；数组中的每个元素与网格节点一一对应，其中 0 代表该网格节点可到达，1 代表该节点可能存在障碍物，不可到达。如图 5-20(见彩插图 5-20)所示，红色方格为障碍物存在的地方，不可到达，值为 1；其余地方值为 0。

0	0	0	0	0	0
0	0	0	0	0	0
0	0	1	0	0	0
0	0	1	0	0	0
0	0	1	0	0	0
0	0	0	0	0	0
0	0	0	0	0	0

图 5-20　网格节点示意图

如图 5-21(见彩插图 5-21)所示，设起点为蓝色方格 A，目标点为绿色方格 B。要寻找从 A 点到 B 点的最短路径，算法以起点 A 为开始点进行搜索，检查相邻网格，并向周围扩展，直至到达 B 点为止。与 A 相邻的黄色方格是首先需要被检查的，A 相当于它们的父亲节点。由启发函数指引搜索的方向，则有

$$f(n) = g(n) + h(n) \tag{5-12}$$

式中，$f(n)$ 为从起点经过当前节点 n 再到达目标的总代价；$g(n)$ 为从起点到当前节点 n 已经累积的代价；$h(n)$ 为当前节点 n 到目标的预测代价。

当前节点 (x_n, y_n) 到目标节点 (x_g, y_g) 的代价 $h(n)$ 为

$$h(n) = \sqrt{(x_n - x_g)^2 + (y_n - y_g)^2} \tag{5-13}$$

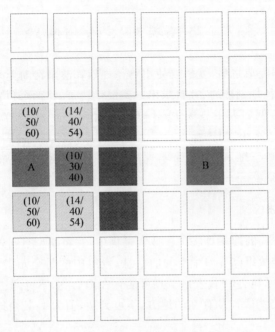

图 5 - 21　搜索示意图

设相邻方格的直线距离为 10,对角线距离为 14,则起点周围方格的代价如图 5 - 21 所示,形式为 $(g/h/f)$。选择总代价最小的方块继续搜索,如图 5 - 22(a)[见彩插图 5 - 22(a)]所示,再直线移动就是障碍,所以再次检查相邻方格的代价,选择总代价最小的方格;以此类推。整个搜索过程如图 5 - 22(见彩插图 5 - 22)所示,顺序为从(a)到(f),最终的路径用蓝色方格表示。

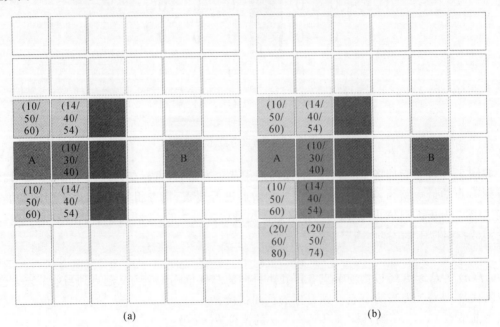

图 5 - 22　A* 算法的具体搜索流程

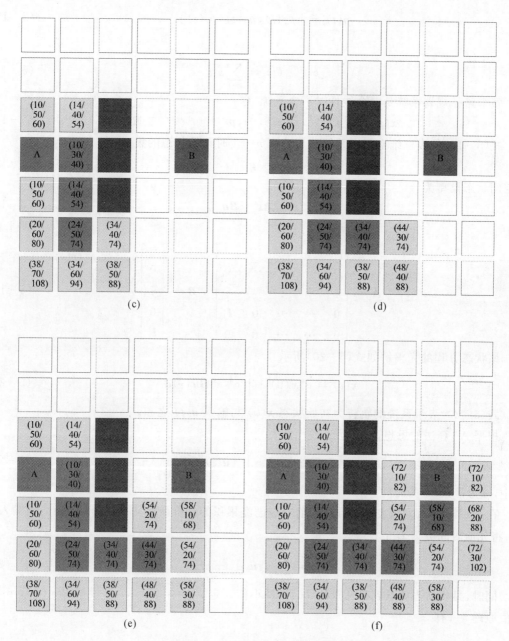

续图 5-22　A* 算法的具体搜索流程

5.2.2　三维 A* 算法

传统的 A* 算法虽然可以在二维环境中较为灵活、快速地进行搜索,但是在较为复杂的三维环境中,搜索最优路径需要的代价计算量是巨大的,所以传统的 A* 算法并不能胜任无人机在三维空间中的实时路径规划。本节介绍三维空间的 A* 算法[9]。

1. 计算总代价

首先,空间中的轨迹可以分别用三个独立的一元多项式来表示,即

$$\boldsymbol{p}(t) \triangleq [p_x(t), p_y(t), p_z(t)]^T \tag{5-14}$$

其中

$$p_{(x,y,z)}(t) = \sum_{k=0}^{N} a_k t^k \tag{5-15}$$

整个路径规划系统是一个线性时不变系统，令

$$\boldsymbol{x}(t) \triangleq [\boldsymbol{p}(t)^T, \dot{\boldsymbol{p}}(t)^T, \cdots, \boldsymbol{p}^{(n-1)}(t)^T]^T \subset \mathbb{R}^3 \tag{5-16}$$

式(5-16)代表三维空间内系统从当前到 $n-1$ 时刻的状态的集合，令

$$\boldsymbol{u}(t) \triangleq \boldsymbol{p}^{(n)}(t) \tag{5-17}$$

则空间状态模型为

$$\dot{\boldsymbol{x}} = \boldsymbol{A}\boldsymbol{x} + \boldsymbol{B}\boldsymbol{u} \tag{5-18}$$

其中

$$\boldsymbol{A} = \begin{bmatrix} 0 & \boldsymbol{I}_3 & 0 & \cdots & 0 \\ 0 & 0 & \boldsymbol{I}_3 & \cdots & 0 \\ \vdots & \vdots & \vdots & & \vdots \\ 0 & \cdots & \cdots & 0 & \boldsymbol{I}_3 \\ 0 & \cdots & \cdots & 0 & 0 \end{bmatrix}, \boldsymbol{B} = \begin{bmatrix} 0 \\ 0 \\ \vdots \\ 0 \\ \boldsymbol{I}_3 \end{bmatrix} \tag{5-19}$$

该状态方程的完整解如式(5-20)所示

$$\boldsymbol{x}(t) = e^{\boldsymbol{A}t}\boldsymbol{x}(0) + \int_0^t e^{\boldsymbol{A}(t-\tau)}\boldsymbol{B}\boldsymbol{u}(\tau)d\tau \tag{5-20}$$

式(5-20)表示系统的轨迹为初始状态 $\boldsymbol{x}(0)$ 与输入 $\boldsymbol{u}(t)$ 之和。

根据 A^* 算法的思想，定义轨迹的代价为

$$J(T) = \rho T + \int_0^T \|\boldsymbol{u}(t)\|^2 dt \tag{5-21}$$

式中，ρ 为常数；T 为时间。

在 A^* 算法中，g 代表从起点到当前节点已经累积的代价。定义在持续时间 τ 内的输入为 $\boldsymbol{u}_d$，将先前时间分为 L 个 τ，则

$$g = \sum_{i=1}^{L} (\|\boldsymbol{u}_{di}\|^2 + \rho)\tau \tag{5-22}$$

同时，寻找从当前点到目标点的 $J(T)$ 最小值。定义 $\mu \in \{x,y,z\}$，根据 Pontryagins 最小值原理[10]，有

$$p_{\mu}^*(t) = \frac{1}{6}\alpha_{\mu}t^3 + \frac{1}{2}\beta_{\mu}t^2 + v_{\mu c} + p_{\mu c} \tag{5-23}$$

$$\begin{bmatrix} \alpha_{\mu} \\ \beta_{\mu} \end{bmatrix} = \frac{1}{T^3} \begin{bmatrix} -12 & 6T \\ 6T & -2T^2 \end{bmatrix} \begin{bmatrix} p_{\mu g} - p_{\mu c} - v_{\mu c}T \\ v_{\mu g} - v_{\mu c} \end{bmatrix} \tag{5-24}$$

$$J^*(T) = \sum_{\mu \in \{x,y,z\}} \left(\frac{1}{3}\alpha_{\mu}^2 T^3 + \alpha_{\mu}\beta_{\mu}T^2 + \beta_{\mu}^2 T \right) \tag{5-25}$$

式中，$p_{\mu c}$、$p_{\mu g}$、$v_{\mu c}$、$v_{\mu g}$ 分别为系统当前或者目标点处的位置和速度。

将 α_{μ} 和 β_{μ} 代入式(5-25)中并求解，得

$$\frac{\partial J^*(T)}{\partial T} = 0 \tag{5-26}$$

通过式(5-26)求解 $J^*(T)$ 的最小值。定义当 J^* 取最小值时所对应的时间为 T_{m}，将从当前点到目标点的预测代价 h 定义为

$$h = J^*(T_{\mathrm{m}}) \tag{5-27}$$

则最终总代价为

$$f = g + h = \sum_{i=1}^{L}(\|\boldsymbol{u}_{di}\|^2 + \rho)\tau + J^*(T_m) \tag{5-28}$$

将式(5-28)作为代价函数，再依照之前介绍的顺序进行搜索，生成路径，并对路径进行优化。

2.路径优化

路径优化是通过 B 样条进行的，B 样条是由阶数(degree) p_d、控制点(control points) $\{Q_0, Q_1, \cdots, Q_N\}$ 以及节点矢量(knot vector) $[t_0, t_1, \cdots, t_M]$ 确定的分段多项式。其中 $M = N + p_d + 1$，样条轨迹的时间为 $t \in [t_{p_d}, t_{M-p_d}]$，具体形式如图 5-23 所示。

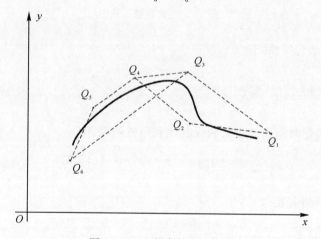

图 5-23　B 样条轨迹示意图

在均匀 B 样条中，每个节点区间的间隔长度 $\Delta t = t_{n+1} - t_n$ 都是相同的。利用 B 样条优化路径就需要计算在一段时间间隔内的位置。时间间隔为 $t \in [t_n, t_{n+1}] \subset [t_{p_b}, t_{M-p_b}]$，则位置可以用矩阵表示为

$$\boldsymbol{P}(s(t)) = \boldsymbol{s}(t)^{\mathrm{T}} \boldsymbol{M}_{p_b+1} \boldsymbol{q}_{\mathrm{m}} \tag{5-29}$$

式中，$\boldsymbol{M}_{p_b+1}$ 是一个由 p_d 定义的矩阵常量；

$$\boldsymbol{s}(t) = \begin{bmatrix} 1 & s(t) & s^2(t) & \cdots & s^{p_b}(t) \end{bmatrix}^{\mathrm{T}} \tag{5-30}$$

$$\boldsymbol{q}_{\mathrm{m}} = \begin{bmatrix} Q_{m-p_b} & Q_{m-p_b+1} & Q_{m-p_b+2} & \cdots & Q_m \end{bmatrix}^{\mathrm{T}} \tag{5-31}$$

3.增加约束

在对路径的位置进行一定优化之后，为了保证其可以顺利通过障碍物，还需要增加额外的约束。约束可利用 B 样条的凸包特性，如图 5-24 所示。

图 5-24 中，左边为点云障碍，右边为控制点组成的凸包。要防止无人机在路径规划时发生碰撞，至少需要确保 $d_{\mathrm{h}} > 0$。d_{h} 可以是图 5-24 右边控制点组成的凸包中的任意一点 Q_{h}。根据三角不等式，得到

$$d_{h} > d_{o} - r_{h} \qquad\qquad (5-32)$$

式中，d_o 为点云障碍与任意一个控制点之间的距离。

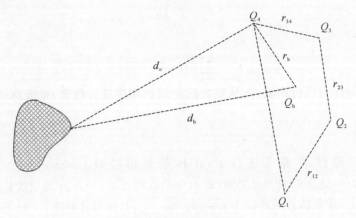

图 5-24 防碰撞示意图

根据 B 样条的凸包特性，有

$$r_{h} \leqslant r_{12} + r_{23} + r_{34} \qquad\qquad (5-33)$$

根据式(5-32)和式(5-33)，有

$$d_{h} > d_{o} - (r_{12} + r_{23} + r_{34}) \qquad\qquad (5-34)$$

因此，需要在优化时添加约束来确保其顺利通过障碍，即

$$d_{o} > 0, r_{j,j+1} < \frac{d_{o}}{3}, \quad j \in \{1,2,3\} \qquad\qquad (5-35)$$

5.2.3 路径规划实验

1.二维路径规划实验

按照上述所介绍的原理，首先进行二维路径规划实验，仿真实验平台为 MATLAB R2018b。为了直观显示障碍物与路径，首先用 MATLAB 构建一个网格图代表二维空间，该二维空间中每个网格都是一个 10×10 像素的正方形，并且以 1 像素的黑线作为边界，图 5-25 是一个 15×15 网格的二维空间，以左下角网格为基准点(1,1)，设定起始点为(8,2)，目标点为 (8,14)；起始点用 3×3 的像素点表示，目标点用 6×6 的像素点表示。

实际上，这个二维空间同样也是一个 15×15 的二维数组，数组中存在非零元素的位置即为存在障碍的位置，以此来模拟实际空间中的情形。根据该规则表示二维空间，并在二维空间中随机生成非零元素的位置，代表空间中的随机障碍物，由此建立障碍物二维空间图，并利用之前介绍的方法从起点到终点进行路径规划，如下所述：

首先生成二维空间图，得到二维空间图并定义起始点和目标点；根据所给出二维空间图随机生成障碍物，即非零元素的网格；判断起始点与目标点位置是否存在障碍物，若存在障碍物则清除地图并重新生成障碍物；在障碍物地图上从起始点到目标点利用 A* 算法进行规划，最后将规划好的路径画在地图上。一次规划完成的路径坐标见表 5-12 所示，表中的水平和竖直位置表示以左下角的网格(1,1)为基准所确定的位置。

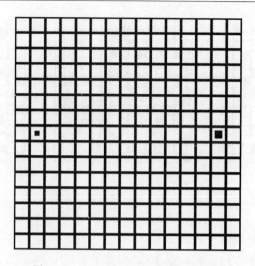

图 5-25　MATLAB 构建的二维空间

表 5-12　路径所经过的位置

水平位置	竖直位置	水平位置	竖直位置
3	8	9	9
4	8	9	10
5	9	9	11
6	9	9	12
7	9	9	13
8	9	9	14

　　根据规划的位置绘制路径,如图 5-26(见彩插图 5-26)所示,起始点与目标点均已用圆圈标注,所走路径用灰色方块标出。图 5-26 中,小黑点表示起始位置,大黑点表示目标位置,灰色的网格块表示从起始位置到目标位置的路径,充满网格的黑块表示障碍物,可以看到规划的路径是避开了障碍物的最短路径。图 5-27(见彩插 5-27)为多次在随机地图上规划的结果。

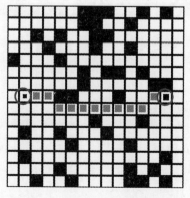

图 5-26　二维规划轨迹图

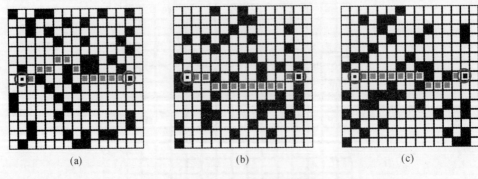

图 5-27　多次随机地图规划

2.三维空间路径规划实验

在此基础上进行三维空间路径规划实验,仿真平台为 Unbuntu 16.04 操作系统,ROS Kinetic 实验平台。首先建立无人机虚拟模型,将事先下载好的无人机三维模型素材导入 ROS 的 RVIZ 三维可视化平台中,效果如图 5-28 所示。

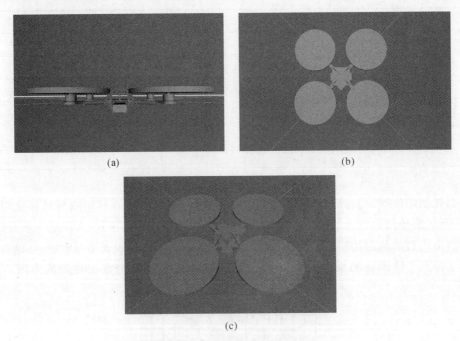

图 5-28　无人机虚拟模型
(a)正视图;(b)俯视图;(c)斜视图

再构建三维空间。首先确定空间大小为 $40\times40\times5$,即 x 轴与 y 轴为 40×40 个方块的面积,z 轴为 5 个方块高,这里的方块类比于之前介绍的二维空间网格的概念。利用 C++语言中的 uniform_real_distribution 模板产生随机区域的坐标,并将这些区域当作障碍物区域填充稠密点云块。三维地图如图 5-29(见彩插图 5-29)所示。

图 5-29　三维障碍物空间

　　定义起始点位置为 x 轴与 y 轴正中心位置,将无人机模型放入其中,起始点与目标点均在图 5-29 中用红圈标出,按照上文中介绍的三维 A* 算法进行路径规划,具体过程如图 5-30(见彩插图 5-30)所示。图 5-30 中,无人机模型身后的细线轨迹为已经走过的路径,紫色细线为实际运动的路径,黄色细线为优化的路径;身前有两条粗线,红色线代表优化之前所规划的路径,黄色线代表优化之后所规划的路径。可见,利用三维 A* 算法,无人机模型可以在三维空间中规划出一条路径并避开所有的稠密点云块障碍。

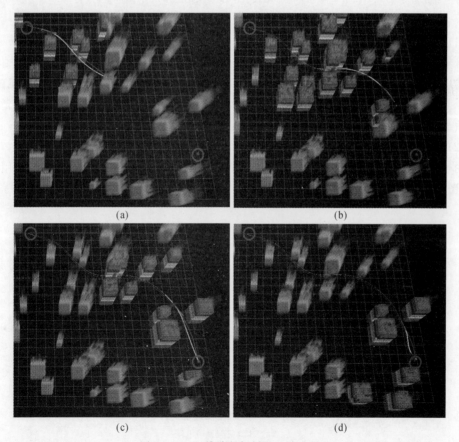

(a)　　　　　　　　　　　　　　(b)

(c)　　　　　　　　　　　　　　(d)

图 5-30　三维路径规划及运动过程

5.3 无人机即时定位构图系统的实现

5.3.1 硬件系统的实现

1. 无人机的基本结构

本节首先根据第 1 章所构建的无人机运动模型对无人机的基本结构进行硬件实现。从硬件上讲,无人机的基本结构主要分为机架、控制模块、动力模块、遥控模块和电池,从顶层到底层的关系如图 5-31 所示。

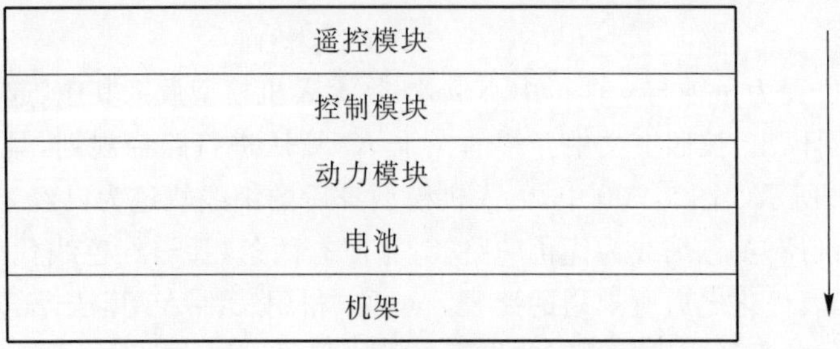

遥控模块
控制模块
动力模块
电池
机架

图 5-31　无人机基本模块的上下关系图

(1)机架。

机架是整个无人机系统的载体,需要明确无人机系统所执行的任务,确定其负载之后才能对机架选型,本书所进行的实验选择轴距为 450 mm 的碳纤维机架作为四旋翼无人机的主体。如图5-32(a)所示,机架结构为"×"形,体积适中,质量为 520 g,并配有多个拓展板,适合需要一定负载的无人机 SLAM 实验。

(2)电池。

由于需要承受一定的负载,因此本实验搭配 5 300 mA·h 的大容量 4S 航模专用充电电池,如图 5-32(b)所示。大容量电池可保证在一定负载的情况下无人机的续航相对持久。

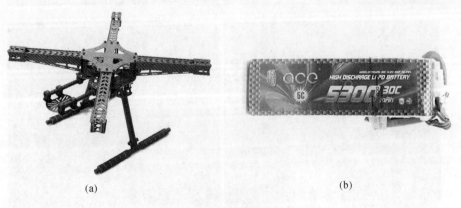

(a)　　　　　　　　　　　　　　　　(b)

图 5-32　机架及电池组件

(a)X450 机架;(b)电池

(3)动力模块。

动力模块包括电机、电调(电子调速器)以及桨叶,主要负责整个无人机的动力驱动。适配于选择的 450 mm 碳纤维机架,选择长度为 254 mm、型号为 1047 的 ATG 加厚桨叶,单只质量仅为 8.8 g。电机选择额定电压值为 720 kV 的 SUNNYSKY X3108S 高效多轴盘式电机,单个能提供的最大拉力为 1 450g N,最大连续电流为 20 A,单个质量为 81 g。电调是连接飞控与电机的桥梁,飞控通过控制电调输出不同的功率来使电机达到不同的转速,以实现对飞机位置与姿态的控制。电调选择 SKYWALKER 的 20 A 电调,可以持续输出最大为 20 A 的电流,单个质量为 19 g。动力模块的具体选型样式如图 5-33 所示,从(a)到(c)依次为电调、电机和桨叶。

(a)　　　　　　　　　　(b)　　　　　　　　　　(c)

图 5-33　动力模块选型
(a)电调;(b)电机;(c)桨叶

(4)控制模块。

控制模块是四旋翼无人机的控制中枢,是硬件的核心部分。控制模块选用大疆 A3 飞行控制系统。A3 是大疆新一代的飞行控制系统,可融合高度集成的多余度冗余硬件,并可外接丰富的 SDK 以及通信接口,可以满足 SLAM 以及控制任务的需求。基本组件如图 5-34 所示。A3 飞控包含主控器、GPS、PMU 和 LED 四个部分,总质量为 186 g。主控器是整个飞控的核心模块,利用 IMU、气压计、GPS 和指南针模块,可实现无人机精准姿态控制和高精度定位;GPS 模块包含双模接收机和指南针,用于实现无人机的水平方向定点;PMU 是电池管理模块,负责为整个系统的供电提供保护功能;LED 模块用于显示无人机飞行中飞控系统的状态。

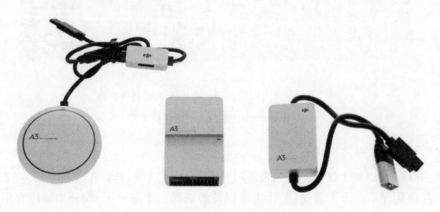

图 5-34　A3 飞控组件

（5）遥控模块。

遥控模块负责与人进行交互。为保证无人机在较复杂环境下飞行，本实验选用 DJI Datalink 3作为遥控模块。DJI Datalink 3 是一个一体化传输设备，具体组件如图 5-35 所示，最大通信距离为 3 km，工作频率为 2.4 GHz。

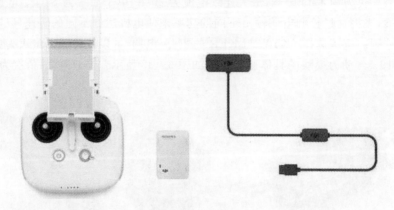

图 5-35　遥控模块组件

（6）其他组成部分。

除此之外，为了无人机的安全飞行，本实验还安装了立体防撞罩。该防撞罩用碳纤维制成，总质量约为 150 g，具体如图 5-36(a) 所示。根据上述介绍选型的各个模块，本实验搭建的无人机基础硬件平台如图 5-36(b)所示。

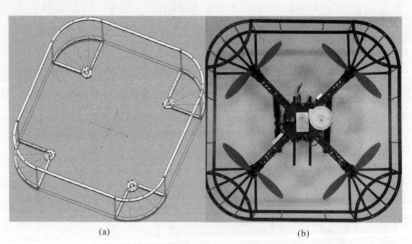

(a)　　　　　　　　　　　　　　(b)

图 5-36　无人机防撞罩示意图及基础硬件平台
(a)防撞罩；(b)无人机基础硬件平台

2.无人机即时定位与构图系统

以此为基础构建基于视觉的无人机即时定位与构图系统，具体框图如图 5-37 所示。整个无人机定位构图系统分为天空端、传输端以及地面端三个部分，下面分别加以介绍。

（1）天空端。

天空端是无人机平台,它包括无人机基础硬件平台和以及机载电脑等其他负载。天空端是整个系统的核心,主要负责实现 SLAM 算法的绝大部分工作以及飞行控制。电池、机架、飞控、电机、电调、桨叶以及 GPS 天线属于无人机基础硬件平台,上文已经详细介绍。机载电脑采用 Intel NUC,如图 5-38(a)所示。作为信息处理的核心,机载电脑主要利用深度相机传回的图像信息进行 SLAM 算法的处理。处理之后的数据通过无线通信模块传输给地面站,并给飞控发送控制指令,使无人机按照设定好的轨迹进行自主飞行,其具体参数见表 5-13。

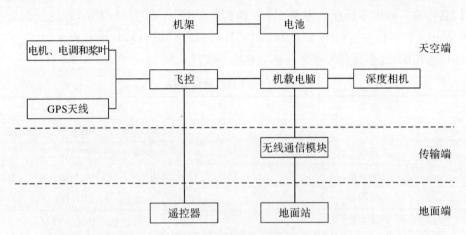

图 5-37　无人机即时定位构图系统的结构框图

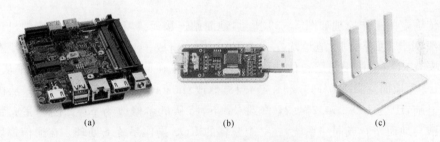

(a)　　　　　　　　　　(b)　　　　　　　　　(c)

图 5-38　机载电脑、串口及传输组件

(a)Intel NUC;(b)TTL 串口;(c)WS5200 路由器

表 5-13　机载电脑参数

参数	Intel NUC
主板板型	UCFF
处理器	Intel core i7
直流输入电压支持	12-19 VDC
存储	16 GB RAM,512 GB SSD ROM

机载电脑与 A3 飞控通过 USB 转 TTL 串口模块进行连接,转接模块如图 5-38(b)所示,该模块主控使用 FTDI USB 芯片 FT232RL,并采用 ADI 公司数字隔离器 ADUM3201 和

金升阳电源隔离模块,具有 1 000 V(DC)隔离电压和高达 1 Mb/s 的可靠通信速率,充分保证了数据传输的效率和安全性,并可有效减少干扰。

深度相机采用 Intel Realsense D435i,上文已经详细介绍并且标定过,主要负责将所采集到的 RGB 图像信息和深度信息传输给机载电脑,由机载电脑完成 SLAM 的后续工作。

(2)传输端。

在传输端,本实验采用千兆双频路由器组成无线通信模块,以实现无人机系统天空端与地面端的信息传输。路由器选择华为 WS5200 四核版,如图 5 - 38(c) 所示,理论的传输速率接近 1 200 Mb/s,并可以在 5 GHz 频段和 2.4 GHz 频段之间切换,具体参数如表 5 - 14 所示。为了数据传输稳定,这里选择干扰较少的 5 GHz 频段。

表 5 - 14　千兆路由器参数

参数	WS5200
尺寸	125.6 mm×210 mm×38.4 mm
无线频率	双频并发,1167 Mb/s
传输标准	802.11 ac/a/n 2×2,802.11 b/g/n 2×2,MIMO
天线频段	2.4 GHz,5 GHz
天线类型	外置四根高性能天线
天线增益	5 dBi

整个传输端的工作原理如图 5 - 39 所示,地面站连接无线路由器,天空端上的机载电脑有自身的无线网卡,两者的 IP 地址均在一个网段之内,组成了一个局域网,通信的频段设置为 5 GHz。基于 ROS 架构中间层通信结构的特点,本实验在此局域网之内设置了主从机,其中主机 Master 为地面站,IP 为 169.254.254.18,修改/hosts,将主机名修改为 msi;从机为天空端的机载电脑,IP 为 169.254.254.2,修改/hosts,将从机名修改为 uav。设置完成后就可以将机载电脑与地面站看成同一系统,在一个整体的 ROS 操作系统下处理。在通信模块的下行链路中,从机 uav 将 SLAM 计算完成的与位姿信息以及图像相关的稠密点云的数据发送给路由器,路由器再通过有线链路将数据传输给地面站;在上行链路中,地面站主机 msi 将是否成功构图等信息通过路由器发送给从机 uav。

图 5 - 39　传输端的工作原理

(3)地面端。

地面端主要由无人机遥控器以及地面站组成。遥控器在 5.3.1 节介绍过,采用 DJI Datalink 3,主要用于紧急情况时的紧急制动和降落操作,具体参数见表 5 - 15。遥控器的工作频率为 2.4 GHz,可以避免与传输端的 5 GHz 相互干扰。

表 5 - 15　遥控器的具体参数

参数	DJI Datalink 3
最大通信距离	3 km
工作频率	2.400~2.483 GHz
等效全向辐射功率	19 dBm
尺寸	50.6 mm×35 mm×10.7 mm
电池环境温度	0~40 ℃
功耗	2 W

地面端的处理核心为地面站,主要负责接收机载电脑计算出的位姿信息以及稠密点云信息,将其进行全局优化并构建稠密点云地图,然后将构图相关信息通过上行链路传输给机载电脑,与机载电脑一起完成整个无人机视觉 SLAM 系统。由于地面站具有 Intel 9 代 i7 处理器以及 NVIDIA GEFORCE RTX 2060 显卡,因此能较为流畅地构建稠密点云地图。

最后,根据所介绍的所有硬件组件搭建的基于视觉的无人机即时定位与构图系统如图 5 - 40 所示。整个系统天空端的各个组件质量见表 5 - 16,可以看到,整个天空端部分质量为 2 071.2 g。经计算,在此质量下,系统可以续航至少 20 min,满足整个实验的需求。

图 5 - 40　基于视觉的无人机即时定位与构图系统

表 5 – 16　天空端的组件质量　　　　　　　　　　　　单位:g

组件	质量
机架	520
电池	600
电机	81×4
电调	19×4
桨叶	8.8×4
飞控套件	186
深度相机	120
机载电脑	150
串口	10
接线	50
总计	2 071.2

5.3.2　模拟飞行实验

调试完成硬件平台后就可进行模拟飞行实验了。实验对象为已经搭建好的无人机基础硬件平台,实验环境为 DJI Assistant 2 仿真平台。在计算机上安装器仿真平台,开启无人机并将飞控与计算机连接,界面如图 5 – 41 所示。

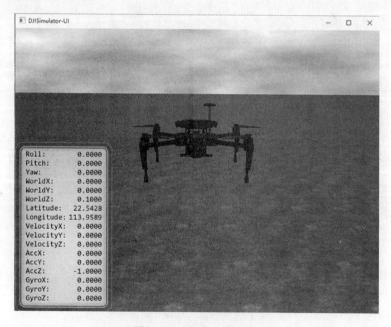

图 5 – 41　仿真平台界面

图 5-41 左下角显示的是无人机的滚转(roll)角、俯仰(pitch)角、偏航(yaw)角、空间位置、经纬度、速度、加速度等众多参数,可以在模拟飞行中实时观察其变化情况。无人机模拟飞行试验的轨迹如图 5-42(见彩插图 5-42)所示。从图 5-42 可以看出,无人机在进行类三角形的运动,由左下角的参数信息可以看到明显的变化。

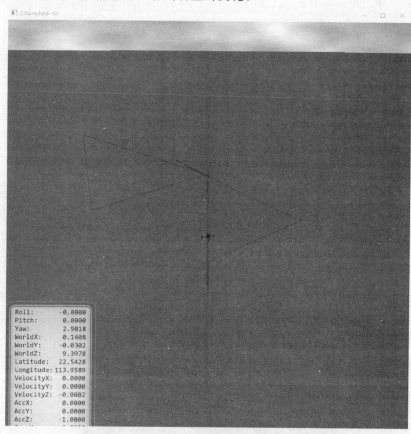

图 5-42　模拟飞行实验

5.4　无人机即时定位与地图构建实验

针对之前介绍的视觉 SLAM 各部分的算法,本节将通过实验来实现基于深度视觉的即时定位与地图构建,并对实验结果进行分析评估。深度视觉即时定位与构图实验的硬件条件为 Intel i7-9750H 2.6 GHz CPU、NVIDIA GEFORCE RTX 2060 GPU、双通道 16 GB、2 666 MHz RAM、Unbuntu 16.04 操作系统的移动计算机。下面分别对定位构图实验以及实际构图与规划实验进行介绍。

5.4.1　定位构图实验

本实验仍然利用慕尼黑工业大学计算机视觉组提供的公开数据集 TUM 进行算法测试,该数据集采用深度相机对特定环境进行数据采集,最终采集到包括 RGB 图、深度图、真实路径在内的多种信息。

1. fr1/room 数据集测试

实验时,首先进行 fr1/room 数据集的测试。fr1/room 为手持相机采集,有闭环,所采集信息总路程为 15.989 m,总时间为 48.96 s。然后利用 fr1/room 数据集进行即时定位构图实验,结果如图 5-43(见彩插图 5-43)所示。

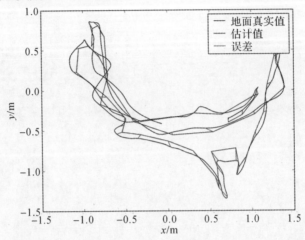

图 5-43   frl/room 数据集真实轨迹与估计轨迹对比图

图 5-43 为 fr1/room 数据集真实轨迹与估计轨迹的对比,图中黑色线表示采集数据时相机所走过的真实路径,蓝色线表示利用深度视觉 SLAM 算法所估计出的位姿,红色线表示它们之间的差距。所估计的位姿和真实路径之间的统计误差见表 5-17,均方根误差为 0.081 817 m,均方误差为 0.073 851 m。整体稠密点云的构图效果如图 5-44(见彩插图 5-44)所示。

图 5-44   frl/room 数据集稠密点云图

表 5-17   fr1/room 数据集误差 单位:m

均方根误差	均方误差	误差平均值	误差标准差	误差最小值	误差最大值
0.081 917	0.073 851	0.064 407	0.035 447	0.026 187	0.160 728

2.fr3/office 数据集测试

再进行 fr3/office 数据集测试。fr3/office 为手持相机采集,有闭环,所采集信息总路程为 21.455 m,总时间为 87.09 s。利用该数集进行定位与构图实验,结果如图 5 - 45(见彩插图 5 - 45)所示。

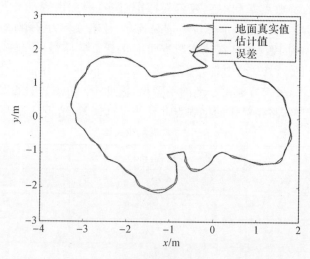

图 5 - 45 fr3/office 数据集真实轨迹与估计轨迹对比图

同样地,黑色线表示采集数据时相机所走过的真实路径,蓝色线表示利用深度视觉 SLAM 算法所估计出的位姿,红色线表示它们之间的差距。从图 5 - 45 中可以看出,真实路径 与估计的路径差别很小,具体统计误差见表 5 - 18,由表可见,真实位姿与估计位姿的均方根 误差为 0.020 448 m,均方误差为 0.018 397 m。所构建的稠密点云图如图 5 - 46(见彩插图 5 - 46)所示。

表 5 - 18 fr3/office 数据集误差 单位:m

均方根误差	均方误差	误差平均值	误差标准差	误差最小值	误差最大值
0.020 448	0.018 397	0.016 628	0.008 925	0.003 273	0.038 350

图 5 - 46 fr3/office 数据集稠密点云图

3.其他数据集测试

接下来再测试其他不同场景下的几组数据集,分别是 fr1/desk、fr2/slam3、fr2/slam、fr2/desk,具体信息如表 5-19 所示。图 5-47(见彩插图 5-47)分别是其真实路径与估计路径对比图。其中 fr1/desk 由于相机在采集数据时移动过快而且旋转过快,导致运行一段时间之后,相邻关键帧之间的特征点匹配不上或者误匹配过多,因此出现部分跟踪丢失现象。fr2/desk 中由于检测到闭环,因此绝大部分位姿情况较好,且轨迹较为平滑;但是同样由于以上原因也出现了偶然跟丢的问题,并且在制作数据集时出现真实路径信息缺失的情况,因此 fr2/desk 中的真实路径从图 5-47(d)中看并不连续。fr2/slam 和 fr2/slam3 中由于地面移动机器人采集数据时移动过快,另一方面由于地面不平坦,因此 fr2/slam3 中的误差相对较大。采集这 4 个数据集中可与真实路径对比的位姿点并计算统计误差,结果见表 5-20。

表 5-19　数据集相关信息

数据集	路程/m	时间/s
fr1/desk	9.263	23.40
fr2/slam3	18.135	111.91
fr2/slam	40.380	155.72
fr2/desk	18.880	99.36

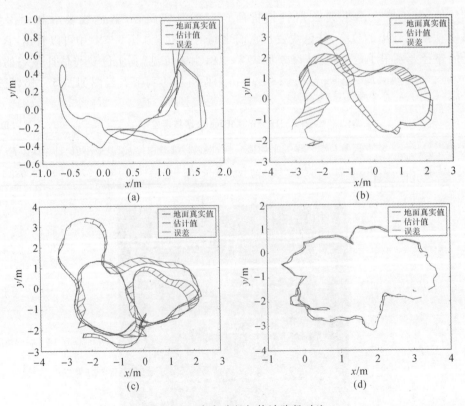

图 5-47　真实路径与估计路径对比

(a)fr1/desk;(b)fr2/slam2;(c)fr2/slam;(d)fr2/desk

表 5 - 20　数据集误差　　　　　　　　　　　　单位:m

	fr1/desk	fr2/slam3	fr2/slam	fr2/desk
均方根误差	0.050 566	0.489 579	0.294 169	0.061 290
均方误差	0.043 128	0.428 152	0.268 834	0.059 964
误差平均值	0.034 245	0.423 013	0.249 888	0.056 895
误差标准差	0.026 399	0.237 430	0.119 432	0.012 680
误差最小值	0.010 214	0.040 476	0.037 292	0.034 842
误差最大值	0.098 711	1.208 734	0.737 413	0.090 642

从表 5 - 20 可以看出,fr1/desk 和 fr2/desk 两个数据集测试的误差相对较小,均方根误差分别为 0.050 566 m 和 0.061 290 m;而 fr2/slam 与 fr2/slam3 两个数据集由于晃动较为剧烈且运动较快等原因,统计误差相对较大。这 4 个数据集所构建的稠密点云图如图 5 - 48(见彩插图 5 - 48)所示。

(a)　　　　　　　　　　　　　　　　(b)

(c)　　　　　　　　　　　　　　　　(d)

图 5 - 48　各数据集稠密点云图
(a)fr1/desk;(b)fr2/slam3;(c)fr2/slam;(d)fr2/desk

图 5 - 48 中的蓝色线为估计的路径。从稠密点云图可以看出,除了地图的边缘处较为模糊之外,其他地方均较为清晰。这说明位姿估计虽然存在一定误差,但是所构建的地图还是较

接近真实场景的。

由本次数据集实验可以看出,当相机运动较为平稳并且速度不是特别快时,本章的深度视觉定位与构图算法的精度可以达到厘米级。当检测到闭环的时候,算法可以根据闭环检测的数据对全局进行优化,使误差进一步减小,均方根误差最小可以达到 0.020 448 m。即使遇到运动范围较大、运动较为剧烈而且特征点不足的情况,依旧可以完成整个定位构图过程,并且得到较为清晰的稠密点云图。

5.4.2 实际构图与规划实验

1. 构图实验

本节在深度视觉定位构图实验以及无人机即时定位构图系统的基础上进行实际构图实验。首先统一机体坐标系,设机体中心为机体坐标系的原点,则相机坐标系与机体坐标系之间的变换矩阵 T_{cb} 为

$$
T_{cb} = \begin{bmatrix} -0.004\ 99 & 0.006\ 90 & 0.999\ 96 & 0.015\ 00 \\ -0.009\ 24 & 0.009\ 24 & 0.004\ 92 & 0.017\ 45 \\ 0.009\ 20 & -0.999\ 93 & 0.006\ 94 & 0.010\ 78 \\ 0 & 0 & 0 & 1 \end{bmatrix}
$$

为了直观体现出构图以及路径规划的效果,本实验选择较为宽阔的场地[见图 5-49(a)],并利用现场存在的障碍物进行构图实验。

图 5-49　测试场地及无人机定位构图实拍
(a)实验场地;(b)无人机实际定位构图实验

首先将无人机放在场地周围,启动无人机进行即时定位与构图,如图 5-49(b)所示。无人机的稠密构图结果如图 5-50(见彩插图 5-50)所示,可见,由于数据量巨大、场地宽阔以及室外环境光照原因,所构建的稠密地图质量并不高。

考虑到无人机定位构图的实时性和构图效果,可以通过降低摄像头的分辨率来降低图像的质量,再利用七色点表示稠密点云图,结果如图 5-51(见彩插图 5-51)所示。

图 5-51 中,绿色的线条为无人机运动过程中所估计的自身位姿轨迹,与无人机实际运动轨迹大致相同。可以看出,点云颗粒明显减少,而场景中的障碍物轮廓较为清晰。

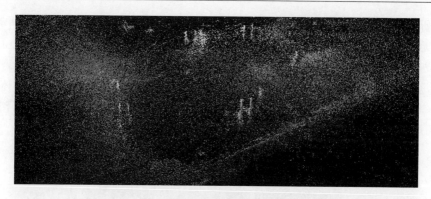

图 5-50　测试场地稠密点云图

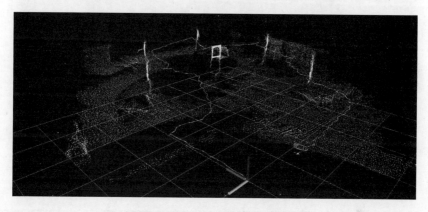

图 5-51　改进后的构图效果

2.路径规划实验

在完成实际构图之后,为验证其构建的地图是否可以为无人机避障与导航所用,可进行路径规划实验。首先将图 5-51 所构建的稠密点云图转化为八叉树地图,处理过后的地图如图 5-52(见彩插图 5-52)所示。

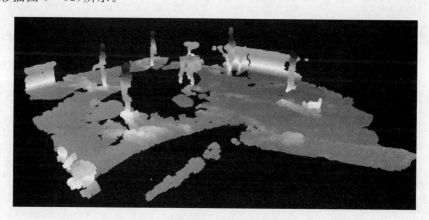

图 5-52　处理之后的稠密地图

将处理过后的点云图保存为 PCD 文件,利用 ROS 中的 pcd_to_pointcloud 节点程序读取并发布点云话题;同时运行上文介绍过的路径规划程序,让其订阅点云话题,这样就把即时定位与构图所得到的信息导入路径规划程序中,并利用三维 A* 算法进行三维空间路径规划。为了验证无人机系统构建的稠密点云图能否进行避障导航,实验分为三次,分别设立目标点进行路径规划,具体如下:

首先,规定无人机经过位置 1、2、3 号,如图 5-53(见彩插图 5-53)所示。具体的规划路径如图 5-54(见彩插图 5-54)所示,从图 5-54(b)(d) 中可以看到无人机避开了路线上的障碍,到达了规定的位置。

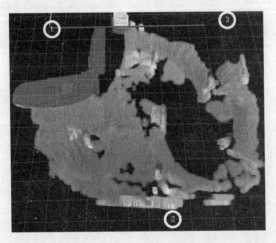

图 5-53　第一次实验规定位置

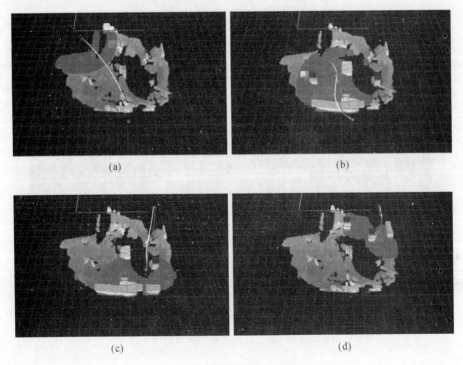

图 5-54　第一次路径规划实验

再进行第二次实验,规定无人机经过位置 1~4 号,如图 5-55(见彩插图 5-55)所示。具体的规划路径如图 5-56(见彩插图 5-56)所示。图 5-56(a)中,由于障碍物比无人机要低,因此无人机直接从正上方通过;图 5-56(c)(e)中,可以看到无人机避开了路线中的障碍,并到达了规定的航点。

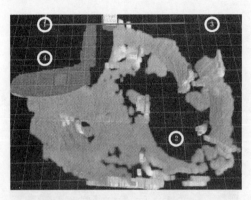

图 5-55　第二次实验规定位置

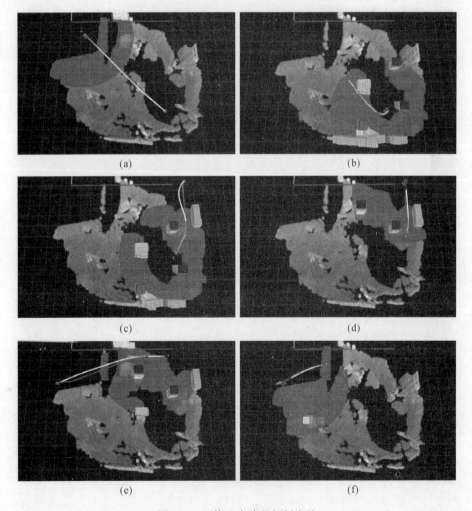

图 5-56　第二次路径规划实验

图 5-57(见彩插图 5-57)为第三次实验规定的位置,一共有 6 个位置点,规定无人机从 1 号走到 6 号再回到 1 号,具体的规划路径如图 5-58(见彩插图 5-58)所示。在图 5-58(c)(d)(e)中,无人机检测到障碍物,但由于高度较低,因此无人机直接从上方通过;图5-58(g)(h)中,无人机避开了正面的障碍物。

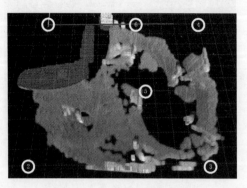

图 5-57　第三次实验规定位置

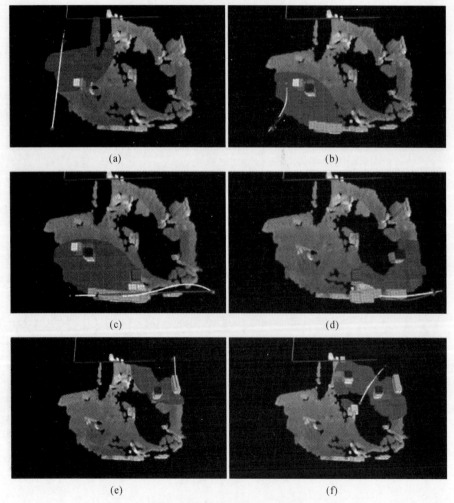

(a)

(b)

(c)

(d)

(e)

(f)

图 5-58　第三次路径规划实验

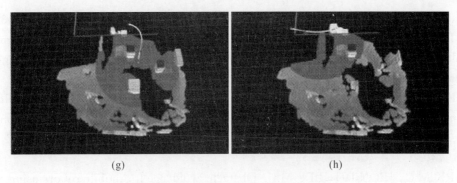

(g)　　　　　　　　　　　　(h)

续图 5-58　第三次路径规划实验

从三次实验可以看出,利用无人机深度视觉定位构图系统所构建的稠密点云图,在三维空间的 A* 路径规划算法之下,可以对三维地图中的障碍物在一定距离之内进行反应和避让,并且根据所指定的目标点规划出一条路线,符合避障与导航的基本要求,说明利用本系统所构建出的地图是可以进行障碍规避和定点导航的。

5.5　本章小结

本章的重点偏向于方法与实践,首先从深度相机出发,对 Intel RealSense 进行介绍;然后介绍了深度成像模型的原理,将深度测量模块整合为深度坐标系,推导出 RGB-D 相机坐标系与深度坐标系之间的变换关系;紧接着利用标定工具 Kalibr 分别对深度相机 Realsense D435i 的 RGB 摄像头以及深度摄像头进行了标定,得到它们各自的内参矩阵以及畸变系数,并对标定的结果进行了检验;随后对基于深度相机的视觉 SLAM 关键方法进行实践;又对路径规划的方法进行了讨论,从原理以及实现方法等方面介绍了适用于二维空间的 A* 路径规划算法,并验证了其规划最短路径的性能;以此为基础研究了针对三维空间的 A* 算法,建立了无人机三维虚拟模型,并随机生成三维空间,利用三维 A* 算法在三维空间中进行规划,通过结果说明三维空间的路径规划可行;最后进行了整个无人机定位构图系统搭建和模拟飞行实验,对深度视觉 SLAM 进行了实验与分析,并以此为基础进行了无人机视觉 SLAM 实验,得到了稠密点云图,并证明所构建的稠密点云图可以用作四旋翼无人机视觉障碍规避以及定点导航。

思　考　题

1. RGB-D 相机有哪几种测量深度的方式?它们各自的原理是什么?
2. 查阅资料说说现在有哪些常用的路径规划方法?它们各自的特点是什么?
3. 结合本章内容说说整个无人机定位构图系统是如何进行通信的?

参 考 文 献

[1] REHDER J, NIKOLIC J, SCHNEIDER T, et al. Extending kalibr: Calibrating the extrinsics of multiple IMUs and of individual axes[C]//2016 IEEE International Confe-

rence on Robotics and Automation (ICRA). Stockholm: IEEE, 2016: 4304 – 4311.

[2] FURGALE P, REHDER J, SIEGWART R. Unified temporal and spatial calibration for multi-sensor systems[C]//2013 IEEE/RSJ International Conference on Intelligent Robots and Systems. Tokyo: IEEE, 2013: 1280 – 1286.

[3] LEE M C, PARK M G. Artificial potential field based path planning for mobile robots using a virtual obstacle concept[C]//Proceedings 2003 IEEE/ASME International Conference on Advanced Intelligent Mechatronics (AIM 2003). Kobe: IEEE, 2003: 735 –740.

[4] PARK M G, JEON J H, LEE M C. Obstacle avoidance for mobile robots using artificial potential field approach with simulated annealing[C]//ISIE 2001. 2001 IEEE International Symposium on Industrial Electronics Proceedings (Cat. No. 01TH8570). Kumamoto: IEEE, 2001: 1530 – 1535.

[5] AINI A, SALEHIPOUR A. Speeding up the Floyd-Warshall algorithm for the cycled shortest path problem[J]. Applied Mathematics Letters, 2012, 25(1): 1 – 5.

[6] YU B, YANG Z Z, YAO B. An improved ant colony optimization for vehicle routing problem[J]. European Journal of Operational Research, 2009, 196(1): 171 – 176.

[7] DUCHOň F, BABINEC A, KAJAN M, et al. Path planning with modified a star algorithm for a mobile robot[J]. Procedia Engineering, 2014,96: 59 – 69.

[8] DENG Y, CHEN Y, ZHANG Y, et al. Fuzzy Dijkstra algorithm for shortest path problem under uncertain environment[J]. Applied Soft Computing, 2012, 12(3): 1231 – 1237.

[9] ZHOU B, GAO F, WANG L, et al. Robust and efficient quadrotor trajectory generation for fast autonomous flight[J]. IEEE Robotics Automation Letters, 2019, 4(4): 3529 – 3536.

[10] MUELLER M W, HEHN M, D'ANDREA R. A computationally efficient motion primitive for quadrocopter trajectory generation[J]. LEEE Transactions on Robotics, 2015, 31(6): 1294 – 1310.

第6章 未知环境下多无人机协作场景构图技术

第5章介绍了无人机即时定位与构图,让无人机可以不依赖 GNSS 信号进行定位和导航,并进行了小规模场景下的实验。但是,当无人机集群处于实际的大型位置环境中时,如何重建场景来辅助定位导航,仍然有待解决。本章将以两种视觉 SLAM 算法为切入点,介绍未知环境中多无人机协作场景的构图技术。

6.1 基于视觉的即时定位与构图方法

视觉 SLAM 技术在上文中已经详细介绍过,无人机从一个未知环境里的未知地点出发,在运动过程中通过视觉传感器数据确定自己所处位置、姿态以及运动轨迹,再从所处位置开始增量式构建地图,即可同时达到定位和地图构建的目的。定位和建图是两个相辅相成的过程,地图可以提供更好的定位,而定位也可以进一步扩建地图。

视觉 SLAM 的两大核心是定位和构建地图,利用构建的地图进行定位,并利用已知的定位信息和视觉传感器信息构建地图。这两部分不能分开独立进行,精确的定位和与环境匹配度高的地图互为必要条件。下面重点介绍两种视觉 SLAM 方法,作为多无人机协作场景构图技术的基础。

6.1.1 ORB-SLAM 算法

1. 理论基础

目前视觉 SLAM 系统中最具有代表性的是 ORB-SLAM[1],是主要基于 ORB 特征的定位与地图构建算法。该技术以依托于特征点的实时 SLAM 系统为基础,在室内、室外和小规模、大规模的场景中都适用。该系统支持宽基线的重定位和闭环检测,并且对剧烈运动具有鲁棒性,因此可以重建,并实时计算出相机的轨迹。

ORB-SLAM 系统包含所有 SLAM 系统共有的模块。如图 6-1 所示,该系统主要分为前端的特征提取以及跟踪、局部建图和回环检测三个线程模块。这三个线程是整个 ORB-SLAM 的核心模块,其实现过程如图 6-2 所示。跟踪模块的主要任务是利用每一帧图像对相机进行定位,并决定是否加入关键帧。该模块主要分为 ORB 特征提取、初始姿态估计、姿态优化、选取关键帧四部分,其处理流程为:对于获取到的每帧图像,先利用 ORB 进行特征提取,接着根据相邻两帧的图像进行初始位姿估计,然后利用邻近的地图点寻找更多的特征匹配进行姿态优化,最后根据规则确定新的关键帧。

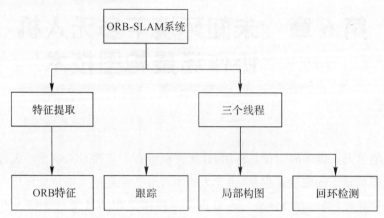

图 6-1 ORB-SLAM 系统模块图

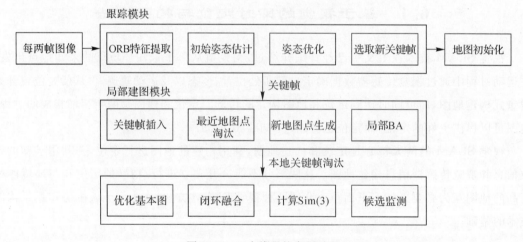

图 6-2 三个线程的实现过程

局部建图模块的主要任务是处理新的关键帧,并完成局部地图构建。该模块主要分为插入关键帧、验证最近加入的地图点、使用局部 BA 调整新生成的地图,最后验证关键帧并去除重复帧四部分。

闭环检测模块的主要任务是在每次有新的关键帧时,进行回环检测,其处理流程为先使用 BOW 探测选取相似帧,然后通过 Sim(3) 算法计算相似变换,最后使用图优化进行闭环校正,更新地图的所有点。这里 Sim(3) 与 SE(3) 和 SO(3) 概念相近,为相似变换群,具体参考文献[2]。

2.实践测试

明确实验原理后,即可采用 TUM 数据集对 ORB-SLAM 算法进行测试[3]。本实验选取数据集中小范围场景下的 6 个序列,分别是 fr1/xyz、fr1/desk、fr2/xyz、fr2/desk、fr1/room 和

fr3/long_office_household,具体信息见表 6-1。

表 6-1　数据及信息

数据集	距离/m	时间/s	线速度/(m·s⁻¹)	角速度/[(°)·s⁻¹]
fr1/xyz	6.235	28.63	0.21	7.961
fr1/desk	7.112	20.38	0.382	22.658
fr2/xyz	7.369	120.58	0.034	1.096
fr2/desk	16.253	94.96	0.125	5.612
fr1/room	13.258	45.12	0.316	27.275
fr3/long_office_household	23.256	83.45	0.223	9.355

　　图 6-3(见彩插图 6-3)分别是这 6 个数据集中相机的估计轨迹和真实轨迹之间的对比图。从图 6-3 可以发现,通过 ORB-SLAM 算法得到的轨迹和真实轨迹大致相同,但仍存在一定的误差,说明 ORB-SLAM 算法具有一定鲁棒性和准确性。其中 fr2/xyz 和 fr2/desk中相机运动的速度较慢,旋转角度变化也较慢,所以其估计轨迹和真实轨迹基本重合;而 fr1/room 中相机的速度较大且旋转过快,因此其估计轨迹和真实轨迹之间的差距相对较大;fr2/desk 和 fr3/long_office_household 的轨迹中存在回环,运动距离也较大,经过回环检测之后,估计的轨迹比较平滑,并且轨迹闭合,基本能够和真实轨迹重合;fr1/xyz 和 fr1/room 数据集中因为不存在实际的回环,没有进行回环检测来对数据进行全局优化,导致轨迹误差相对较大。另外,在 fr1/desk 数据集中,相机在拍摄的过程中存在大角度的旋转且角速度过快,导致相邻关键帧之间的特征点匹配不上或者存在误匹配,因此在实验中出现了跟踪丢失的现象。

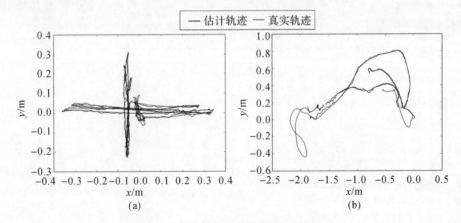

图 6-3　真实轨迹和估计轨迹对比图

(a)fr1/xyz;(b)fr1/desk

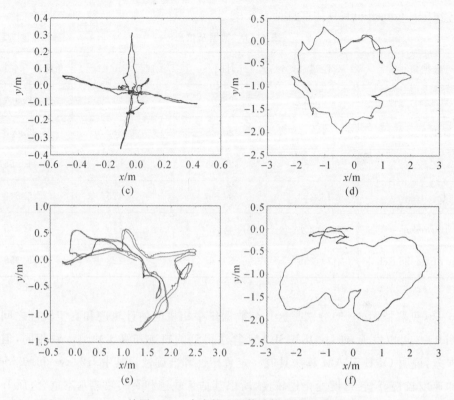

续图 6-3 真实轨迹和估计轨迹对比图

(c)fr2/xyz；(d)fr2/desk；(e)fr1/room；(f)fr3/long_office_hosehold

实验过程中利用 ORB-SLAM 算法构建的稀疏地图如图 6-4(见彩插图 6-4)所示。正如前文中提到的，稀疏地图中的特征都是一些抽象的标志，不代表实际的意义。图 6-4 中，红色和黑色的点表示环境中的特征点，蓝色的点是插入的关键帧，绿色的点是连接关键帧的边。从图 6-4 中可以发现 fr2/desk 和 fr3/long_office_household 的轨迹中存在大回环，经过回环检测后回环闭合。根据这 6 个数据集计算估计轨迹和真实轨迹之间的均方根误差及每个关键帧的跟踪时间，结果见表 6-2。

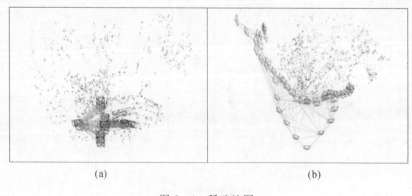

图 6-4 稀疏地图

(a)fr1/xyz；(b)fr1/desk

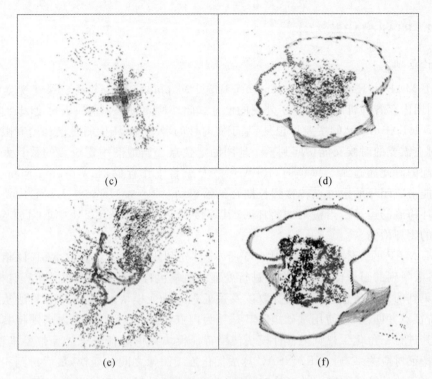

续图 6 - 4　稀疏地图

(c)fr2/xyz;(d)fr2/desk;(e)fr1/room;(f)fr3/long_office_household

表 6 - 2　数据集评估数据

数据集	均方根误差/m	跟踪时间/s
fr1/xyz	0.008 743	0.034 668 7
fr1/desk	0.015 199	0.033 631 1
fr2/xyz	0.003 572	0.033 053
fre2/desk	0.007 856	0.036 413
fr1/room	0.047 454	0.035 020
fr3/long_office_household	0,011 297	0.042 106

　　从表 6 - 2 中可以观察到,fr1/xyz、fr2/xyz 和 fr2/desk 序列的误差都在毫米级,fr1/desk、fr3/long_office_household 和 fr1/room 的误差在厘米级,说明 ORB-SLAM 算法能够达到不错的位姿数据和定位精度。从 fr1/desk、fr3/long_office_household 和 fr1/room 的位姿误差结果中可以发现,在相机运动范围大、速度快并且旋转角度变化快时,该算法仍然可以减小系统的误差,优化相机位姿和特征点坐标,达到较高的定位精度。综上,数据集上的测试可以说明 ORB-SLAM 算法得到的位姿信息具有一定的鲁棒性和准确性,但是所构建的地图是稀疏点云图,无法更好地还原场景。

6.1.2 RTAB-MAP 算法

1.理论基础

RTAB-MAP[4]（Real-Time Appearance-Based Mapping）是一个基于深度视觉的 SLAM 算法，它利用内存管理机制以及基于外观的增量式闭环检测方法来解决大尺度、长时间的定位构图问题。RTAB-MAP 的主要思想是，基于实时性的考虑，闭环检测时仅利用有限数量的定位点，同时在需要的时候又能访问到整个地图的定位点。当地图中定位点的数目太多导致找到定位匹配的时间超过某个阈值时，RTAB-MAP 就将工作存储器（Working Memory，WM）中不太可能形成闭环的定位点转移到长期存储器（Long Term Memory，LTM）中使之不参与下一次闭环检测的运算。当检测到闭环时，其邻接定位点又能从 LTM 中取回放入 WM 中，用于后面的闭环检测。

RTAB-MAP 的整体流程框架如图 65 所示，首先利用相机节点获取 RGB-D 相机中的图像，随后将采集到的图像传输到前端中进行处理。前端包含特征模块和视觉里程计模块，主要负责对采集到的视觉信息进行特征提取以及预处理。特征模块利用 BRIEF 算法从图像中提取 ORB 特征点并匹配，再使用基础矩阵其是否为内点（匹配正确），若为内点则将其作为初始估计并对其进行三角化。视觉里程计模块使用特征模块提供的信息来计算位姿里程，使用图像之间的特征对应关系，通过 RANSAC 算法优化连续图像之间的变换，最后得到相应的位姿和路标。当无法计算图像之间的变换时，就将此变换作为一个空变换发送，来确保里程计的更新并避免丢失。

前端获得位姿路标的估计值之后将其送入后端模块进行进一步优化，使得定位和构图能够更加精确，从而获得全局一直的轨迹。后端模块利用 G^2O 求解器进行优化求解，最终输出更精确地位姿估计值和路标点。

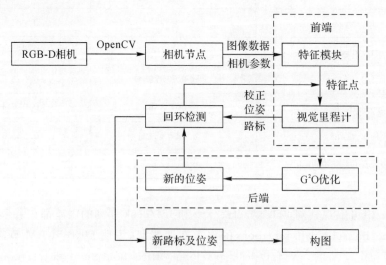

图 6-5 RTAB-MAP 的整体流程框架

回环检测是用来将重复出现的路标点进行对齐，从而达到消除累积误差的目的，RTAB-MAP 中的回环检测不仅精度较高，而且实时性也很强，可以高效地完成回环检测具体流程如

图 6 - 6 所示。

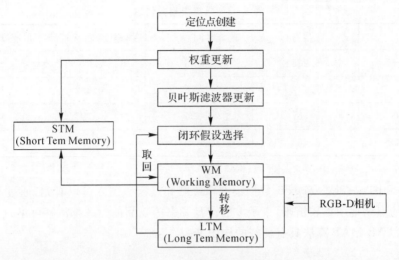

图 6 - 6　回环检测具体流程

回环检测模块整体分为定位点创建、权值更新、贝叶斯滤波器更新、闭环假设选择、取回和转移六个部分。首先,使用词袋法实时创建图像签名。创建的过程为实时增量式创建,这样可以避免特定环境预训练所消耗的额外时间。随后进行权值更新,将当前定位点 L_t 和 STM 中的最后一个定位点 L_c 进行比较,相似度用公式来衡量。

$$\begin{cases} \dfrac{N_{pair}}{N_{Zt}}, N_{Zt} \geqslant N_{Zc} \\ \dfrac{N_{pair}}{N_{Zc}}, N_{Zt} < N_{Zc} \end{cases} \qquad (6-1)$$

式中,N_{pair} 为定位点间匹配上的单词对的数量;N_{Zt} 与 N_{Zc} 分别对应签名 Z_t 与 Z_c 的总单词数目。

若相似度计算的结果超过设定的阈值,则将被比较的定位点 L_c 被融合到 L_t 中。融合后的签名中只保存来自 Z_c 的单词,词典中新增的来自 Z_t 的单词会被删除,即 Z_t 被清空,将 Z_c 复制到 Z_t 中。最后 L_t 的权重设置为 L_c 的权重再加 1,而且 L_c 的邻接和闭环链接重新链接到 L_t,L_t 从 STM 中删除。再进行贝叶斯滤波器更新,估计当前定位点 L_t 与存储在 WM 中的定位点形成闭环的概率来记录闭环假设。再选择闭环假设,首先设定规则:如果形成闭环的概率 p 比设定的闭环阈值小,那么就认为 p 中概率最大值的闭环假设成立。闭环假设成立时,新的定位点 L_t 就与旧的定位点 L_i 之间建立了闭环链接,即 L_t 的权重更新为原来的权重加上 L_i 的权重,L_i 的权重设置为 0,添加 L_i 到 L_t 的闭环链接。闭环检测完成后,从 LTM 中取出形成闭环概率最高的定位点的邻接定位点放回到 WM 中。最后进行转移操作,当处理一帧图像的时间超过规定的阈值时,就把那些权重最低且存储时间最长的定位点转移到 LTM 中。经过整个回环检测模块之后,构图定位所需的位姿和路标数据质量进一步提升,下一步就是利用这些数据进行地图构建。构图模块利用接收到的数据构建三维稠密点云图,再对点云信息进行降采样、滤波等操作的到最终的三维地图。

2. 实践测试

本实验同样采用 TUM 数据集对 RTAB-MAP 算法进行测试,选取的数据集序列为

fr1/xyz、fr1/desk、fr1/360 和 fr1/desk2，如表 6-3 所示。

表 6-3 数据集相关信息

数据集	距离/m	时间/s	线速度/(m·s⁻¹)	角速度/[(°)·s⁻¹]
fr1/xyz	6.235	28.63	0.21	7.961
fr1/desk	7.112	20.38	0.382	22.658
fr1/360	5.367	25.36	0.195	40.259
fr1/desk2	8.665	22.85	0.384	27.236

图 6-7 和图 6-8 是 fr1/xyz 数据集的轨迹图和点云地图。可以看到，通过 RTAB-MAP 算法所构建的点云地图比较清晰，桌子上的键盘和书等物品的轮廓都清晰可见，点云拼接十分准确，说明 RTAB-MAP 算法具有良好的构图能力。

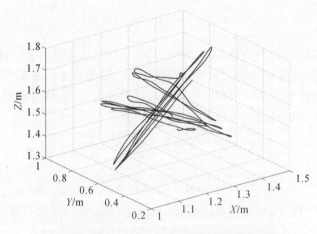

图 6-7 fr1/desk 的轨迹图

图 6-8 fr1/desk 的点云地图

图 6-9 和图 6-10 是 fr1/desk 数据集的轨迹图和点云地图。从图 6-9 中可以看到 fr1/desk数据集在用相机拍摄的过程中存在大角度的旋转，并且角速度比较大，所以图 6-10

的点云地图中存在一些黑洞,并且左侧画面中的一些物体有些模糊,但是整体画面的轮廓还是比较清晰的,说明 RTAB-MAP 算法具有一定的鲁棒性。

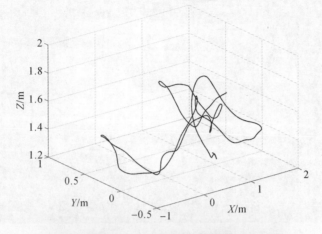

图 6-9　fr1/desk 的轨迹图

图 6-10　fr1/desk 的点云地图

图 6-11 和图 6-12 是 fr1/360 数据集的轨迹图和点云地图。fr1/360 数据集对整个室内环境进行了图像信息的采集,运动的时间较长,可以观察到构建的点云地图描绘出了整个房间中的场景,除了边缘处的图像有些模糊,其他地方的轮廓相对比较清晰。

图 6-13 和图 6-14 是 fr1/desk2 数据集的轨迹图和点云地图。fr1/desk2数据集构建的点云地图中某些地方的图像存在重叠,这是因为相机运动速度过快,旋转角度过大,特征

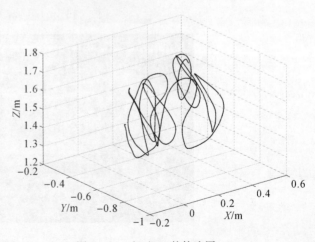

图 6-11　fr1/360 的轨迹图

点匹配阶段产生了误匹配现象，所以导致相机位姿计算出现偏差。

图 6-12 fr1/360 的点云地图

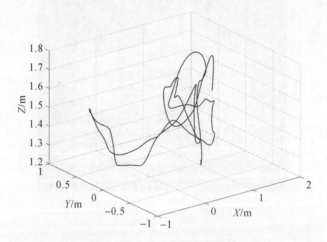

图 6-13 fr1/desk2 的轨迹图

图 6-14 fr1/desk2 的点云地图

接下来比较估计轨迹和真实轨迹之间的均方根误差。表 6-4 是 4 个数据集的均方根误差和每个关键帧的跟踪时间。

表 6-4　数据集评估数据

数据集	均方根误差/m	跟踪时间/s
fr1/xyz	0.007 469	0.023 154 4
fr1/desk	0.002 694	0.025 749 6
fr1/360	0.002 257	0.049 651 1
fr1/desk2	0.006 954	0.033 614 8

从表 6-4 中可以观察到,fr1/xyz、fr1/360、fr1/desk2、fr1/desk 数据集的误差都在毫米级,说明 RTAB-Map 算法能够达到很好的位姿数据和定位精度。通过以上数据集的测试说明 RTAB-Map 算法得到的位姿信息具有一定的鲁棒性和准确性,而且所构建的场景图也非常清晰。

6.2　点云拼接技术

之前的章节研究的是单架无人机的位姿数据以及其所构建的局部地图。由于单架无人机拍摄视场角较小,在实际应用中存在较大的局限性,因此本节将研究通过多架无人机协作,将每个无人机利用视觉 SLAM 构建的局部地图进行拼接,从而得到范围更广、拼接速度更快的全景图的方法,主要内容包括对 PCL 图像拼接[5]、ICP 迭代配准拼接以及全局闭环检测拼接三种方法分别进行研究和仿真,并针对不同的算法特点采用不同数据集进行性能测试。

6.2.1　PCL 点云拼接

PCL 点云拼接是指对于两个来自不同坐标系的数据点集,经过空间变换将其坐标系进行统一的过程。在深度视觉中,PCL 点云拼接就是将三维点云图像进行配准,其中配准的关键是相机运动结构的恢复,即位姿的计算。经过配准的多帧图像就能够完成点云的拼接,从而构建点云地图。根据配准数据间的类型,可以将深度视觉中的点云图像配准分为 3D-2D 点配准和 3D-3D 点配准两种形式,这里主要介绍 3D-3D 点云配准。

点云拼接实际上就是对点云进行变换配准,将所有局部点云图像转换到同一个坐标系中的过程,主要使用之前视觉 SLAM 中获取到的位姿数据 T_w（T_w 的记录形式为 $[x\ y\ z\ q_x\ q_y\ q_z\ q_w]$,其中前三个为平移向量元素,后四个为表示旋转的单位四元数）,根据图像的像素坐标以及相机内参计算得出实物的相机坐标;然后根据位姿信息将对应的相机坐标转换为世界坐标,得到每个像素点在世界坐标系下的坐标;最后将这些世界坐标相加即得到全局点云图,其过程如图 6-15 所示。

RGB-D 图像由 RGB 图和深度图两部分构成,其中 RGB 图是由红(red)、绿(green)、蓝(blue)三通道的颜色通过一定比例互相叠加产生的。深度图是由相机利用红外结构光(structured light)或者飞行时间法(Time of Flight,ToF)来主动测量每个像素的深度得到的。RGB-D 图像可通过坐标变换得到点云数据。

点云拼接中涉及到像素坐标、相机坐标、世界坐标之间的转换,这个转换过程可以使用几何模型进行描述,其中最常用的是针孔模型,它描述了光线通过针孔之后,在针孔后的平面上投影成像的过程,在相机模型部分已经介绍过。根据式(4-12)可以知道,当已知帧间的变换矩阵 T 时,就能够得到周围环境中特征点的世界坐标,故使用相机内参和外参来计算像素在世界坐标系中的位置,并把它们合成一个点云,即可完成点云拼接。

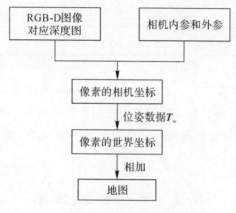

图 6-15   点云拼接过程

本节利用数据集中的图像进行多帧点云图像的拼接实验,准备 5 帧 RGB-D 图像(见图 6-16)以及其对应的深度图(见图 6-17),将这 5 帧图像的相机位姿(T_w)保存在pose. txt 文件(见表 6-5)中。故根据 RGB-D 图像以及其分别对应的深度图和相机内参,可计算出每一个像素在相机坐标下的位置,同时根据相机位姿数据 T_w,即可以计算出这些像素在世界坐标系下的位置。把所有像素的空间坐标都求出后,可构建一张地图,如图 6-18所示。

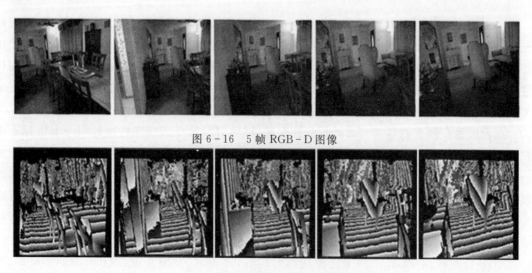

图 6-16   5 帧 RGB-D 图像

图 6-17   图像对应的深度图

表 6 - 5　位姿数据

x	y	z	q_x	q_y	q_z	q_w
0.228 99	0.006 457 04	0.028 783 7	−0.000 432 7	−0.113 131	−0.032 683 2	0.993 042
−0.502 37	−0.661 803	0.322 012	−0.001 521 74	−0.324 41	−0.078 382 7	0.942 662
−0.970 912	−0.185 889	−0.872 353	−0.006 625 76	−0.278 681	−0.073 607 8	0.957 536
−1.419 52	−0.279 885	1.436 57	−0.009 269 33	−0.222 761	−0.056 711 8	0.973 178
−1.558 19	−0.301 094	1.621 5	−0.027 07	−0.250 946	−0.041 284 8	0.966 741

图 6 - 18　点云拼接图

6.2.2　ICP 迭代配准拼接

1. ICP 迭代配准拼接的过程

从之前章节中的介绍中已经知道，ICP 是一种点云配准算法，能够利用已经匹配好的三维空间点之间的关系进行运动估计，还可进行点云数据的迭代匹配拼接[6]。ICP 迭代配准算法的本质是基于最小二乘法的最优配准方法，该算法根据距离最近原则重复选择对应关系的点对，根据确定的点对确定目标函数；接着对目标函数计算最优刚体变换，直到满足正确配准的收敛精度要求，否则就退出。ICP 拼接流程如图 6 - 19 所示。

ICP 迭代配准算法中点云配准的关键问题是最小化两个点云图像之间的距离并得到最佳的转换关系。该算法能够利用匹配好的 3D 点对来进行帧间位姿的恢复，并通过迭代缩小两幅图像之间的匹配误差，得到最优的转换矩阵。因为深度相机能够直接提取每幅图

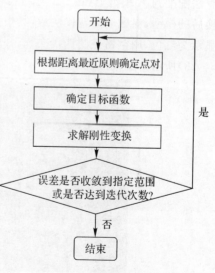

图 6 - 19　ICP 拼接流程

像的深度信息,并和彩色图像的二维坐标信息结合形成 3D 坐标,所以基于深度视觉的 SLAM 系统大多采用此方法进行点云图像的配准。具体配准过程如下:

(1)已知原始点云集 $\boldsymbol{P} = \{\boldsymbol{p}_i\}$ 和待配准的点云集 $\boldsymbol{Q} = \{\boldsymbol{q}_i\}$,其中点云集 $\boldsymbol{P}$ 有 n 个点;对两个点云集进行匹配,求 $\boldsymbol{P}^k$ 中每一点在 $\boldsymbol{Q}^k$ 中对应的最邻近点,组成匹配点对,即最邻近点集,其中 k 表示迭代的次数。

(2)计算目标函数。通过使目标函数最小化来求点集 $\boldsymbol{Q}^k$ 到 $\boldsymbol{P}^k$ 的旋转矩阵 $\boldsymbol{R}^k$ 和平移向量 $\boldsymbol{t}^k$:

$$f(\boldsymbol{R}^k, \boldsymbol{t}^k) = \frac{1}{2} \sum_{i=1}^{n} \| \boldsymbol{p}_i^k - (\boldsymbol{R}^k \boldsymbol{q}_i^k + \boldsymbol{t}^k) \|^2 \tag{6-2}$$

(3)利用计算出的 $\boldsymbol{R}^k$ 和 $\boldsymbol{t}^k$ 将点云集 $\boldsymbol{Q}^k$ 变换到点云集 $\boldsymbol{Q}^{k+1}$,可得

$$\boldsymbol{Q}^{k+1} = \boldsymbol{R}^k \boldsymbol{Q}^k + \boldsymbol{t}^k \tag{6-3}$$

(4)计算映射之后的点云集 $\boldsymbol{Q}^{k+1}$ 中的点与 $\boldsymbol{P}^k$ 中的点之间的均方根误差:

$$d_k = \sqrt{\frac{1}{n} \sum_{i=1}^{n} \| \boldsymbol{p}_i^k - \boldsymbol{R}^k \boldsymbol{q}_i^{k+1} - \boldsymbol{t}^k \|^2} \tag{6-4}$$

(5)若 $d_k - d_{k-1} < \tau$,τ 表示阈值,则停止迭代;否则从第一步开始重新迭代。

最邻近点集一般通过点与点之间的距离来确定。设原始点云集 $\boldsymbol{P}$ 中的任一点坐标为 (x_1, y_1, z_1),待配准点云集 $\boldsymbol{Q}$ 中的任一点坐标为 (x_2, y_2, z_2),则这两点之间的欧氏距离为

$$D = \sqrt{(x_1 - x_2)^2 + (y_1 - y_2)^2 + (z_1 - z_2)^2} \tag{6-5}$$

计算待配准点云集中每一点到原始点云集中目标点的欧氏距离,经过比较,就能够得到距离最近的点,该点就是最邻近点。

2. ICP 迭代配准仿真

取两个 PCD 格式的点云数据文件使用 ICP 算法进行配准仿真。算法使用一个输入模型作为原始模型 A,通过变换(旋转和平移)原始模型得到一个新的模型 B,并将 B 模型使用 ICP 算法配准到 A 模型上;在 ICP 配准源码中输入两个点云数据,参数 1 为原始模型,参数 2 为转换后的模型,参数 3 为迭代次数,其中蓝色用来显示原始点云数据,经过一定旋转平移的点云显示为红色,用空格控制迭代次数,并将其可视化。图 6-20~图 6-23(见彩插图 6-20~图 6-23)所示为迭代过程。

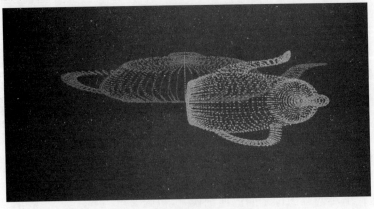

图 6-20　迭代 0 次结果

图 6-21　迭代 20 次结果

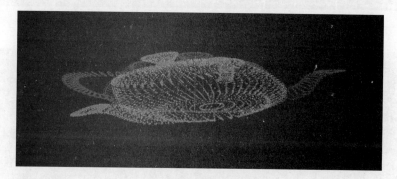

图 6-22　迭代 100 次结果

　　如图 6-23 所示,将模型 B 在不断旋转平移变换后与模型 A 进行配准,迭代次数在不断增加。当迭代到 400 次时,两个点云基本上完成配准。由此可知,迭代次数越多,配准的效果越好。

图 6-23　迭代 400 次结果

　　通过以上实验可以得出迭代次数决定配准误差的结论,接下来采集一组从右往左互相有重叠的 12 帧图像[见图 6-24(彩插图 6-24)的结论]进行点云数据配准拼接。对每两帧图像之间的配准迭代次数为 100 次,其中两帧图像点云配准迭代 30 次和迭代 100 次的结果分别如图 6-25(见彩插图 6-25)和图 6-26(见彩插图 6-26)所示,最终的拼接结果如图 6-27(见彩插图 6-27)所示。

图 6-24　12 帧图像

图 6-25　两帧图像迭代 30 次

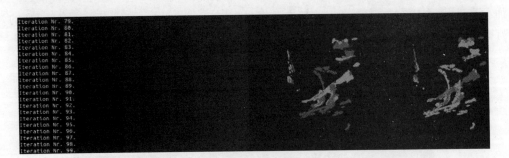

图 6-26　两帧图像迭代 100 次

图 6-27　拼接图像

实验总共进行了 100 次迭代,每次迭代的均方根误差如图 6-28 所示。从中可以观察到,点集之间的误差是单调下降的,并且在前 30 次迭代中,随着迭代次数继续增加,误差下降的幅度非常大,收敛速度较快;在 35～70 次迭代之间,误差下降的幅度比较平缓;随着迭代次数的增加,在 85 次迭代左右,误差基本进入收敛的状态,且均方根误差在 10^{-5} 级别,约为 1.0×10^{-5} 像素。

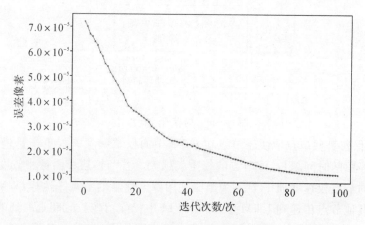

图 6-28 ICP 迭代 100 次及对应误差

6.2.3 全局闭环检测拼接

全局闭环(回环)检测拼接是为了解决多无人机大规模构图的问题,通过先前图像与新图像进行比较来完成闭环检测。当在地图之间检测到闭环时,可通过组合每个会话即每个无人机构建的地图来构建全局地图,然后可以用位姿优化的方法来减少每个地图内部和地图之间的误差。

全局闭环检测拼接方法基于每个无人机利用 RTAB-MAP 构建的点云地图,结合闭环检测和多会话内存管理方法来实现拼接。对经典的闭环检测方法进行改进,可解决多会话构图和有限资源实时地图更新这两个问题。跨地图会话使用全局闭环检测去测量每架无人机何时访问另一架无人机先前访问的场景,再利用图优化的方法最小化轨迹误差来将不同无人机构建的地图合并在相同尺度的坐标系中。

内存管理方法用于限制由全局闭环检测和图优化处理的数据规模,其工作原理如图 6-29 所示。整个模型由短期存储器(STM)、工作存储器(WM)和长期存储器三部分组成,上文已简单介绍过。STM 是获取新数据的入口,具有固定大小 S,STM 中的节点由于其数据具有高度相似性,因此不进行闭环检测。当 STM 大小达到 S 时,最旧的节点就转移到 WM,以待闭环检测。WM 的大小取决于时间限制 T,当处理新数据所需的时间达到 T 时,一些节点就会从 WM 转移到 LTM,使 WM 的大小几乎保持不变。LTM 不用于闭环检测和图优化,但是若 WM 检测到闭环,则将 LTM 中此节点的相邻点恢复回 WM 以进行进一步闭环检测。换句话说,当无人机重新访问之前较早的区域时,若该区域至少一个节点仍在 WM 中,则可以逐渐"恢复记忆"。

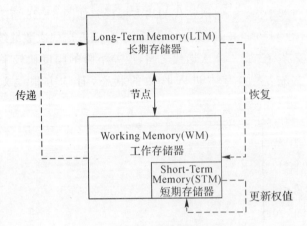

图 6-29 内存管理模型[8]

在 WM 中保留哪些节点取决于节点在 STM 中的权重衡量。权重衡量遵循如下规则:无人机在某位置停留的时间越长,该节点的权重就越大。若两帧连续图像相似度超过一定阈值,则第一帧图像的节点权重增加 1,且不为第二帧图像创建新的节点。这样,WM 中权重最小的节点就会先于其他节点传递到 LTM 中,而在 WM 中仅保留较长时间观测到的节点。

图 6-30(见彩插图 6-30)模拟了三架无人机构图的模型,方形表示每架无人机构图会话的开始与结束的节点。LTM 中的节点用红色表示,其他节点均在 WM 中。仅使用在 WM 中且链接到最末节点的节点(图中虚线框之内的所有节点)构建和优化局部地图。因此,局部地图不仅可以表示当前的地图会话,还可以通过闭环链接(绿色箭头)跨越多个回话来构建地图。为了能够满足实时处理的要求,系统仅在 WM 中有可用约束时进行局部地图的在线图优化,但是如果需要的话,也可以通过使用 LTM 中的所有约束和进行全局图优化来构建全局地图。

接下来使用 TUM 数据集进行仿真实验。该实验中,在两个不同位置的相机可以表示不同位置的无人机,从这两个位置开始构图。在构图过程中,一架无人机会至少经过一次由另一架无人机构图过的环境。实验中设定 STM 的大小 $S=10$,RANSAC 的最小内点数量为 5,相似性阈值为 0.45。

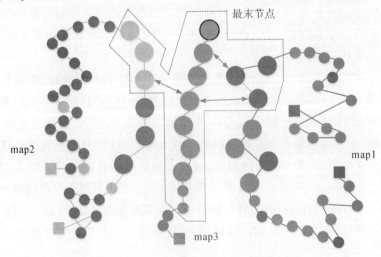

图 6-30 多会话构图模型

　　图 6-31(见彩插图 6-31)为无人机 1 所建的图 map1,图 6-32(见彩插图 6-32)为无人机 2 所建的图 map2,可以看出 map1 和 map2 有共同的区域。当 map1 和 map2 都已经存在时,无人机 1 运动到与无人机 2 共同的区域时两幅图可以立即拼接起来。图 6-33(见彩插图 6-33)为无人机 1 和无人机 2 所拼接得全景图。紫色轨迹为无人机 1 构建的 map1,蓝色为无人机 2 构建的 map2,可以看到拼接效果良好。

图 6-31　无人机 1 构图

图 6-32　无人机 2 构图

图 6-33　拼接全景图

6.3 点云拼接实验

单架无人机的视角有限,对多架无人机所构建的点云图进行拼接即可得到一幅视角更大的场景图。本实验采用两架无人机协作的方式进行室外实际构图,并采用上述三种拼接算法分别进行测试。

6.3.1 PCL 点云拼接

使用两架都携带 RealSense 相机的无人机在 2 m 高处采集启真楼周围数据形成数据集,如图 6-34 所示;将传入的视频流转换为 471 帧图像(其中 257 帧由无人机 1 得到,214 帧由无人机 2 得到),根据 PCL 点云拼接将无人机 1 的 257 帧图像构建的局部点云地图与无人机 2 的 214 帧图像构建的局部点云图分别进行拼接;图 6-35 是无人机 1 构建的局部地图,图 6-36 为无人机 2 构建的局部地图,根据计算出的无人机位姿数据,利用 PCL 点云库对两架无人机构建的两张点云图像进行拼接,图 6-37 为 PCL 点云拼接结果。

图 6-34 实际测试场景

图 6-35 无人机 1 的局部地图

图 6-36　无人机 2 的局部地图

图 6-37　PCL 点云实际拼接结果

从实验结果中可以观察到,利用 PCL 点云图像技术拼接构建的点云地图,基本能够恢复三维场景,看清楚轮廓。从实验结果中还能发现,PCL 拼接的点云地图会受位姿数据的影响,产生一定程度的重叠和偏移。因此,要想构建更加准确清晰的地图,还需要更加准确的位姿数据。

6.3.2　ICP 迭代配准拼接

本节实验获取的数据与 6.3.1 节相同,主要是对无人机 1 和无人机 2 得到的点云图使用 ICP 算法进行 100 次迭代配准,提高其拼接的精度。图 6-38 和图 6-39 分别为其两帧图像之间进行第 30 和第 100 次迭代配准的结果。可以看出经过 100 次迭代后,图像的重叠和偏移问题得到了明显改善,说明 ICP 具有较好的配准效果。

从实验结果中可以观察到,利用 ICP 算法迭代配准后的点云拼接图像构建的点云地图可以清楚看到场景轮廓,基本解决了之前点云拼接地图产生的重叠和偏移,受位姿的影响程度较小。但是随着点云数量的增大,ICP 迭代次数也会增加,拼接效率会因此受到影响。

图 6-38　ICP 迭代 30 次的拼接结果

图 6-39　ICP 迭代 100 次的拼接结果

6.3.3　全局闭环检测拼接

本节使用全局闭环检测拼接技术,以两架无人机的局部地图为数据进行后续拼接处理,如图 6-40(见彩插图 6-40)为无人机 1 所构建的局部点云图,图 6-41(见彩插图 6-41)为无人机 2 所构建的局部点云图。可以看出两图之间有重复的部分,此即为全局闭环检测中的回环部分。使用全局闭环检测拼接算法对两图进行拼接时,先执行无人机 1 的局部地图,再运行无人机 2 的局部地图。当无人机 2 的局部地图运行到与无人机 1 局部地图中的某些点云重合时,则可以将图 6-40 和图 6-41 拼接起来,如图 6-42(见彩插图 6-42)所示。

图 6-40　无人机 1 构建的点云图

图 6-41　无人机 2 构建的点云图

图 6-42　全局闭环检测的拼接结果

从实验结果中可以观察到,全局闭环检测拼接的点云地图可以很好地恢复三维场景,得到清楚轮廓。这说明,利用闭环检测的方法基本可以保证位姿数据的正确性和实时性,解决了重叠和偏移的问题。

6.4　图像拼接技术的对比

本节的主要内容是对 PCL 点云拼接、ICP 迭代配准拼接、全局闭环检测拼接三种拼接算法进行对比。实验使用两架无人机在室外采集相同场景的真实数据,然后分别使用三种拼接算法,将每架无人机获取到的局部地图拼接成为一张范围更大的图像。

以上三种算法的实际测试对比结果见表 6-6。可以看出,PCL 点云拼接需要的数据集是多帧图像,主要通过相机内参和获取的位姿信息实现相邻两帧图像的拼接,实时性较低,受位姿数据的影响最大,配准率较低,拼接效率和点云数量都是中等水平。ICP 迭代配准拼接算法与 PCL 一样需要的也是多帧图像,故实时性也较低。由于其要通过多次迭代进行配准,因此配准率较高,但受位姿的影响程度较小,而且点云数量和拼接效率都较低。全局闭环检测拼接算法是三种算法中拼接效率最高、实时性最好、受位姿影响程度较低并且配准率也居于中上水平的算法,唯一不足之处就是获取的数据集是视频流,所以点云数量过大,运行时较卡顿。故对于区域较大的场景可以使用全局闭环检测,对于区域较小的可以采用 ICP 迭代配准拼接。

表 6-6 拼接算法对比

算法	输入形式	实时性	点云数量	配准率	受位姿影响程度	拼接效率
PCL 点云拼接	多帧	低	1 202 355	0.52	高	中
ICP 迭代配准拼接	多帧	低	9 202 163	0.891	中	低
全局闭环检测拼接	视频流	高	3 651 214	0.832	低	高

6.5 本章小结

本章主要介绍了未知环境中多无人机协作场景构图技术,以 ORB-SLAM 和 RTAB-MAP 两种视觉 SLAM 算法为切入点讨论图像拼接技术。通过两种算法的对比实验发现 ORB-SLAM 和 RTAB-MAP 获取的位姿信息都具有一定的实时性和准确性,但是在构图方面,ORB-SLAM 构建的地图太过于稀疏,不能清晰地看出所处的场景;而 RTAB-MAP 构建的点云图效果良好,物体轮廓清晰。随后本章以此为基础介绍了三种图像拼接算法,并使用无人机在相同场景、相同高度分别进行了实际测试,发现 ICP 迭代配准拼接算法随着迭代的次数越多,配准率越高,拼接效率越低;全局闭环检测拼接算法的实时性和拼接效率都很高,并且配准率也较好,且轮廓清晰,对于辅助无人机集群在大规模场景下的定位导航具有重要意义。

思 考 题

1. RTAB-MAP 是如何实现大规模、长时间的定位构图的?
2. 到目前为止,ORB-SLAM 算法已经更新至第三代,阅读相关文献,谈谈它们的区别。

参 考 文 献

[1] MUR-ARTAL R,TARDóS J D. Orb-slam2:An open-source slam system for monocular,stereo, and RGB-D cameras[J]. IEEE Transactions on Robotics,2017,33(5):1255-1262.

[2] STRASDAT H. Local accuracy and global consistency for efficient visual SLAM[D]. London:Imperial College London,2012.

[3] STURM J,ENGELHARD N,ENDRES F,et al. A benchmark for the evaluation of RGB-D SLAM systems[C]//2012 IEEE/RSJ International Conference on Intelligent Robots and Systems. Algarve:IEEE,2012:573-580.

[4] LABBE M,MICHAUD F. IEEE:Online Global Loop Closure Detection for Large-Scale Multi-Session Graph-Based SLAM[C]//2014 IEEE/RSJ International Conference on Intelligent Robots and Systems. Chicago:IEEE,2014:2661-2666.

[5] ADEL E,ELMOGY M,ELBAKRY H. Real time image mosaicing system based on feature extraction techniques[C]//2014 9th International Conference on Computer Engi-

neering & Systems (ICCES). Cairo：IEEE，2014：339 – 345.

[6] CHETVERIKOV D，STEPANOV D，KRSEK P J. Robust Euclidean alignment of 3D point sets：the trimmed iterative closest point algorithm[J]. Image Vision Computing，2005，23(3)：299 – 309.

[7] LABBE M，MICHAUD F. Online global loop closure detection for large-scale multi-session graph－based SLAM[C]//2014 IEEE/RSJ International Conference on Intelligent Robots and Systems. Chicago：IEEE，2014：2661 – 2666.

第7章 无人机测控与导航链路的智能攻击技术

无人机的发展是一把双刃剑,它的广泛应用和快速发展给社会带来的并不只有便利。消费级飞行器的普及造成了"黑飞"问题的日益严重,输电线、机场、军事基地等场所的安全受到威胁。此外,无人机在军用领域的巨大潜力也正逐渐得到认可,侦察、监视、预警、诱导、攻击等任务中无人机都可以大展身手,这也使得无人机将在可预见的未来成为战场上不容忽视的威胁。因此,发展反无人机手段是民用和军用领域共同的迫切需求。同时,攻击无人机是单点突破,维护无人机安全是系统工程,因此了解攻击无人机的可行手段是保障无人机集群正常工作的必要环节。鉴于此,本章将探讨对无人机测控和导航链路的智能攻击技术。

7.1 反无人机技术概述

7.1.1 反无人机技术的兴起

所谓反无人机技术,是指对无人机进行监测、干扰、诱骗、控制或者摧毁的一类技术[1]。当前的主要反无人机技术大致包括图 7-1 所示的几类[2]。

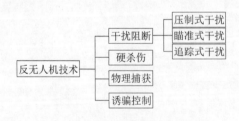

图 7-1 反无人机技术的分类

干扰阻断的攻击方式是指通过发射大功率的干扰射频信号切断无人机与外界的通信链路。阻断导航链路可使无人机无法到达目标,阻断遥控链路可使无人机无法执行指令,而阻断下行链路可使无人机得到的数据无法被其操纵者获取。此类攻击方式门槛较低,其中压制式干扰通用性较强,但需要较大功率,在对抗中容易被发觉,在战场上容易成为被打击的目标;瞄准式干扰和追踪式干扰对功率的要求较低,且效果优异,理想条件下可使跳频通信完全失去跳频处理增益[3],但是要求掌握详尽的信号的相关信息。同时,干扰阻断的攻击方式共同的缺点是切断无人机的通信链路之后,无人机的行为方式无法预料。如果无人机在人群上空坠落,或是装载了炸药的自杀式无人机失控后直接在其目标区域内坠毁,后果将不堪设想。目前,使用干扰阻断攻击方式的反无人机设备已经有较为成熟的商业化产品。

硬杀伤则是指使用导弹、激光炮、微波武器、枪支等武器直接杀伤无人机,使其坠落或直接毁坏的方法。激光和微波均属于电磁波,其定向性好,传播速度为光速,因此射击时不需要提前量,且精确度极高,是当前较为重要的方向之一[4]。

物理捕获的应用面相对较为狭窄,主要是使用捕捉网或其他飞行器等手段对无人机进行捕捉,不仅可以阻止无人机继续执行任务,还有较大概率可以得到完整的无人机硬件进行研究,有利于今后对该型无人机的反制,但可使用的场景较为局限。该类反无人机产品的主要代表为荷兰 Delft Dynamics 公司的"无人机捕手"。

在避免无人机失控后坠落造成危害的能力上,诱骗控制的方法比起物理捕获更胜一筹。它通过合成欺骗信号,伪装成正常导航信号或遥控信号,引导目标无人机飞向攻击方所期望的坐标,甚至直接夺取无人机的控制权。毫无疑问,诱骗控制能够在保护人员、财产和机密安全的前提下挫败对方企图,在军事领域甚至能得到对方无人机的有关机密,单次成本也比其他手段低,是一种十分理想的反无人机技术[5]。

在上述反无人机技术中,硬杀伤和物理捕获属于物理层面的攻击,而干扰阻断和诱骗控制都属于信息层面的攻击。信息层面的攻击,其主要对象是无人机信息的完好性、机密性和可用性[6]。无人机通信数据不被攻击者篡改,从而维持正常状态的性质,称为完好性;机密性是指无人机保证其系统数据链路中的信息不被攻击者窃取和访问的性质;可用性是指无人机能够及时访问到系统中的数据和指令的性质。DoS(Denial of Service,拒绝服务)是破坏信息可用性的常见攻击手段,而在书中开展的遥控信号转发和 GPS 欺骗实验均属于攻击无人机信息完好性的手段。

7.1.2　国内外研究现状

2015 年,Gmxp[7]利用对大疆"精灵 3 代"无人机遥控信号跳频规律的研究,成功劫持了该无人机。Gmxp 首先用逻辑分析仪接收并分析了无人机主控芯片的 SPI 接口输出的数据,发现了跳频序列的规律,并得出数据单方面从遥控器传递到无人机而无射频上的交互的结论;随后用遍历其各频道的方法获取每一时点与频率的对应关系;最后始终让欺骗信号略早于原遥控信号到达无人机,完全掌握了无人机的控制权。

为了使欺骗信号能够取代原遥控信号,郑昉等人[8]提出:欺骗信号的每个脉冲都应该略早于原遥控信号的对应脉冲到达目标无人机的天线。为达成这一目的,欺骗信号的发射时间间隔应当尽可能短,而跳频频率又应当接近原遥控信号。如此一来,无人机的接收设备每次跳到新的跳频点等待遥控信号时,欺骗信号都能迅速被无人机接收,原遥控信号携带的命令则没有被执行的机会。

可以看出,Gmxp 和郑昉等人的研究都要求事前对遥控信号的跳频规律有一定的了解,可能需要对遥控信号进行盲解扩或取得目标无人机样本,很多情况下难以实现。转发式干扰则没有这样的需求,其门槛相比之下低得多。郝明明等人[9]设想利用转发干扰设备截获无人机的上行链路信号,经混频、滤波、变换、拼接后形成转发干扰码流,最终使用大功率发射机向无人机的接收设备循环转发经过射频变换后的干扰信号。若无人机锁定转发干扰信号,将反复执行干扰信号中的遥控指令,造成飞行状态紊乱而不能执行既定任务。由于该方法极少改变原信号的结构特征,故极难与原遥控信号辨别。

在利用 GPS 的虚假信号进行诱骗方面,Tippenhauer 等人[10]指出,发出的虚假信号应该在各种参数上都不能与原先的导航信号相隔太远,而应该让目标接收的信号从真实 GPS 信号平滑地过渡到虚假信号上,以减少被识破的可能性。同时指出,在一些特定位置进行干扰,能够同时诱骗多架无人机,在引导它们飞向我方预设目标时,不与它们之间的交流发生冲突,进一步减少被识破可能。夏铭禹等人[11]也指出,当真实 GPS 信号与 GPS 欺骗信号都可以被目标接收机接收到时,接收机自身产生的波形会同时与两种信号进行相干运算。为顺利使接收机锁定欺骗信号而失去对真实信号的锁定,需要首先使欺骗信号的码相位与真实信号的码相位精确同步,以使二者同时被接收机锁定。随后,逐渐增大欺骗信号的功率,并逐渐调整欺骗信号的码速率,利用自身功率优势保持接收机对自身的锁定的同时,诱使接收机同步调整跟踪的码速率,与欺骗信号同步,而失去对真实信号的锁定,达成 GPS 欺骗的目的。

对无人机导航系统的攻击方式除合成欺骗信号外,压制干扰的方法更加简单易行,可使无人机悬停或自动返航,以迫使其停止既定任务。赵海旺[12]论证,即使无人机同时利用 GPS 和北斗两套系统定位,在 1 km 的距离上,仅需 8.4 dBm 的发射功率即可产生有效压制和阻断的效果。仅延时转发加密的 GPS 原码而不进行破译和重新编码,实现难度也很低,同样能使无人机偏离原来的航线。高志刚等人[13]的研究得出,转发信号的干信比 J/R(Jammer-to-Signal Ratio)不小于 15 dB 时,针对 GPS 的 C/A 码接收机可以稳定锁定到时延欺骗信号上。

除图 7-1 所示的几大类无人机反制方法之外,还有研究者别出心裁地提出了一些难于归类、同样有效的无人机反制方法。Son 等人[14]的研究发现,使用频率合适的超声波可令无人机上的陀螺仪产生共振,亦能有效地令无人机失控坠落;Pathan 等人[15]指出,为了破坏无人机系统内部各无人机之间的通信或无人机与其他智能设备之间的通信,可以攻击无人机的通信网络,并提出了具体的方案;Kim 等人[16]提出了无人机的传感器信号输入模型以及各类传感器攻击的影响效果模型;Davidson 等人[17]提出了伪造信号以攻击无人机传感器的方案,并就如何攻击光流传感器作了探讨。

通过归纳分析现有的研究可发现在对无人机链路的自主渗透和智能诱骗方面,存在着理论研究多、实地实验少的情况。此外,如今迅速发展的人工智能技术,无疑已是一项对未来科学界影响举足轻重的技术,却鲜有研究者尝试让反无人机技术也变得智能化。因此,本研究将以试图解决这两个问题为目标,推进相关研究,为后续问题的彻底解决作铺垫。

7.2 调制方式识别

7.2.1 研究目的与方法

现今反无人机研究的成果大多只针对于单一无人机型号,而无论是在警察等管理人员驱离非法无人机,还是军队对抗敌军无人机的场景中,要求事先精确地掌握攻击目标的各项参数显然都是不现实的[18]。为了使对无人机的反制手段应用面更广,一种通过捕捉目标无人机的通信信号来收集信息进而确定反制方法的手段不可或缺[19]。因此,本研究决定使用机器学习(machine learning)的方法,利用各种调制信号样本对网络进行训练,使模型获得通过信号 I、Q 分量与时间之间的关系识别出信号调制方式的能力,以便在面对任何一种未知型号的无人机时都能获得足够的信息。

机器学习是人工智能的一个分支,它使用算法提取数据中所蕴含的规律,是一种实现人工智能的手段。机器学习涉及概率论、统计学、逼近论、凸分析、计算复杂性理论等多门学科,是一门典型的多领域交叉学科。机器学习理论通过设计算法,使得计算机利用训练集进行"学习",从大量数据中分析出规律,并利用这一规律对未知数据亦即测试集进行预测。

习惯上可将机器学习划分为监督学习(Supervised Learning)、无监督学习(Unsupervised Learning)和强化学习(Reinforcement Learning)三大类。监督学习主要用于处理分类(Classification)和回归(Regression)任务,如垃圾邮件筛除和天气预报。在监督学习中,计算机学习已经定义好标签的数据,寻找数据与标签之间的对应关系。而无监督学习常在聚类(Clustering)和降维(Dimensionality Reduction)任务中得到运用,如市场的细分和大数据可视化。与监督学习不同的是,无监督学习的数据集不带有标签。强化学习需要处理的问题并没有"正确"和"错误"的概念,计算机需要通过达成目标时的正向反馈来不断改善自身性能,机器人导航、实时决策、游戏 AI 等都是强化学习能大展身手的领域。本研究使用已经标明调制方式的信号样本来训练模型,因此属于监督学习。

由于机器学习需要人工投入可观的精力与时间成本来研究和调整其中的特征提取步骤,研究者们又从机器学习中发展出了新的分支——深度学习。深度学习采用基于生物神经网络结构的人工神经网络,这样的网络由若干个输入和隐藏层通过循环和连接来模拟人类大脑处理信息和建立逻辑连接的方式。人工神经网络的这些特性能够自动地学习特征和任务之间的关联,甚至还能从简单特征中提取复杂的特征。本研究中用到的人工神经网络隶属于卷积神经网络(Convolutional Neural Network,CNN)中的 VGG(Visual Geometry Group,视觉几何组)网络以及残差网络(Residual Network,ResNet),均属于深度学习的范畴。

本研究使用程序生成两批信号样本,这两批样本在统计上相互独立,所包含的调制方式种类相同,每类调制方式的信号样本数量相等。实验将使用第一批样本训练识别模型,随后用该模型对第二批信号样本进行识别,以衡量训练效果。7.2.2 节使用由 GNU Radio 软件编写的模拟调制器和数字调制器来生成 24 种调制信号;7.2.4 节使用 3 种不同的训练模型来对这些信号样本进行学习和识别,通过比较寻找出最优的模型;随后由 7.2.5 节选择最优模型对由 11 种调制方式组成的样本作更细致的分析,使用混淆矩阵(Confusion Matrix)展现信噪比以 2 dB 的间隔变化时,每一种调制信号有多大概率被识别为其他调制方式,以更深入地探究模型在识别过程中的表现。

7.2.2 调制信号样本的合成

在进行寻找最优识别模型的实验中,信号样本共包括 24 种调制方式,其中模拟调制信号包括频率调制 WBFM(WideBaud Frequeney Modulation,宽带调频)以及 AM-DSB-WC、AM-SSB-WC、AM-DSB-SC、AM-SSB-SC 4 种调幅信号,即不抑制载波的单边带与双边带、抑制载波的单边带与双边带;数字调制信号包括幅移键控的 OOK、4ASK、8ASK,相移键控的 BPSK、QPSK、8PSK、16PSK、32PSK,正交幅度调制的 16QAM、32QAM、64QAM、128QAM、256QAM,幅相键控的 16APSK、32APSK、64APSK、128APSK,外加 GMSK 和 OQPSK。信号生成模型如图 7-2 所示[20]。其中,数字信号都需要经过根升余弦脉冲整形滤波器的整型处理,其衰减值用 α 表示。

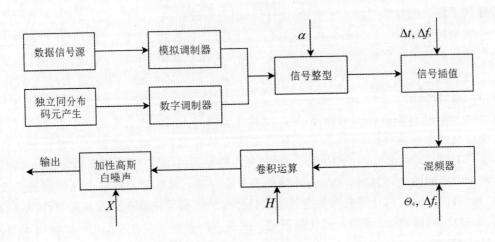

图 7-2　调制信号生成模型

在生成每个数据集中的合成信号样本时,信号参数都需按照表 7-1 所列的分布规律重新进行生成,以保证信号样本两两之间统计独立;生成的信号用长度为 1 024 的 2 个一维数组表示,数组的索引值表示按时间截取的帧数,对应位置的 2 个数组元素的数值则表示信号在该时刻的同相分量和正交分量的振幅;数组元素以 32 位复浮点数的格式进行存储[21]。为使实验所用信号样本更接近实际任务环境中所捕捉到的无线电信号,实验还在生成的信号中加入了加性噪声和乘性噪声,以模拟实际环境下的载波频率偏移和热噪声两种干扰因素[21]。

表 7-1　随机变量的分布类型与参数

随机变量	分布规律
α	$U(0.1, 0.4)$
Δt	$U(0, 16)$
Δf_s	$N(0, \sigma_{clk})$
Θ_c	$U(0, 2\pi)$
Δf_c	$N(0, \sigma_{clk})$
H	$\sum_i \delta[t - \mathrm{Rayleigh}_i(\tau)]$

一般来说,某种调制方式的信息密度越高,其抗干扰能力越差,因此对信息密度较高的调制方式的识别正确率在大多数情况下会低于信息密度较低的调制方式。在这 24 种调制方式中,OOK、4ASK、BPSK、QPSK、8PSK、16QAM、AM-SSB-SC、AM-DSB-SC、WBFM、GMSK 和 OQPSK 这 11 种调制方式的信息密度较低,而 8ASK、16PSK、32PSK、16APSK、32APSK、64APSK、128APSK、32QAM、64QAM、128QAM、256QAM、AM-SSB-WC、AM-DSB-WC 这 13 种调制方式的信息密度相对较高。由于使用信息密度较高的调制方式时,操作者本身也需要保证自身的正常通信,因此通常情况下,有理由认为在外部干扰较强烈的环境中,无人机多采用信息密度较低的调制方式,而无人机使用信息密度较高的调制方式进行通信时信噪比通常更高。尽管如此,本实验依然产生了低信噪比且信息密度较

高的调制方式信号,其信噪比间隔设置也与信息密度较低的调制方式完全相同。这是因为无人机控制者可能采用猝发的通信手段,接收条件也可能存在无法突破的限制,这将会使得延长时间窗口的应对策略无法使用。因此,对复杂调制方式的识别仍是实际任务中不可避免的。

在寻找出识别调制方式的最佳模型后,实验将使用该模型对由 11 种调制方式[22]合成的信号样本进行训练和判决。这些信号样本中的模拟调制信号包括频率调制 WBFM 以及 AM 与 AM－SSB 两种不抑制载波的调幅信号;数字调制信号包括 BPSK、QPSK、8PSK 三种相移键控信号,16QAM 与 64QAM 两种正交幅度调制信号,以及 GMSK、GFSK 和 4PAM 三种其他调制信号。生成这些信号所用的程序结构和参数规律与生成 24 种调制方式的样本时相同。

7.2.3　样本涉及的调制方式介绍

1. 幅度调制

(1)幅度调制概述。

幅度调制是指让高频正弦载波的幅度随调制信号的规律来变化,从而携带信号信息的一种调制方式。幅度调制器的一般模型如图 7－3 所示。

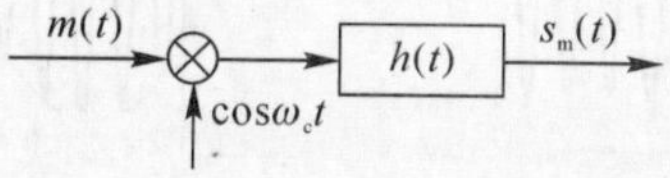

图 7－3　幅度调制器的一般模型

图 7－3 中,$m(t)$ 代表调制信号,$s_m(t)$ 代表已调信号,$h(t)$ 代表滤波器的冲激响应,$\cos\omega_c t$ 表示一路输入的正弦波,乘法器使用该正弦波来调制待调制信号 $m(t)$。幅度调制的时域和频域可表示为

$$s_m(t) = \left[m(t)\cos\omega_c t \right] * h(t) \tag{7-1}$$

$$S_m(\omega) = \frac{1}{2}\left[M(\omega+\omega_c) + M(\omega-\omega_c) \right] H(\omega) \tag{7-2}$$

式中,$m(t)$ 为调制信号;$M(\omega)$ 为调制信号 $m(t)$ 的频谱;$H(\omega)$ 为滤波器的传输函数;ω_c 为载波角频率。

由于幅度调制的频谱相比于其基带信号的频谱只是在频域内发生了线性搬移,故幅度调制属于线性调制方式。

在图 7－3 所示的一般模型中,通过改变滤波器特性 $H(\omega)$ 可得到幅度调制的几种衍生调制方式,如常规双边带调幅(Amplitude Modulation,AM)、抑制载波的双边带调幅(Double－Sideband Suppressed－Carrier,DSB－SC)、单边带调制(Single Sideband,SSB)以及残留边带调制(Vestigial Sideband,VSB)。由于本书的调制方式实验没有研究 VSB 样本,故而此处仅对 AM、DSB－SC、SSB 作介绍。

(2)常规双边带调幅。

若图 7－3 中的滤波器为全通网络,亦即 $H(\omega)=1$,则此时的输出就是常规双边带调幅信号 AM。为强调其由上下两个边带组成,并未抑制载波,与单边带、抑制载波的调幅方式区分,本实验中对此种信号样本的标记也写作 AM－DSB－WC,即 Double－Sideband with Car-rier。对信号进行常规双边带调幅时,调制信号叠加直流分量 A_0 后与载波 $\cos\omega_c t$ 相乘,如图

7-4所示。常规双边带调幅过程中相关信号的波形如图7-5所示。

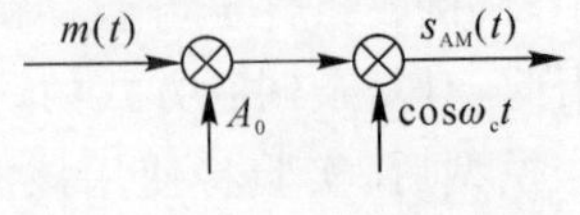

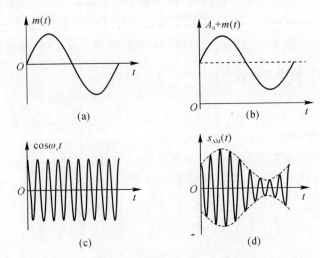

图 7-4　常规双边带调幅模型

图 7-5　AM 相关波形示意图

(a)调制信号；(b)附加直流分量的调制信号；(c)正弦载波；(d)已调信号

常规双边带调幅的时域和频域表示为

$$s_{AM}(t) = [A_0 + m(t)]\cos\omega_c t = A_0\cos\omega_c t + m(t)\cos\omega_c(t) \tag{7-3}$$

$$S_m(\omega) = \pi A_0[\delta(\omega + \omega_c) + \delta(\omega - \omega_c)] + \frac{1}{2}[M(\omega + \omega_c) + M(\omega - \omega_c)] \tag{7-4}$$

以 $\overline{m(t)}$ 代表式中 $m(t)$ 的平均值并假定 $\overline{m(t)} = 0$，以 A_0 表示外加的直流分量。直流分量 A_0 用于保证与载波相乘之前的信号始终在 x 轴的一侧，即 $A_0 \geqslant \max|m(t)|$，只有如此，才能保证在包络检波还原原始信号时不出现过调幅现象，从而避免失真。

AM 的带宽为调制信号带宽的 2 倍，调制效率为

$$\eta_{AM} = \frac{P_s}{P_s + P_c} = \frac{\overline{m^2(t)}}{A_0^2 + \overline{m^2(t)}} \tag{7-5}$$

式中，P_s 为调制信号的功率；P_c 为载波的功率。

容易发现，AM 的调制效率是很低的，最高也仅有 33.3%。为了克服常规双边带调幅的效率过低、载波分量不携带信息却占据了大量功率成分的问题，抑制载波和单边带的调幅方式应运而生。

AM 信号可用相干解调和包络检波解调两种方式还原为原始信号。

(3)抑制载波的双边带调幅。

与 AM 类似，将一般模型中的滤波器确定为全通滤波器，但不再加入直流分量，此时得到的输出则是抑制载波的双边带调幅，缩写为 DSB-SC(Double-Sideband Suppressed Carrier)。如图 7-6 所示，调制信号直接与载波 $\cos\omega_c$ 相乘。

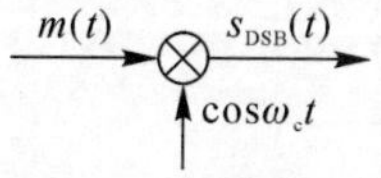

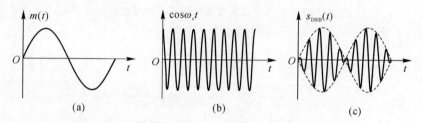

图 7 - 6　抑制载波的双边带调幅模型

抑制载波的双边带调幅过程中,相关信号的波形如图 7 - 7 所示。

图 7 - 7　DSB - SC 相关波形示意图

(a)调制信号;(b)正弦载波;(c)已调信号

DSB - SC 的时域和频域可表示为

$$s_{DSB}(t) = m(t)\cos\omega_c t \tag{7-6}$$

$$S_{DSB}(\omega) = \frac{1}{2}\big[M(\omega+\omega_c)+M(\omega-\omega_c)\big] \tag{7-7}$$

同 AM 一样,DSB - SC 的带宽也为调制信号带宽的 2 倍,但调制效率提升为 100%。不过,在克服了载波占用功率导致效率低问题的同时,DSB-SC 也因为信号的包络不再与信号本身成正比,而不能采用包络检波的方法进行解调,而必须使用相干解调的方法。相干解调法需要精确地产生与调制器同频同相的载波。如果产生的载波和调制时所用载波存在频率或相位上存在差异,就会影响信号的正确解调。若是频率不完全相等,则相位的差异会逐渐累积,最终可能导致信号的严重失真。解调所用的载波必须精确复原调制所用的载波,这是 DSB-SC 相较于 AM 的一个缺点。相比之下,AM 可以使用电路简单、解调效率高的包络检波法,实现难度很低。

(4)单边带调幅。

由于无论抑制载波与否,双边带调幅的两个边带都是关于 x 轴对称的,携带的信息完全相同,因此可以仅传输其中的一个边带。这样的调制方式被称为单边带调制,缩写为 SSB(Single - SideBand)。滤波法和相移法是最基本的产生 SSB 信号的方法。

滤波法使用如图 7 - 8 所示的理想高通滤波器或理想低通滤波器,将不需要的边带滤除,得到 SSB 信号。高通滤波器可得到上边带,低通滤波器可得到下边带。但在实际条件下,若要只得到其中一个边带而滤除另一个边带的成分,则对滤波器的性能有极为苛刻的要求:过渡带 Δf 相对于中心频率 f_c 的归一化值 $\Delta f/f_c$ 必须非常小,亦即滤波器在 ω_c 附近有非常陡峭的截止特性,才能实现上下边带的良好分割。正因为这样的滤波器极难设计与生产,因此实际应用中常常先在较低的载频上进行调制,以便通过降低 f_c 来增大归一化值,然后再通过变频使载频符合要求。

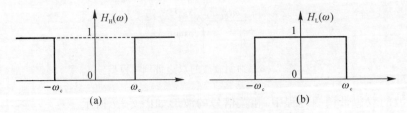

图 7-8　滤波法生成 SSB 信号的滤波器

(a)滤除下边带;(b)滤除上边带

滤波法生成 SSB 信号的模型如图 7-9 所示。

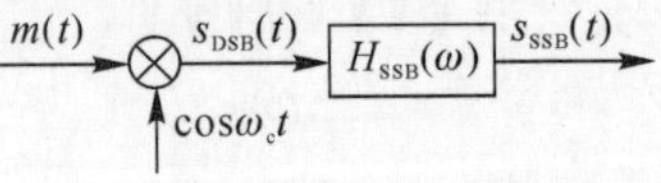

$$m(t) \otimes \xrightarrow{s_{\text{DSB}}(t)} \boxed{H_{\text{SSB}}(\omega)} \xrightarrow{s_{\text{SSB}}(t)}$$
$$\cos\omega_c t$$

图 7-9　滤波法生成 SSB 信号的模型

当原信号为单频信号时,使用相移法生成的 SSB 调制信号的时域表达式为

$$s_{\text{SSB}}(t) = \frac{1}{2}A_m\cos\omega_c t\cos\omega_m t \mp \frac{1}{2}A_m\sin\omega_c t\sin\omega_m t \qquad (7-8)$$

其中 $\mp$ 号取差与和时,公式(7-8)分别表示上边带和下边带信号。由于 $\sin\omega_c$ 相较于 $\cos\omega_c$ 仅是相位落后了 $\pi/2$ 而幅度不变,因此 $\sin\omega_c$ 可以看作 $\cos\omega_c$ 经希尔伯特变换的结果。又由于满足狄利克雷条件的信号都可以分解为正弦信号之和,式(7-8)可推广为

$$s_{\text{SSB}}(t) = \frac{1}{2}m(t)\cos\omega_c t \mp \frac{1}{2}\hat{m}(t)\sin\omega_c t \qquad (7-9)$$

其中 $\hat{m}(t)$ 表示 $m(t)$ 的希尔伯特变换。

由式(7-9)可以得到相移法形成 SSB 信号的模型,如图 7-10 所示。这种方法目前主要面临的技术挑战在于对各种频率成分都要进行精确的 $-\pi/2$ 相移。

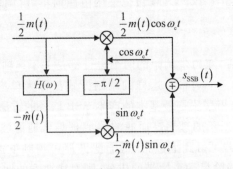

图 7-10　相移法生成 SSB 信号的模型

由于 SSB 信号仅保留了 DSB 信号的一个边带,因此带宽也仅为 DSB 的一半,恰等于基带信号的带宽;同时,SSB 信号的功率也仅为 DSB 的一半,即

$$P_{\text{SSB}} = \frac{1}{2}P_{\text{DSB}} = \frac{1}{4}m^2(t) \qquad (7-10)$$

与 DSB-SC 类似,由于不包含载波成分,SSB 的调制效率为 100%,信号包络同样不与调

制信号 $m(t)$ 成正比,故而只能采用需要复现高度同步的载波的相干解调法,不能采用实现起来更为容易的包络检波法。解调步骤如图 7-11 所示。

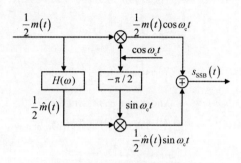

图 7-11　SSB 的解调模型

此时,乘法器的输出为

$$s_P = s_{SSB}(t) \cdot \cos\omega_c t = \frac{1}{2}[m(t)\cos\omega_c t \mp \hat{m}(t)\sin\omega_c t] \cdot \cos\omega_c t$$

$$= \frac{1}{2}m(t)\cos^2\omega_c t \mp \frac{1}{2}\hat{m}(t)\cos\omega_c t \sin\omega_c t \qquad (7-11)$$

$$= \frac{1}{4}m(t) + \frac{1}{4}m(t)\cos2\omega_c t \mp \frac{1}{4}\hat{m}(t)\sin2\omega_c t$$

由式(7-11)易知,使用低通滤波器将高频的正弦分量滤除,即得无失真的调制信号

$$m_0(t) = \frac{1}{4}m(t) \qquad (7-12)$$

SSB 的滤波法和相移法的共同优点是节约功率,效率高,频带利用率高。但前文已经分别讨论了滤波法和相移法的技术难点,这同时也是 SSB 的最大缺点所在。

2. 频率调制

频率调制(Frequency Modulation,FM)和相位调制(Phase Modulation,PM)同属于非线性调制,但它们的已调信号频谱并不是调制信号频谱的线性搬移,而是非线性变换,新的频率成分在该过程中被产生,这是与属于线性调制的幅度调制的不同之处。在频率调制中,载波的幅度保持不变,而频率随基带信号幅度进行变化。调频信号的表达式为

$$s_{FM}(t) = A\cos\left[\omega_c t + K_F \int_{-\infty}^{t} m(\tau)\mathrm{d}\tau\right] \qquad (7-13)$$

式中,K_F 为调频灵敏度,其单位为 rad/(s·V),是瞬时频率偏移与基带信号 $m(t)$ 的比值。

习惯上,若调频所引起的最大瞬时相位偏移远小于 30°,即

$$\left| K_F \int_{-\infty}^{t} m(\tau)\mathrm{d}\tau \right|_{max} \ll \pi/6 \qquad (7-14)$$

则将其归为窄带调频(NarrowBand Frequency Modulation,NBFM),反之则将其归为宽带调频(WideBand Frequency Modulation,WBFM)。窄带调频的表达式为

$$s_{NBFM}(t) \approx \cos\omega_c t - \left[K_F \int_{-\infty}^{t} m(\tau)\mathrm{d}\tau\right]\sin\omega_c t$$

$$= \cos\omega_c t - A_m K_F \frac{1}{\omega_m}\sin\omega_m t \cdot \sin\omega_c$$

$$= \cos\omega_c t + \frac{A_m K_F}{2\omega_m}[\cos(\omega_c + \omega_m)t - \cos(\omega_c - \omega_m)t] \qquad (7-15)$$

对于单频调制信号，$m(t) = A_{\mathrm{m}}\cos\omega_{\mathrm{m}}t$，其宽带调频信号的表达式为

$$
\begin{aligned}
s_{\mathrm{FM}}(t) &= A\cos\left[\omega_{\mathrm{c}}t + K_{\mathrm{F}}\int_{-\infty}^{t}m(\tau)\mathrm{d}\tau\right] \\
&= A\cos\left[\omega_{\mathrm{c}}t + K_{\mathrm{F}}A_{\mathrm{m}}\int_{-\infty}^{t}\cos\omega_{\mathrm{m}}\tau\mathrm{d}\tau\right] \\
&= A\cos\left[\omega_{\mathrm{c}}t + \frac{K_{\mathrm{F}}A_{\mathrm{m}}}{\omega_{\mathrm{m}}}\sin\omega_{\mathrm{m}}t\right] \\
&= A\cos\left[\omega_{\mathrm{c}}t + m_{\mathrm{f}}\sin\omega_{\mathrm{m}}t\right]
\end{aligned} \tag{7-16}
$$

式中，$K_{\mathrm{F}}A_{\mathrm{m}}$ 为最大角频偏，以下将记作 $\Delta\omega$；ω_{m} 为调制角频率；m_{f} 为调频指数，其定义为

$$
m_{\mathrm{f}} = \frac{K_{\mathrm{F}}A_{\mathrm{m}}}{\omega_{\mathrm{m}}} = \frac{\Delta\omega}{\omega_{\mathrm{m}}} \tag{7-17}
$$

在式（7-17）的基础上，可得到一般信号宽带调频表达式为

$$
s_{\mathrm{FM}}(t) = A\sum_{n=-\infty}^{+\infty}J_n(m_{\mathrm{f}})\cos(\omega_{\mathrm{c}} + n\omega_{\mathrm{m}})t \tag{7-18}
$$

式中，$J_n(m_{\mathrm{f}})$ 为第一类 n 阶贝塞尔函数，以调频指数 m_{f} 为自变量。

产生调频信号的方法有两种：一是直接法，使用压控振荡器（Voltage Controlled Oscillator，VCO）将调制信号电压的变化直接转化为已调信号频率的变化；二是间接法，依照调频信号的表达式，先对调制信号进行积分，然后对载波进行相位调制。前者的优点是可以获得较大的频偏，缺点是中心频率不稳；而后者恰恰相反，优点是频率稳定性优良，缺点是为了克服由于频偏太小而无法产生 WBFM 信号的问题，只能先产生 NBFM 信号再经过多次倍频和混频，使电路复杂度大幅上升。

调频信号的解调也有非相干解调和相干解调两种方法。非相干解调法是用具有频率-电压转换作用的鉴频器（例如由微分器和包络检波器级联组成）处理后滤去直流分量得到调制信号，其缺点是包络检波器的工作会受到由信道噪声等因素引起的幅度起伏的影响；相干解调法只适用于窄带调频，是利用窄带调频信号可以分解为正交分量和同相分量之和的特性，产生同步载波与调频信号相乘，然后滤除高频分量，最后微分得到调制信号的方法，具有相干解调法共同面临的问题——本地载波与调制载波必须高度同步。

3. 幅移键控

前文所述幅度调制、频率调制与未介绍的相位调制均属于模拟调制系统的调制方法，而后文将介绍的 ASK、PSK、QAM、APSK 都是数字调制方式。

数字幅度调制（Amplitude - Shift Keying，ASK）又称幅移键控，其中最简单、最可靠、效率也最低的一种是二进制幅度键控 2ASK，它利用基带矩形脉冲来表示原信号中的 0 和 1，然后用该脉冲控制一个连续高频载波的通断，用载波的通断情况来传递信息。因此，2ASK 又被称为通断键控（OOK，On - Off Keying）。为了提高传输效率，多进制相移键控（MASK）应运而生。MASK 也被称为多电平调制（Multilevel Amplitude Shift Keying），其已调信号的时域表达式为

$$
s_{\mathrm{MASK}}(t) = \left[\sum_{n=-\infty}^{\infty}a_n g(t - nT_{\mathrm{b}})\right]\cos\omega_{\mathrm{c}}t \tag{7-19}
$$

式中，$g(t)$ 是高度为 1、宽度为 T_b 的门函数；a_n 为基带信号取值，即

$$a_n = \begin{cases} 0, & \text{出现概率为 } P_0 \\ 1, & \text{出现概率为 } P_1 \\ \vdots & \vdots \\ M-1, & \text{出现概率为 } P_{M-1} \end{cases} \tag{7-20}$$

且有 $\sum\limits_{i=0}^{M-1} P_i = 1$。

MASK 系统的码元频带利用率为 $\eta = 0.5$ Baud/Hz，信息频带利用率为 $\eta = 0.5k$，其中 $k = \log_2 M$。容易看出，随着 k 的增加，信息频带利用率也会上升。本研究所用的 4ASK 和 8ASK 均属于 MASK，其区别便是 M 的取值不同，由此带来基带信号的电平数量也不同。

4. 相移键控

数字相位调制（Phase – Shift Keying，PSK）又称相移键控，是使用载波的初相来表示数字信号的调制方式。对最简单的 BPSK（Binary Phase – Shift Keying，二相相移键控）而言，信号的 0 和 1 通常分别用相位 0 和 π 表示。与只使用两个幅度值来表示不同信号的 2ASK 类似，只使用两个相位来表示不同信号的 BPSK 虽然可靠性优异，但传输效率太低，因此出现了 QPSK（Quadrature Phase – Shift Keying，四相相移键控）、8PSK、16PSK 等多进制的相移键控方式，它们统称为 MPSK（Multiple Phase – Shift Keying，多进制相移键控），使用更多的相位值，以牺牲可靠性换取频带利用率。MPSK 的已调信号的时域表达式为

$$\begin{aligned} s_{\text{BPSK}}(t) &= \left[\sum_n g(t-nT_b)\right]\cos(\omega_c t + \varphi_n) \\ &= \cos\omega_c t\left[\sum_n \varphi_n g(t-nT_b)\right] - \sin\omega_c t\left[\sum_n \varphi_n g(t-nT_b)\right] \end{aligned} \tag{7-21}$$

式中，$g(t)$ 是高度为 1、宽度为 T_b 的门函数；T_b 为原信号的 M 进制码元持续时间；φ_n 为第 n 个码元对应的相位，即

$$a_n = \begin{cases} \theta_1, & \text{出现概率为 } P_0 \\ \theta_2, & \text{出现概率为 } P_1 \\ \vdots & \vdots \\ \theta_M, & \text{出现概率为 } P_M \end{cases} \tag{7-22}$$

且有 $\sum\limits_{i=1}^{M} P_i = 1$。

为将平均差错概率降到最小，通常都会使表示原信号不同取值的相位等间隔分布。以信号取值点的同相分量、正交分量分别为横、纵坐标，将本实验中 BPSK、QPSK、8PSK 和 16PSK 的空间信号矢量端点绘制成如图 7 – 12 所示的星座图。

由于 PSK 信号可以看成两路载波互为正交的 ASK 信号的叠加，因此频带宽度与对应进制的 ASK 相等。MPSK 的信息速率和频带利用率是 BPSK 的 k 倍，其中 $k = \log_2 M$。

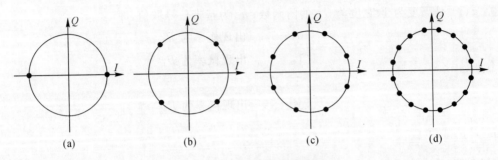

图 7-12　4 种 PSK 的星座图

(a)BPSK；(b)QPSK；(c)8PSK；(d)16PSK

5.正交幅度调制

正交幅度调制（Quadrature Amplitude Modulation,QAM）可以视为 ASK 和 PSK 的融合,它同时对载波的幅度和相位进行调制,在系统的有效性和可靠性之间作了调和。在 MPSK 中,随着 M 的增大,相邻相位差越来越小,信号空间中各状态点的距离也逐渐缩短,越来越容易混淆。但信号的振幅不可能无限制地加大,随着电平数量的增加,相邻电平之间的差距也必然会逐渐减小,导致噪声容限降低,判决出错概率增大。为了保证系统的可靠性,应尽可能增大信号空间中各状态点之间的距离,利用好振幅和相位这两个属性,因此 QAM 和 APSK 两类调制方式应运而生。信号的电平取值种类和码元初始相位种类相乘,可得信号状态的上限。对于 QAM,电平取值种类和码元初始相位种类一般相等,当需要的信号状态数量为平方数时,星座图中的信号点恰好排成矩形;不是平方数时,可以看作大于其的最近的一个平方数所对应的星座图去掉四角的三角形,亦即补全后也是矩形。16QAM、32QAM、64QAM 三种正交幅度调制的星座图如图 7-13 所示。

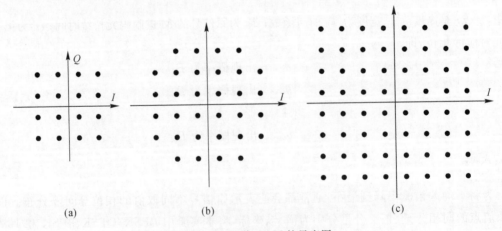

图 7-13　3 种 QAM 的星座图

(a)16QAM；(b)32QAM；(c)64QAM

在假设信号平均功率相等且信号状态总数相同的条件下,测量星座图中点与点的最小距离后,通过计算可以得出 QAM 星座图中点的最小间距大于 MPSK,亦即前者的抗干扰能力较后者为佳。

QAM 与相对应的 MPSK 的带宽相同,因此相比于 PSK,QAM 在保证效率的同时又提高了可靠性。正因为如此,8PSK 以上的 MPSK 较少应用,往往被 QAM 和 APSK 替代。

6.幅相键控

QAM 的一个缺点在于其星座图为矩形,与饱和点的欧氏距离较小的点会受到严重的非线性失真影响,而与饱和点的欧氏距离较大的点则功率效益偏低。如果变 QAM 的矩形星座图为 APSK(Amplitude Phase Shift Keying,幅相键控)的星形星座图,则降低了信号包络的起伏,更加充分利用了星座信号平面。由于同时利用了幅度与相位的差异来区分星座点,APSK 与 QAM 同样具有频带利用率高的优点[23]。不过,APSK 也有一些缺点,如接收机较复杂,星座点之间的最小欧氏距离仍不够大,各圆的半径之比不为整数会带来量化误差[24]等。

在实验用到的数据集中,包含有 16APSK、32APSK、64APSK 和 128APSK 共 4 种 APSK 调制方式得到的信号。一般而言,16APSK 将信号从内到外分为 4 个点和 12 个点这两个圆,记作 4+12−APSK,如图 7−14 所示。

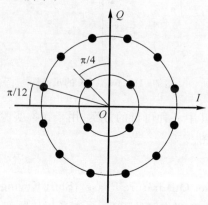

图 7−14　16APSK 的星座图

相似地,32APSK 一般采用 4+12+16−APSK 的方法实现,如图 7−15 所示。

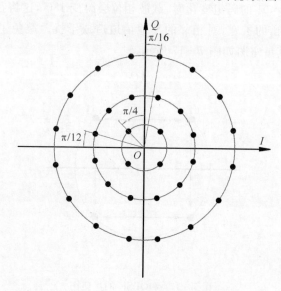

图 7−15　32APSK 的星座图

64APSK 则一般有 4＋12＋20＋28－APSK、8＋16＋20＋20－APSK、16＋16＋16＋16－APSK 共 3 种实现方法[25]，本实验使用的是第一种，如图 7－16 所示。

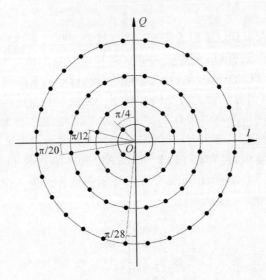

图 7－16　64APSK 的星座图

128APSK 则更为复杂，其中一种可行的方案、用于在本实验中生成数据集的是 16＋16＋16＋32＋48－APSK 的星座图。

7. 其他调制方式

偏移四相相移键控(Offset Quadrature Phase－Shift Keying，OQPSK)是 QPSK 的改进调制方式。在时间上，它错开 I、Q 两支路的码流，令二者相位跳变的时机相距半个码元周期，从而避免了两支路码元极性同时翻转现象的产生，使得每次最多只可能有一路发生极性翻转。因此，OQPSK 信号相位在跳变时只会变化 ±90°，而不会变化 180°，这点与 QPSK 不同。QPSK 在 00⇔11 与 01⇔01 的码组变化时，载波相位会跳变 180°，这将在非线性元件的处理中产生带外分量，引起频谱的扩宽，对相邻的其他信道造成干扰。避免了这一现象的产生正是 OQPSK 的优点所在，其星座图如图 7－17 所示。

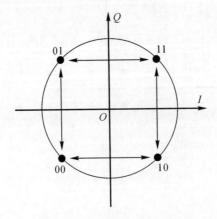

图 7－17　OQPSK 的星座图

高斯最小频移键控(Gaussian Minimum‐Shift Keying,GMSK)是最小频移键控(Minimum Frequency‐Shift Keying,MSK)的一种。MSK 在信息码元改变时,相位变化会产生尖角,亦即并非处处可导,这将会降低功率谱的密度并对相邻信道造成干扰。GMSK 为了解决该问题,在 MSK 调制前对基带信号进行了高斯滤波处理[26]。如此得到的脉冲包络无拐点,因此相位轨迹非常平滑,具有更佳的频谱特性。

连续相位频移键控(Continuous‐Phase Frequency‐Shift Keying,CPFSK)是频移键控(Frequency‐Shift Keying,FSK)的变种。由于 FSK 的波形不连续,产生了较大的频谱旁瓣[27],因此在此基础上发展出了 CPFSK。CPFSK 限定载波相位是连续的,减小了频谱旁瓣,同时提高了频谱利用率,又因为包络恒定而可以使用非线性功率放大器[27]。

高斯频移键控(Gauss Frequency‐Shift Keying,GFSK)由 CPFSK 发展而来,可以进一步抑制频谱旁瓣。与 GMSK 类似,它也是在调制前对基带信号进行高斯滤波。所用的高斯低通滤波器带宽窄且能抑制高频分量,同时有较低的脉冲过冲响应,能够防止瞬时频率的偏移[28]。如此一来,调制信号的功率谱特性和抗干扰能力可以得到进一步的提升。

脉冲幅度调制(Pulse‐Amplitude Modulation,PAM)以时间上离散的脉冲串而非连续不断的正弦波为载波。由于实际应用中信道的带宽有限,无法传递理想冲激脉冲,因此常使用窄脉冲序列进行替代。PAM 的调制解调流程及发射机与接收机结构简单,但对发射与传输功率、信道带宽有很高要求,也常伴随着更大的噪声。

7.2.4　最佳识别模型

本节分别采用机器学习、VGG 网络、残差网络三种方式利用数据集对模型进行训练。考虑到后两种方式使用了深度学习的神经网络,效果必然优于传统的用于调制信号模式识别的机器学习方法,故而将机器学习作为基线(Base Line,BL)方法,将其表现作为深度学习识别表现的参照。

1. 机器学习

信号的高阶统计特性,如高阶矩(Moment)和高阶累积量(Cumulant)等已在具有周期性的数字信号的检测中得到广泛使用。其中,研究[29]已经证明自相关函数(AutoCorrelation Function,ACF)和谱相关函数(Spectral Correlation Function,SCF)在信号的分类任务中表现良好,且鲁棒性较强。而对于模拟信号,低阶统计量比高阶统计量更能反映各种调制方式的独特统计特征,如均值、标准差、峰化的归一化中心幅度、中心相位、瞬时频率等[30]。

对于随机变量 X,定义累积生成函数 $g(t)$ 为

$$g(t) = \ln\left[\mathbb{E}(e^{tX})\right] = \sum_{n=1}^{\infty} \kappa_n \frac{t^n}{n!} \qquad (7-23)$$

则变量 X 的累积量为其生成函数在 $x = 0$ 处的导数。换言之,随机变量的累积量是对应生成函数的麦克劳林级数(Maclaurin Series)的系数,即

$$\kappa_n = g^{(n)}(0) \qquad (7-24)$$

对于一循环平衡过程的时间连续信号 $x(t)$,其循环自相关函数为

$$R_x^\alpha(\tau) = \int_{-\infty}^{+\infty} x\left(t - \frac{\tau}{2}\right) x^*\left(t + \frac{\tau}{2}\right) e^{-i2\pi\alpha t} \, dt \qquad (7-25)$$

其中 x^* 为 x 的共轭函数。

维纳-辛钦定理(Wiener-Khinchin Theorem)指出,宽平稳随机过程的功率谱密度函数可用其自相关函数的傅里叶变换表示。若时间连续信号 $x(t)$ 的自相关函数 $r_{xx}(\tau) = E[x(t)x^*(t-\tau)]$ 存在且对任意延迟 τ 都有界,则存在单调函数 $F(x)$ 使式(7-26)成立,即

$$r_{xx}(\tau) = \int_{-\infty}^{+\infty} e^{2\pi i \tau f} dF(f) \tag{7-26}$$

综合式(7-25)、式(7-26)可得谱相关函数的表达式为

$$S_x^\alpha(f) = \int_{-\infty}^{+\infty} R_x^\alpha(\tau) e^{-i2\pi f \tau} d\tau \tag{7-27}$$

确定了用于表征信号特征的统计量后,还需确定合适的分类算法。常用的分类算法包括支持向量机(Support-Vector Machine,SVM)、决策树(Decision Tree)、提升算法(Boosting)、装袋算法(Bagging)、贝叶斯(Bayes)分类法、K-近邻算法(K-Nearest Neighbors,KNN)等。其中,支持向量机算法的泛化性能较优,解决高维和非线性问题的能力较强,但需要较多的内存资源支持,且对缺失数据敏感;决策树可以在先验知识缺乏的条件下工作,且运行效率高,但容易出现过拟合的情况;贝叶斯分类法对缺失数据不敏感,且效率较高,但需要先验概率等信息,且分类正确率相较于其他算法没有优势;K-近邻算法对分类问题和回归问题均适用,可以处理非线性问题,训练的时间复杂度为 1 维,对异常值不敏感,但空间复杂度很高,且对样本分类不均衡的问题误判率较高。提升算法和装袋算法均属于集成学习算法(Ensemble Learning),基本思想都是将多个弱分类器组合起来得到强分类器。提升算法拥有特征选择能力,会不断根据当前的错误样本生成新的分类器,并用加权取和的方式将其纳入已有分类器中完善自身,改进自身性能。装袋算法会随机从数据集中抽取若干个子集,并在这些子数据集上训练自身,得到若干个弱分类器,再由取平均值等方式综合弱分类器的结果得到最终输出,能一定程度上避免过拟合。但装袋算法的优良表现依赖于合适的参数选择,寻找合适的参数需要消耗更多资源。由于本实验涉及的信号调制类型繁多,因此使用隶属于提升算法的XGBoost[31]作为基线模型进行分类,预期的效率和结果将优于其他分类算法。

2. VGG 网络

VGG 网络是由牛津大学的视觉几何小组(Visual Geometry Group)提出,并以该组的组名命名的一种深层卷积神经网络,在图像识别任务中表现优异,是首批将图像分类的错误率降低到 10% 以下的模型,已经被大量应用到图像相关的学习任务中。该模型原本的设计是将图像作为输入,而图像是具有 2 个维度(长和宽)与 3 个通道(RGB 色彩值)的张量。本实验中的原始数据为 2 个 1 维数组,因此需要将原模型中卷积层的卷积核尺寸与池化层的池化尺寸从 2 维修改为 1 维。

卷积神经网络的结构一般由输入层(Input Layer)、卷积层(Convolution Layer)、激活层(Activation Layer)、池化层(Pooling Layer)、全连接层(Full Connected Layer)组成。其中,卷积层通过卷积核在原始数据矩阵上的滑窗来提取原始数据中的特征,其输出为输入数据矩阵和卷积核的特征矩阵进行点乘求和的运算结果。激活层通过使用恰当的激活函数(Activation Function),在卷积层产生的线性映射关系之后进行非线性映射。池化层又称降采样层(Down Sampling Layer),能够筛选感受域之中最具有代表性的特征,同时降低输出的特征尺度。根据池化层的输出是感受域内特征值的最大值、平均值还是总和,可将池化层划分为最大池化、平均池化和求和池化,本实验构筑的 VGG 网络和残差网络使用到的是最大池化。全连接层

用于汇总卷积神经网络提取到的数据特征,将包含若干维度、若干通道的原始数据映射为低维度的输出,直接对应学习任务目标。

本实验构筑了图 7-18 所示的 VGG 网络进行调制方式的识别。通过卷积层与池化层的间隔放置来抑制过拟合,并减少后续网络层次需要处理的数据量,最后通过 3 个全连接层将数据维度降低,输出 1 个 1 维数组来概括该调制信号样本的特征。为了避免卷积核在数组头尾只覆盖一次而使其特征丢失,实验在卷积操作前于数组头尾各添加一个"0",同时将卷积核移动的步长设置为 1,如此一来,经过卷积后数组长度不变。

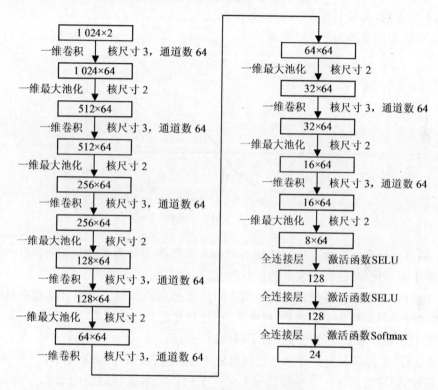

图 7-18　实验所用的 VGG 网络

常用的激活函数有 Sigmoid、双曲正切函数 tanh、ReLU(Rectified Linear Unit)等,它们的函数图像与表达式如图 7-19 所示。

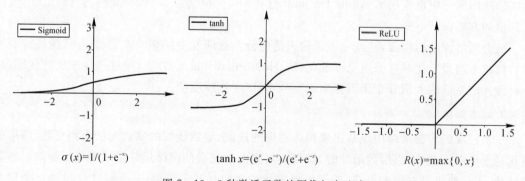

$$\sigma(x)=1/(1+e^{-x})$$

$$\tanh x=(e^x-e^{-x})/(e^x+e^{-x})$$

$$R(x)=\max\{0,x\}$$

图 7-19　3 种激活函数的图像与表达式

Sigmoid 和双曲正切函数在深度神经网络中作为激活函数时，梯度的反向传递中大概率会发生梯度消失的现象，导致参数更新接近停滞，网络无法进一步优化。因此，ReLU 函数在深度神经网络中的应用日趋广泛。但 ReLU 函数不能区分小于 0 的输入，因此又在 ReLU 函数的基础上出现了 SELU(Scaled Exponential Linear Unit)函数。本实验构筑的 VGG 网络的前 2 个全连接层就使用了 SELU 激活函数，其表达式为

$$S(x) = \begin{cases} \lambda \cdot x, & x \geqslant 0 \\ \lambda \alpha (e^x - 1), & x < 0 \end{cases} \tag{7-28}$$

式中，λ 与 α 为常数，$\lambda \approx 1.050\,7$，$\alpha \approx 1.673\,3$。

SELU 函数的图像如图 7-20 所示。

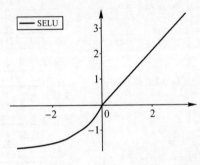

图 7-20　SELU 函数

VGG 网络的最后一个全连接层使用 Softmax 函数作为分类器的输出。Softmax 函数在多分类任务中表现优异，适合本实验的任务内容。

除了梯度消失，过拟合也是深度神经网络中经常出现的问题。过拟合是指在机器学习过程中，模型过度学习训练集中的数据，将噪声、误差和其他一些随机扰动都视为数据的特征，导致在测试集上表现效果很差的现象。为了解决这一问题，可以依一定概率，令一部分特征检测器暂时停止工作，以提高深度神经网络泛化的能力，这种方法被称为"Dropout"[32]。在 Dropout 的训练过程中，隐藏层的每一个神经元对于每一个训练样本保持激活的概率为 50%；而模型训练完成后用于测试集时，隐藏层的所有神经元都保持激活。正由于在测试集上工作时，激活的神经元数目是在训练集上工作时的 2 倍，因此需要将输出值全部乘以 0.5 变成一半。如此一来，在训练过程中，每个训练样本对应的网络结构都会有所不同，但网络的权值保持不变。本实验所用网络中也应用了 Alpha Dropout 这种 Dropout 方法，可保持数据的自规范性，使输入均值和方差保持不变。

随着网络深度的加深，神经元激活输入值的分布逐渐发生偏移或者变动，导致深层神经网络收敛越来越慢。此时可采用批标准化(Batch Normalizing)的方法，通过一定的规范化手段，令神经元的激活输入值分布回到标准正态分布，以对抗梯度消失。

3. 残差网络

层次较深的神经网络中经常出现梯度消失的现象，导致浅层的参数无法得到更新，网络的进化趋于停滞。此外，当层数增加时，模型还可能由于冗余的网络层学习了不是恒等映射参数的缘故，不仅效果没有得到提升，反而出现退化的现象。残差网络[34]能够自行找到冗余层并令其完成恒等映射，从而保证层数增加时整个网络的性能不会下降。本实验构建了图 7-21

所示的残差单元。数据经过残差单元后,通道数变为卷积层的通道数 32,而数据尺度不会改变。跳过连接的存在使得网络深层处的梯度能够直接返回浅层部分,即使在层数很深的网络中,梯度也始终能够有效回传。

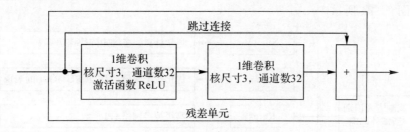

图 7 - 21　残差单元结构

将两个残差单元相连并配合一个卷积层和一个池化层,构筑成图 7 - 22 所示的残差块。

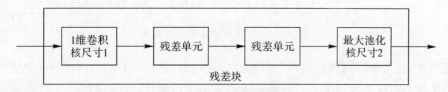

图 7 - 22　残差块结构

由于残差块包含池化层,因此数据通过残差块后尺度将会减半。为了寻找解决调制方式识别问题的最优残差网络层数,需要调整残差网络的层数,观察模型性能。图 7 - 23 展示了 6 层残差网络结构。

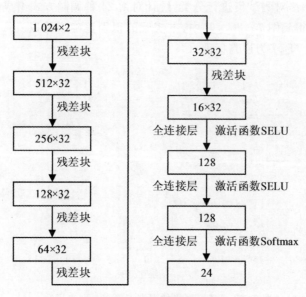

图 7 - 23　6 层残差网络结构

4. 实验结果

(1)残差网络识别正确率与网络层数的关系。

在寻找最优模型的实验中,使用的训练集和测试集各包含 240 000 个信号样本,每种调制方式在训练集和测试集中各有 10 000 个。为了顺利地使用神经网络训练分类模型,并使用图表直观地呈现训练模型的表现,需要调用若干 Python 库。此处使用的主要库与它们各自的功能概述如图 7-24 所示。

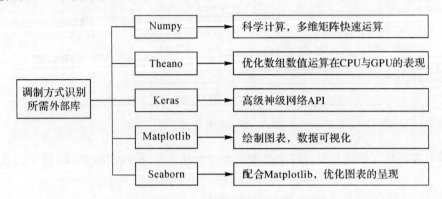

图 7-24　主要外部库名称与功能

一般而言,适当加深网络的层数可以提高学习效率,在相同的时间内可以起到更好的学习效果。这是因为深度神经网络是一种特征递进式的学习算法,浅层的神经元可直接从输入数据中学习一些低层次的简单特征,例如边缘、纹理等;基于已学习到的浅层特征,神经元可继续学习更高级的特征,从计算机的角度学习深层的语义信息。深层网络拥有数量更多的隐藏层,可以削减神经元的数量。要用浅层网络达到同样的效果,神经元数量必须指数级增长。为了寻找到合适的残差网络层数,实验分别构筑 1~6 层的 6 种残差网络,依次利用训练集对其进行训练,然后使用该网络对测试集进行分类,统计对由 24 种调制方式组成的测试集(包含两种噪声)的识别正确率,得到图 7-25。其中,本实验的识别正确率均以真阳性总数比上阳性总数,亦即 $N_{\mathrm{TP}}/(N_{\mathrm{TP}}+N_{\mathrm{FP}})$ 为评判标准。

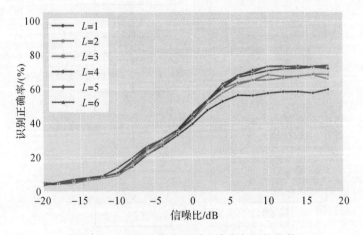

图 7-25　残差网络的识别正确率与网络层数

由图(8-25)可知,信噪比越高,增加网络层数带来的识别正确率提高越明显;而 $L=6$ 时的识别效果比起 $L=5$ 已无明显改善,推定使用 5 层或 6 层的残差网络可达到最佳效果。由于再增加网络层数除了带来更高的开销之外无法显著提高识别效果,后续均使用 6 层的残差网络进行进一步研究。

(2)各模型识别正确率对比。

随后,实验比较机器学习的基线模型 Base Line(简记作 BL)、VGG 网络和 6 层残差网络(简记作 ResNet)在不同的干扰下学习训练集后对测试集的识别正确率,由此衡量各模型在本识别任务中的优劣。在各样本中添加模拟的加性高斯白噪声后,结果如图 7 - 26 所示。

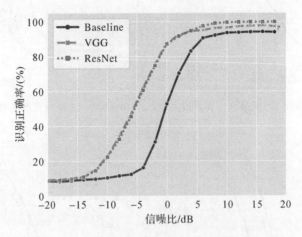

图 7 - 26　各模型的比较(添加加性高斯白噪声)

容易看出,VGG 网络和残差网络在信噪比从 −20 dB 变化到 18 dB 时,识别正确率始终不低于机器学习的基线模型,特别是 −10 dB 到 5 dB 的区间中,优势非常明显。在信噪比低于 4 dB 时,VGG 网络和残差网络的表现并驾齐驱,而高于 4 dB 时残差网络略胜一筹。由此可以得出,在添加加性高斯白噪声的条件下,残差网络是最适合本实验的学习模型。

继加性高斯白噪声后,实验考虑第二种模拟出的干扰——载波频率偏移对识别正确率的影响。三种模型的识别正确率曲线如图 7 - 27 所示。从图 7 - 27 中容易看出,和添加了加性高斯白噪声时的情形类似,VGG 网络和残差网络对信号调制方式的识别率仍然始终高过机器学习的基线模型。不过在信噪比高于 0 dB 时,残差网络与 VGG 网络拉开了明显差距:信噪比高于 6 dB 时,前者高出后者将近 10%。再将本次实验结果与只加入了加性高斯白噪声时相比,三种模型的识别效果均有明显下降。在图 7 - 26 中,信噪比高于 10 dB 时,残差网络的识别正确率接近 100%;而图 7 - 27 中,信噪比为 10 dB 时,残差网络的识别正确率在 80% 以下。由此可以得出,残差网络几乎可以排除加性高斯白噪声的影响,但载波频率偏移会对其效果带来显著的负面影响。

由以上结果可以确定,残差网络比基线模型和 VGG 模型更加适合本实验。因此以下使用 6 层残差网络进行进一步实验,单独研究其对每种调制信号的分类性能。

(3)6 层残差网络对各种调制方式的识别正确率。

PSK 类别每种调制方式的识别正确率如图 7 - 28 所示。

APSK 类别每种调制方式的识别正确率如图 7 - 29 所示。

ASK 类别每种调制方式的识别正确率如图 7 - 30 所示。

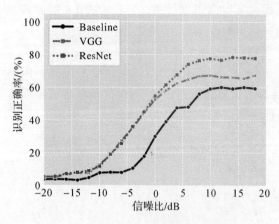

图 7-27　各模型的比较（载波频率偏移）

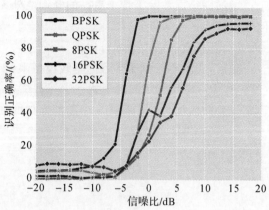

图 7-28　6 层残差网络对 PSK 的识别正确率

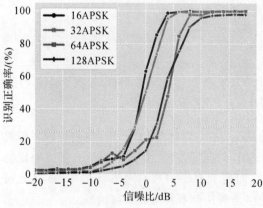

图 7-29　6 层残差网络对 APSK 的识别正确率

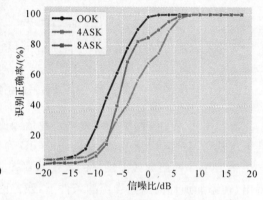

图 7-30　6 层残差网络对 ASK 的识别正确率

QAM 类别每种调制方式的识别正确率如图 7-31 所示。

4 种频率调制的识别正确率如图 7-32 所示。

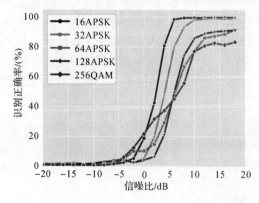

图 7-31　6 层残差网络对 QAM 的识别正确率

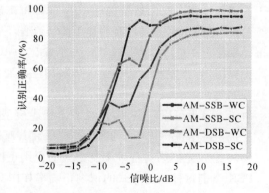

图 7-32　6 层残差网络对频率调制的识别正确率

剩余 3 种调制方式的识别正确率如图 7-33 所示。

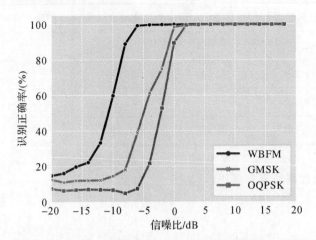

图 7-33　6 层残差网络对剩余 3 种调制方式的识别正确率

由图 7-28～图 7-31 可知,随着信息速率的提高,残差网络的识别效果也有明显的下降。其中,当信息密度较低时,识别正确率下降得尤为明显,如从 BPSK 到 QPSK、从 4ASK 到 8ASK。其中又以 −5 dB 到 5 dB 最为明显,当信噪比特别高或特别低时,同类调制方式不同信息密度之间的差别会减小。信噪比很高时,APSK 和 ASK 的识别表现相当优秀,接近 100%。

由图 7-32 可知,抑制载波的单边带调幅与双边带调幅的识别正确率相对其他调制方式较低。由图 7-33 可以看出,模型对调频的识别效果优异,与 BPSK 近似。信噪比较高时,WBFM、GMSK、OQPSK 的识别正确率都能接近 100%。

综上所述,使用 5 层或 6 层的残差网络,在模拟添加加性高斯白噪声和由本地振荡器不同步引起的载波频率偏移的影响下,残差网络具有最佳的调制方式识别效果。在各类调制方式中,总体上呈现出信息速率越低,识别越准确的规律。当信噪比在 0 dB 附近时,各调制方式的识别效果差距最为明显;当信噪比逐渐接近 −20 dB 与 20 dB 时,这一差距会逐渐缩小。

7.2.5　最佳模型对 11 种调制方式的识别

本轮实验将研究 6 层残差网络在处理由 11 种调制方式构成的数据集时,有多大概率将各调制方式识别为其他每种调制方式。本实验中使用的训练集和数据集依然各包含 10 000 个样本,且同时加入了两种干扰。实验时,先不区分每种调制方式,而是将样本总体的识别正确率随信噪比的变化统一计算,其结果如表 7-2 所示。

表 7-2　11 种调制方式的识别正确率

信噪比/dB	判别准确率/(%)	信噪比/dB	判别准确率/(%)	信噪比/dB	判别准确率/(%)
18	72.385	4	72.283	−10	22.765
16	72.506	2	70.883	−12	15.004
14	72.947	0	70.419	−14	10.447

续表

信噪比/dB	判别准确率/(%)	信噪比/dB	判别准确率/(%)	信噪比/dB	判别准确率/(%)
12	72.388	−2	64.931	−16	10.003
10	73.278	−4	58.946	−18	9.191
8	71.758	−6	49.340	−20	9.551
6	72.761	−8	34.870	—	—

将表 7-2 中的数据绘制成折线图,如图 7-34 所示。

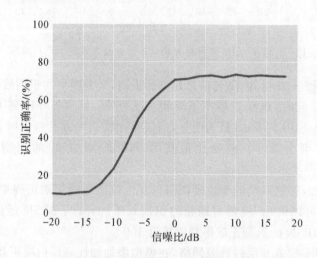

图 7-34 11 种调制方式的识别正确率

可以看出,识别正确率-信噪比曲线与第一轮实验的曲线整体趋势相符。由于同时存在加性高斯白噪声和载波频率漂移两种干扰,识别正确率相比第一轮实验有所下降。

随后,依次根据每个信号样本的实际调制方式和残差网络的识别结果绘制混淆矩阵,探究在不同信噪比下,每种调制方式如果错误识别,会被识别为哪种信号,概率又有多大。实验将样例实际归属的类别作为纵坐标,模型预测的类别作为横坐标,将每个样例填充到矩阵中,用颜色的深浅来表示这部分样本占其实际调制方式样本总数的比例大小。由于部分混淆矩阵难以用肉眼与邻近信噪比的混淆矩阵区分,以下展示较有代表性的 8 个信噪比条件下的混淆矩阵,分别为 18 dB、14 dB、10 dB、6 dB、2 dB、−4 dB、−8 dB、−12 dB,如图 7-35所示。

由图 7-35 可以明显看出,当信噪比较高时,分类效果较好,被误分类的样例只占一小部分;当信噪比高于 2 dB 时,继续提高信噪比已无法显著改善判别准确率;随着信噪比逐渐降低,被误分类的样例越来越多;当信噪比低于 −6 dB 时,模型几乎不能再分辨调制类型。

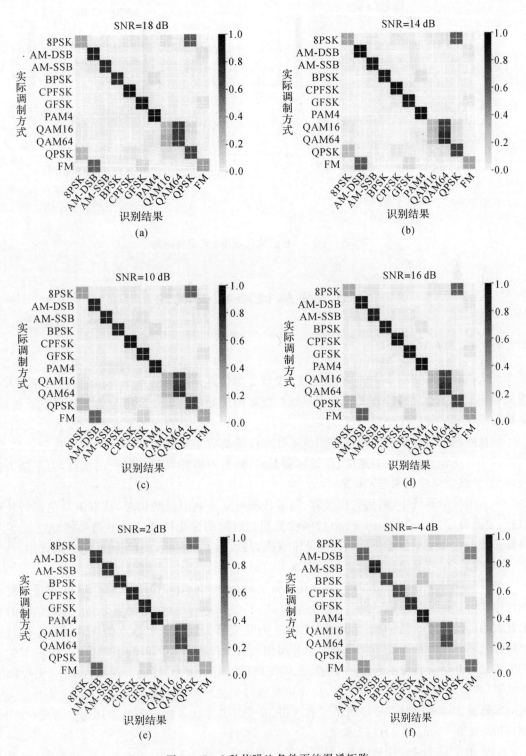

图 7-35 8 种信噪比条件下的混淆矩阵

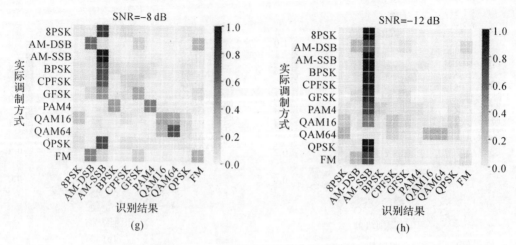

续图 7-35　8 种信噪比条件下的混淆矩阵

7.3　导航链路攻击理论

7.3.1　导航系统

无人机在参考坐标系中的位置、速度、飞行姿态信息是由导航系统提供的,它引导无人机按照指定航线飞行。目前在无人机上得到广泛运用的导航系统主要可分为惯性导航系统、卫星导航系统和特征匹配导航系统三类。

惯性导航系统对机载陀螺仪和加速度计等传感器收集到的数据进行坐标变换等运算,掌握机体相对于惯性参考系的速度、位置和姿态角,具有不需外界信息辅助的优点,但是随着误差累积,导航效果将越来越不可靠[35]。

在卫星导航系统中,由无人机接收、测量各颗可见导航卫星的信号,获取卫星的运行轨道信息,进而确定自身的空间位置,由空间位置根据时间的变化得到运动方向和速度[36]。卫星导航系统的优点是卫星定位技术已经非常成熟,接收机方便灵活,质优价廉,定位精度高,全天候、全球覆盖,但容易受到障碍物和恶意攻击的影响。

特征匹配导航系统通过相机、合成孔径雷达(Synthetic Aperture Radar,SAR)等设备将在飞行中实时提取到的地磁、地貌、图像等特征,与特征库进行比对,能在丢失卫星导航信号时自主获取当前的速度、位置等信息。诞生以来一直是机器人视觉研究热点的视觉即时定位与地图构建技术就是特征匹配导航系统的一种实例,能实时地在没有环境先验知识的情况下建立环境的模型并估计自身的运动[37],但特征匹配系统严重依赖于“特征”,在颜色单一、无纹理的环境下(如周围均是白墙壁)和发光、反光情况随时变化的环境下基本无法工作。

本研究主要探讨对卫星导航系统的攻击,并选择其中代表性最强的全球定位系统(Global Positioning System,GPS)进行研究。

GPS 卫星属于地球中轨卫星,卫星轨道的平均高度约为 20 200 km[36],其载波 L1(频率为 1 575.42 MHz)的功率约为 25.6 W,到地表的功率则已经衰减到约 -160 dBW,亦即 -130 dBm。这为实施导航欺骗提供了极大的便利[38]:在数千米范围内,仅需很低功率的干扰信号即可有效压制 GPS 的卫星信号,可实行阻塞攻击或诱使无人机锁定欺骗信号。由于全球导航卫星系统(Global Navigation Satellite System,GNSS)的技术是后向兼容的,信号结构也是公开的,这为研究和产生 GPS 卫星信号提供了许多便利条件。

7.3.2　导航链路的攻击手段

攻击无人机的 GPS 信号一般有阻塞式攻击、转发式欺骗和生成式欺骗三种手段。阻塞式攻击同上文提到的对遥控链路的阻塞干扰具有相同的缺点——所需功率大,因此难以持续干扰,易被发现,对周边的己方无线电设备和民用设施也会造成影响,同时这种方法已有许多理论和实物成果,因此不作研究。转发式欺骗直接将 GPS 信号延时转发并进行功率放大,不需要深入了解 GPS 信号的规律和产生高逼真的 GPS 信号,实现难度较低,但延时转发造成了无人机 GPS 接收机钟差的跳变,使得攻击容易被发觉,可能使无人机判断 GPS 模块出现故障,从而停止使用 GPS 导航,造成攻击失败。生成式欺骗则需要深入了解 GPS 信号的构成与规律,其中不需接收真实 GPS 信号,而直接产生与真实信号结构相同、码相位同步的欺骗信号的方法在实现上较为困难;而先获取真实 GPS 信号,然后分析提取信号幅度、码相位、多普勒频移等信息,进而产生与真实信号相似的欺骗信号,逐步使无人机锁定欺骗信号而非真实 GPS信号,达成诱导无人机偏离的方式更容易达成[39]。

上文提到的转发式欺骗造成钟差跳变的问题,电子科技大学的何亮[40]已提出了修改 GPS 信号子帧中交接字低 19 位的周内时(Time Of Week,TOW)来伪装成更早时刻发出的导航信号的方法,为接收、处理和转发留出了充足的时间。本章将在此基础上,进一步探索诱骗无人机至指定目的地的方法。

7.3.3　GPS 系统

1.GPS 系统构造

全球定位系统是美国国防部建设的、基于人造地球卫星的、面向全球的、全天候无线电定位、定时系统,其第一颗卫星于 1978 年发射,到 1995 年进入全面运行状态,共耗资约 200 亿美元[36]。

GPS 系统由三部分组成,如图 7-36 所示。

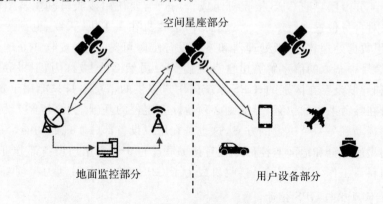

图 7-36　GPS 系统的构造

首先，作为整个定位流程的开始，GPS 卫星信号从空间星座部分的每一颗卫星向地面发射；随后，这些卫星信号被地面监控部分接收、测量和计算，地面监控部分的各站点确定各颗卫星的运行轨道后反馈给 GPS 卫星，再被 GPS 卫星转发给用户；最后，用户设备部分的 GPS 接收机接收这些携带有信息的卫星信号，并从中提取运行轨道信息，对信号进行测量和计算，以得到自身的空间位置[36]。由图 7-36 易知，在 GPS 系统中，用户设备只是单方面从空间星座部分接收信号，它与空间星座部分的联系是单向的，仅在地面监控部分和空间星座部分之间存在双向的通信。由于在北斗卫星导航系统（Beidou Navigation Satellite System，BDS）中，用户设备部分与空间星座部分之间的通信是双向的，因此相比于 BDS，理论上，GPS 拥有支持用户设备数量无限、接收机隐蔽性好且功耗低等优点。不过相应地，BDS 也拥有 GPS 所没有的通信功能，能够不借助其他通信系统转送用户的定位结果，在灾后救援等基础设施受到损毁的场景潜力巨大。

GPS 系统的空间星座部分由分布在 6 个卫星轨道上的共计 24 颗中轨卫星组成，其中 21 颗为工作卫星，剩下 3 颗为备用卫星。这些轨道是近似于正圆的椭圆，每个卫星轨道上有 4 颗卫星，但它们并非等距分布。这些 GPS 卫星的平均轨道高度约为 20 200 km，每 11 小时 58 分为一个完整的运行周期。而由于地球自转的存在，每隔 23 小时 56 分，在地面上的固定观测点可以观测到完全相同的卫星分布和运行状况。仅需约 70 ms，携带了精确信号发射时间信息的 GPS 卫星信号即可到达地表，而精确的信号发射时间是推算卫星到接收机距离的关键。这些时间信息是由卫星上携带的铷原子钟或铯原子钟提供的。原子钟除提供精确的时间信息之外，还可确定 GPS 系统的基准频率，是 GPS 卫星的核心设备[36]。

GPS 系统的地面监控部分包含有 1 个主控站、4 个注入站和 6 个监测站。主控站是整个 GPS 系统的枢纽，它需要接收、处理、计算系统的各种数据，协调和控制系统各部分的工作。4 个注入站需要向空间星座部分的各卫星转发来自于主控站的信息，如导航电文与控制指令。6 个监测站的职责是持续观测 GPS 卫星并采集数据，同时监测当地的气象情况，最终将数据汇总到主控站。监测站使用双频 GPS 接收机、高精度原子钟、计算机和环境数据传感器等仪器进行工作。地面监控部分的主要数据流向是空间星座部分将数据发送给监测站，监测站将数据传送给主控站，随后由主控站将数据传送给注入站，最后注入站将数据传输给空间星座部分[36]。

用户设备部分由用户的 GPS 接收机组成。用户需要使用接收机利用从空间星座部分接收到的信号来对自身位置进行解算。一般而言，接收机在由主机、天线、电源等部件组成的硬件平台上，使用数据处理软件、微处理器和终端设备跟踪可见卫星，接收并处理来自于卫星的信号，利用从信号中获取的信息解算出自身位置[36]。虽然 GPS 被称为"卫星导航系统"，但是事实上，定位和导航是存在区别的，GPS 系统向用户提供的信息本身只能用于定位，亦即帮助用户确定自身在参考系中的位置；导航则必须建立在定位的基础之上，其含义为筹划和实现如何从某个位置运动到另一个位置的方案，这也是在用户设备部分实现的功能，与由美国政府完全掌控的空间星座部分和地面监控部分无直接关联。也正因为用户设备部分可以由美国政府以外的公司与科研工作者进行设计，接收机成为了 GPS 系统中最具活力与创新性的一环。

2. GPS 定位原理与 GPS 信号

用户设备中的 GPS 接收机从卫星信号中分析出信号发射的精确时间，与自身时钟给出的时间作差，即可得到信号传播用时，再乘以光速可以得到自身与卫星之间的距离。由卫星与接

收机的距离可列出方程

$$\sqrt{(x^{(n)}-x)^2+(y^{(n)}-y)^2+(z^{(n)}-z)^2}=\rho^{(n)} \tag{7-29}$$

式中，$x^{(n)}$、$y^{(n)}$、$z^{(n)}$ 为卫星 n 的三维坐标；x、y、z 为接收机的三维坐标；ρ 为接收机与卫星 n 之间的距离。

虽然式(7-29)中仅有 x、y、z 这 3 个未知数，但由于接收机的时钟通常与卫星不同步，因此时钟钟差也应该被视为未知数，故而至少需要 4 颗卫星提供 4 个方程，才能计算出接收机的坐标和时钟钟差。亦即是说，4 颗卫星的信号是 GPS 接收机成功定位的必要条件。

GPS 信号由载波、伪码和数据码三个层次构成。载波充当 GPS 信号的底层，使用两个频率的特高频(UHF，300 MHz～3 GHz)正弦波来播发调制信号。GPS 卫星原子钟的基准频率 $f_0=10.23$ MHz，载波的两个频率分别为 $f_1=154f_0=1\ 575.42$ MHz，$f_2=120f_0=1\ 227.60$ MHz。数据码携带着各种数据信息，与伪码作异或运算后以 BPSK 的方式对载波进行调制。

GPS 分为标准定位服务(Standard Postioning Service，SPS)和精密定位服务(Precise Positioning Service，PPS)。SPS 对所有用户开放，使用粗码(即 C/A)码作为测距码，仅通过 L1 进行播发，精度较低。本研究正是在 L1 频道上生成欺骗信号，以达到误导 GPS 接收机的目的。PPS 使用精码[即 P(Y)码]作为测距码，其信号经过加密，仅对美国军方和特许用户开放，同时在 L1 和 L2 两个频道上进行播发。特许用户可以同时利用两个频率上的 P(Y)码和 L1 上公开的 C/A 码进行定位。P(Y)码加密规律属于美国军方绝密，因此享有 PPS 的用户基本可以排除干扰信号的影响。PPS 对绝大多数用户不开放，且无法得到 P(Y)码的加密方法以按同样方式生成欺骗信号，因此对 GPS 欺骗信号的研究都以 C/A 码为对象。

C/A 码和 P(Y)码都是伪随机噪声码(Pseudo Random Noise，PRN)，简称伪随机码或伪码。C/A 码是周期为 1 023 个码片的金码，一个周期耗时 1 ms，码率约为 1.023×10^6 Mc/s，码宽约为 $T_c=977.5$ ns。C/A 码使用两个十级线性反馈移位寄存器(Linear Feedback Shift Register，LFSR)生成，具有良好的可复制性、自相关特性以及极低的互相关特性，这使得 GPS 接收机能够迅速准确地锁定自相关主峰，精确地测量码相位，又能避免同在 L1 载波频率上传播的各卫星信号相互干扰。

GPS 卫星使用 C/A 码进行测距，并对数据码进行直接序列扩频。数据码由导航电文处理而来，携带有时间、卫星运行轨道、电离层延时等必要信息。数据码的码率为 50 b/s，码宽为 $T_D=20$ ms。数据码的比特发生沿都与 C/A 码的第一个码片发生沿平齐，在数据码的每个比特中 C/A 码重复 20 周。数据码以帧为单位，一帧一帧地持续发送，每帧传输完毕需要 30 s，包括 1 500 b 的数据，由 5 个 300 b 的子帧组成。子帧含有 10 个"字"(Word)，每个字长 30 b，其中每一子帧的前 2 个字分别为遥测字(Telemetry Word，TLW)和交接字(Handover Word，HOW)，其余 8 个字则组成数据块。在每一帧中，第 1 子帧的后 8 个字作为第一数据块，第 2 和第 3 子帧的后 8 个字组成第二数据块，而第 4 和第 5 子帧的后 8 个字则组成第三数据块。每一帧中的第一和第二数据块为独立的单位，而第三数据块使用分页结构，需要连续 25 帧的第三数据块才能发送一套完整的导航电文，用时 750 s = 12.5 min。GPS 导航电文的结构如图 7-37 所示。

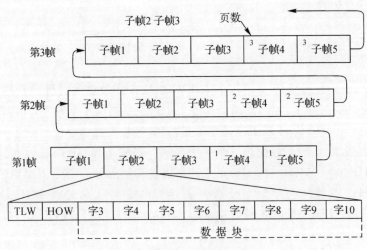

图 7 - 37　GPS 导航的电文结构

　　本研究进行 GPS 欺骗的原理,是通过希望被误导的接收机所得到的定位结果,推算出假如接收机真的处在该位置,会接收到的 GPS 信号会有何特征,从而按该特征生成 GPS 欺骗信号。其中最关键的就是要确定在该点,哪些卫星信号是可以收到的,卫星信号到达目标接收机需要多长时间。发射欺骗信号的设备需要模拟所有会被接收到的 GPS 卫星信号,因此每颗卫星到目标接收机不同信号的传播距离都需要修改信号中的时间信息来模拟。GPS 导航电文的第二数据块存储着发射信号的那颗卫星的星历(Ephemeris),精确描述了该卫星的空间位置、运行速度与时刻的对应关系。第三数据块则存储着所有 GPS 卫星的历书(Almanac)、电离层延时校正参数、GPS 时间与协调世界时(Coodinated Universal Time,UTC)之间的对应关系、卫星健康状况等信息。历书的精度远比星历低,但有效期更长,占用存储空间更少。本研究进行的 GPS 欺骗并不需要合成星历和历书文件,因此主要关注 GPS 导航电文的交接字和第一数据块。

　　交接字在每一子帧的第二个字位置,每隔 6 s 出现一次,其格式如图 7 - 38 所示。

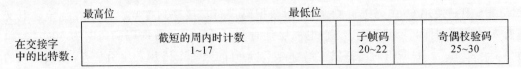

图 7 - 38　交接字格式

　　交接字截取了由二进制 Z 计数器处获取的周内时计数值的最高 17 位,丢弃了最低 2 位。Z 计数器的计数值共计 29 位,高 10 位为星期数(Week Number,WN),低 19 位即是交接字用到的周内时。在 GPS 卫星时钟所指示时间的每周六午夜零时,周内时计数变成 0,随后每经过 1.5 s 计数加 1;在下周六午夜零时前达到最大值 403 199,随后又变成 0。由于交接字丢弃了最低 2 位,因此交接字中截短的周内时占据第 1 ~ 17 b,每 6 s 计数值加 1。

　　第一数据块位于每一帧的第 1 子帧,占用第 3~10 字。这一数据块提供了与时钟相关的主要信息,故而又名时钟数据块,是合成 GPS 欺骗信号的重点。首先,第一数据块包含了星期数,与交接字中的周内时同样来自于 Z 计数器,在每周六零时周内时变成 0 的时点加 1。使用第一数据块中的星期数与交接字中的周内时可以将信号发出的时间确定在 1.5 s 之内。

其次,第一数据块还包含有 4 b 的用户测距精度因子,用于计算用户测距精度(User Range Accuracy,URA),以估算测距误差的大小。当误差过大时,测距误差可能会变得很大,从而导致只能将定位结果确定在一个圆圈范围内,有时在手机导航软件中看到的定位结果变成一个大圆面就有可能是用户测距精度过低。用户测距精度的计算公式为

$$URA = \begin{cases} 2^{1+\frac{N}{2}}, & 0 \leqslant N \leqslant 6 \\ 2^{N-2}, & 6 < N < 15 \end{cases} \tag{7-30}$$

式中,URA 为用户测距精度;N 为用户测距精度因子,包含在第一数据块中。

URA 越大,从该卫星信号得到的测距结果的精度就会越差。

此外,第一数据块中还包含有:①6 b 的卫星健康状况,表明导航电文是否正确及何处出错;②时钟校正参数,用于修正卫星时钟钟差;③群波延时校正值,用于修正单频接收机的钟差;④时钟数据期号(Issue Of Data Clock,IODC),用于标识一套时钟校正参数,以便接收机判断时钟校正参数是否发生变化,是否需要更新本地储存的参数。

3.GPS 接收机的定位时间与启动模式

当 GPS 接收机启动时,它需要接收并分析 GPS 卫星信号以掌握足够的情报,之后才能计算出自身的位置。从接收机开始工作到其首次解算出自身位置所耗费的时间称为首次定位时间(Time To First Fix,TTFF)。首次定位时间也是衡量 GPS 接收机性能优劣的一个重要参数。在许多场合,GPS 接收机给出定位结果前的等待时间直接关系到接收机的应用价值。因此,本研究探讨不同条件下同一接收机的首次定位时间的长短与其决定因素。

根据 GPS 接收机开机启动定位流程时掌握的信息从少到多的不同,其启动模式可分为冷启动(Cold Start,Factory)、暖启动(Warm Start,Normal)、热启动(Hot Start,Standby)三种。相应地,从冷启动到热启动,首次定位时间也越来越短。

GPS 历书包含有 GPS 卫星的粗略轨道信息,能帮助 GPS 接收机预测当前时刻有哪些 GPS 卫星的信号能被接收到,以便省略对不可见卫星信号的搜索。因此,若 GPS 接收机存储了当前时刻的有效历书,就可以缩短首次定位时间。实际上,有效历书是 GPS 接收机暖启动和热启动的必要条件。要从 GPS 卫星获取一份完整的历书文件,接收机与卫星之间的通信需要持续约 15 min,此后历书文件会存储在接收机中供下次使用。若接收机冷启动,则会下载新的历书文件。历书包含的参数比星历少,因此占用存储空间较小,便于发射和保存,有效期往往长达半年以上。

GPS 星历是精确定位所必需的,接收机可以藉由星历对历书作精细修正。相应地,星历必须以较高的频率更新以保证精确度。一般而言,星历参数的参考时间 t_{oe} 与实际时间相差超过 4 h,旧的星历文件就会因过期而失效。这是因为由过期的星历计算出的卫星位置会有较大偏差,影响定位准确性。星历信息由 16 个参数组成,接收机可以利用这些信息,使用最小二乘法逼近求解开普勒方程中的各个系数,从而得出卫星的运行轨道。

除了接收机中存储的历书和星历能节省 GPS 的定位时间之外,上次定位的位置与时间信息同样会在 GPS 接收机再次启动时发挥作用,接收机在预测当前可见卫星时会用到这一信息。正因为如此,若接收机当前的实际位置与上次位置距离过远或是接收机关机时间长于三天,上次定位的位置与时间信息就无法为本次定位节省时间。本实验中,选取的欺骗位置都与实

际位置相去甚远,这会增长接收机的首次定位时间。

然而与此同时,GPS星座同样会对接收机的首次定位时间产生影响。如前文介绍GPS定位原理时所说,要使接收机成功定位,至少需要四颗卫星。而当能被接收机收到的卫星数量更多、位置更优时,不仅首次定位时间会缩短,而且定位精度也会提升。由于GPS定位运用了三角测量法(Triangulation)的原理,因此卫星高度角过高时不利于定位结果精确度的保证。但当卫星高度角过低(小于15°)时,卫星信号需要在大气层中传播更远的距离才能到达接收机,而这部分影响是难以精确估计的,故而只有卫星高度角处在合适的区间中时,首次定位时间和定位精度才能达到最佳。因此,尽管本实验的欺骗位置与接收机上次定位的实际位置距离很远,但欺骗卫星信号包括了多颗卫星信号且信号强度很大,一定程度上又缩短了首次定位时间。

当接收机以冷启动的方式启动时,由于无法预估能够被接收的卫星以及卫星位于何处,接收机需要遍历卫星列表以找出可以用于定位的卫星,然后才能解算自身位置。此时,接收机需要从每颗卫星接收至少18 s的数据来获取星历,以得知卫星的精确轨道。同时由于多普勒频移,卫星信号的实际频率可能会位于其原本发射频率的±5 000 Hz范围内,这也使得首次定位时间延长,但相对较大的卫星信号强度对接收机完成这一任务有利。而接收机实际位置离上次定位成功的地点距离超过100 km,接收机自身时间不精确,或是本应能被接收到的信号因高楼等障碍无法被接收到时,接收机都有很大概率处于冷启动模式。一般而言,GPS接收机在冷启动模式下时,首次定位时间接近1 min。

若接收机关机超过2 h但不到3 d,到上次成功定位地点的距离在数千米到数十千米之间,接收机存储有当前有效的历书但没有有效的星历,又有4颗以上的卫星以小于6的水平精度因子(Horizontal Dilution of Precision,HDOP)和良好的信号被接收机收到,则接收机有较大概率处于暖启动的状态。如前文所述,历书是对GPS卫星轨道有效期相对较长而精确度相对较低的预测,它在24 h之内的精确度很高,时间越长精确度越差,而距离获取时超过一星期时则基本失效。接收机与一颗卫星保持通信15 min以上才有可能获取一份完整的星历文件,这份星历在几天内是有效的,而有效的星历是接收机以暖启动方式工作的必要条件。一般地,暖启动的首次定位时间约在40 s左右。

要使接收机处于首次定位时间最短的热启动状态,需要使GPS接收机时间在2 h以内,与上次定位点的距离不超过100 m,且存储有至少5颗卫星的有效星历数据。此时,接收机拥有足够多和足够精确的信息来迅速采集定位所需的信号并完成解算。热启动的首次定位时间可达20 s甚至更低。

7.3.4 GPS欺骗理论

1.欺骗位置选择

在GPS欺骗实验中,如何产生适当的欺骗信号以诱使无人机飞往我方希望的目的地是问题的关键之一。要解决该问题,首先需要确定一个虚假坐标,以使无人机接收到该信号时误以为自己处在该坐标上,从而重新规划路线,向我方预期的目标前进。

如图7-39所示,A点是此刻目标无人机的实际位置,B

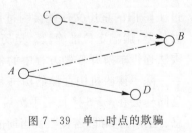

图7-39 单一时点的欺骗
位置选择

点是目标无人机的预设目的地,点划线是目标无人机的预设前进路线。先使用欺骗信号使无人机误以为自己处在 C 点,则无人机前往 B 点需要沿虚线行进。如此,无人机将会沿实线飞行,最终到达 D 点,即可达到诱使无人机飞往我方设定目的地的目标。其中,$\overrightarrow{AD}$ 与 $\overrightarrow{CB}$ 平行且相等。

当然,以上是最简单的理想情况。实际由于无人机飞行时的误差、障碍物、风力等因素,无人机并不会笔直地向目标前进,因此需要随时根据无人机当前的位置来重新计算欺骗位置,以修正发射的欺骗信号[41],从而保证无人机最终会前往我方设定的目标。如图 7-40 所示,A_i 依次是目标无人机的实际位置,C_i 依次是与 A_i 对应时刻的目标无人机认为自己所处的位置,B 是无人机的原定目的地。在无人机的运动过程中,需要不断用当前的 A_i 坐标重新计算 C_i 的坐标,以使无人机的航向继续指向 D 点,并且排除风向和障碍物的影响,保证仍能沿一系列折线段飞行,最终到达攻击者为其指定的目标 D 点。

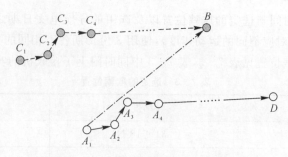

图 7-40　连续运动时欺骗位置的选择

2. GPS 欺骗流程

美国德克萨斯大学的研究者[42]在实验中成功对一架小型无人直升机实施了 GPS 欺骗攻击,攻击流程归纳如下:首先产生功率远小于接收机噪音门限的 GPS 信号,其相位与真实 GPS 信号对准;然后增大欺骗信号的功率,直至略大于真实 GPS 信号;再凭借欺骗信号的功率优势,让目标无人机逐渐锁定欺骗信号,失去对真实 GPS 信号的锁定。当对应每一颗 GPS 卫星欺骗信号的功率均比真实 GPS 信号至少强 10 dB,或与真实 GPS 信号的码相位相差均超过 $2\ \mu s$ 时,欺骗信号就能完全取代真实信号,实现诱骗无人机的目的。

要使目标无人机的 GPS 接收机对 GPS 信号的锁定能平滑转移到欺骗信号上,需要经过以下步骤:①估计:首先通过各种手段得到目标无人机接收到的真实 GPS 信号的参数,如幅度、码相位、多普勒频移及导航电文。②同步:产生功率低于真实 GPS 信号的欺骗信号,并保证该信号到达目标无人机的 GPS 接收机天线时,相位中心与真实 GPS 信号的码相位基本对准(误差应控制在 10 m 之内)。③取代:当欺骗信号的码相位与真实 GPS 信号对准后,逐渐增大欺骗信号的功率和码率。由于欺骗信号的功率可以远大于真实 GPS 信号,因此在码率逐渐变化的过程中,接收机的码环鉴相结果将同时调整,逐渐偏离真实 GPS 信号的相位,接收机完全失去对真实 GPS 信号的锁定,转而锁定欺骗信号,攻击的目标便可达成。

对于第一步信号估计,只有在估计出目标无人机接收到的真实 GPS 信号参数的基础上,保证欺骗信号的各项参数合理,才能达成攻击效果。如若幅度过大,则将提前被接收机发觉;若幅度过小,则无法使无人机锁定欺骗信号。欺骗信号的码相位与真实 GPS 信号的差异应控制在一个码片之内,再逐渐调整码率,增加与真实 GPS 信号的码相位之差。如果一开始的码相位就相差太多,则会被接收机当作噪声处理,之后诱导接收机锁定自身、失锁真实 GPS 信号也就无从谈起。因此,需要获取接收机得到的真实 GPS 信号的码相位,以使欺骗信号的码相位能与之对准。为使接收机顺利接受欺骗信号,要求欺骗信号的载波频率与真实 GPS 信号足够接近。综上,在信号估计阶段获取无人机所接收真实 GPS 信号的幅度、码相位和频率是否准确,与之后的攻击能否成功息息相关。

7.4 导航链路攻击实验

7.4.1 欺骗实验

1.欺骗位置的选定

为探究首次定位时间与选定的欺骗位置以及选用的导航电文日期之间的关系,实验设计选取 3 个不同的位置(对应不同的运动速度),使用 3 份日期各不相同的导航电文,进行了 9 组实验。选择的 3 处欺骗位置见表 7-3,表 7-3 中同时附上了接收机的实际位置。

表 7-3 选定的欺骗位置

测试位置	纬度	经度
A 点	31°9′18″N	121°47′26″E
B 点	23°23′29″N	113°18′35″E
C 点	49°0′51″N	2°32′46″E
实际	34°1′55″N	108°45′48″E

为了得到进行 GPS 欺骗时需要用到的欺骗信号,首先使用软件 Google Earth,利用鼠标将镜头对准欺骗位置并放大,随后使用"添加路径"工具,选取若干个点,它们将自动连成折线段,这些折线段将是后续生成欺骗无人机的运动路径的基础。为了使绘制的路径更具有代表性,实验有意在三处欺骗位置绘制的路径形状不同。在 A 点绘制的路径由若干段走向几乎相同的线段组成,近似为一条直线,如图 7-41 所示。

图 7-41 A 点绘制路径

在 B 点绘制的路径先是一段直线段，随后拐弯向后，如图 7-42 所示。

图 7-42　B 点绘制路径

在 C 点绘制的路径近似为一个闭合的凹多边形，如图 7-43 所示。

图 7-43　C 点绘制路径

之后将路径保存为 KML 地标文件，它使用 XML 语言存储了选取的各个端点的经纬度与高度坐标。

由图 7-41～图 7-43 容易看出，在 Google Earth 中绘制的路径只是单纯地用直线段将各点连接起来，路径的部分拐角十分尖锐，在线段接缝处产生了断裂。

2. 欺骗路径的产生

为了使欺骗下的运动情况更接近实际无人机的运动规律，需要使用软件 SatGenNMEA 来根据路径端点和输入的动力学参数生成精细的 NMEA 协议文件。本实验选用 GPGGA 格式的 NMEA 协议文件，其格式名称的含义为 Global Positioning System Fix Data。该文件包含了以 0.1 s 为步长的经纬度与时间对应列表，以及水平精度因子和定位所用卫星数量等卫星有关的信息。这些经纬度与时间精细地描述了运动轨迹，目标 GPS 接收机将认为自身按该轨迹运动[43-44]。

考虑到实验所用无人机的实际运动规律，又为了使几组实验中欺骗坐标的运动速度有较大不同来形成对照，我们为各组实验选择了表 7-4 所示的运动参数。软件所生成的轨迹对应的速率也展示在该表中。

表 7 - 4 各组 GPS 实验选取的运动参数

测试位置	水平加速度/ (m·s⁻²)	水平急动度/ (m·s⁻³)	垂直加速度/ (m·s⁻²)	速率上限/ (km·h⁻¹)	平均速率/ (km·h⁻¹)
A 点	4.90	9.80	4.90	50	40.31
B 点	0.98	1.96	0.98	30	22.05
C 点	0.98	1.96	0.98	10	3.92
实际	0.00	0.00	0.00	0	0.00

经软件平滑处理后的路径、速率曲线与生成路径的相应参数如图 7 - 44 所示。

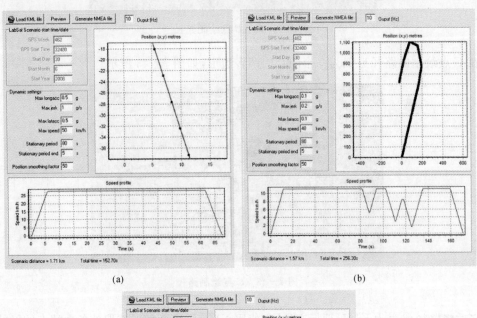

(a)   (b)

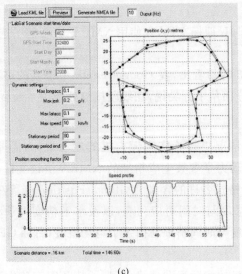

(c)

图 7 - 44 生成路径图

(a)A 点;(b)B 点;(c)C 点

经 SatGenNMEA 软件处理后的运动轨迹由许多极短的连续折线段组成,每条折线段都对应着0.1 s内的直线运动轨迹,这些连续折线段已经非常接近平滑的曲线。处理后的轨迹在速度、加速度、急动度等参数上也更接近无人机的实际运动轨迹,更具有迷惑性。实验生成的 NMEA 协议文件中的最开始的 10 行以及 NMEA 协议文件各部分的含义如图 7 - 45、表 7 - 5 所示。

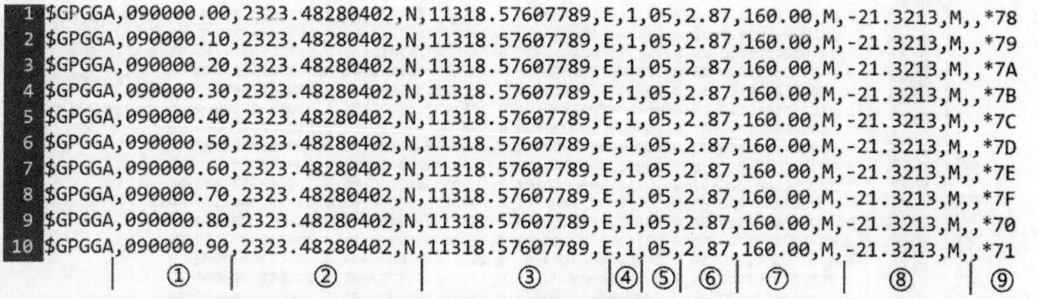

```
1  $GPGGA,090000.00,2323.48280402,N,11318.57607789,E,1,05,2.87,160.00,M,-21.3213,M,,*78
2  $GPGGA,090000.10,2323.48280402,N,11318.57607789,E,1,05,2.87,160.00,M,-21.3213,M,,*79
3  $GPGGA,090000.20,2323.48280402,N,11318.57607789,E,1,05,2.87,160.00,M,-21.3213,M,,*7A
4  $GPGGA,090000.30,2323.48280402,N,11318.57607789,E,1,05,2.87,160.00,M,-21.3213,M,,*7B
5  $GPGGA,090000.40,2323.48280402,N,11318.57607789,E,1,05,2.87,160.00,M,-21.3213,M,,*7C
6  $GPGGA,090000.50,2323.48280402,N,11318.57607789,E,1,05,2.87,160.00,M,-21.3213,M,,*7D
7  $GPGGA,090000.60,2323.48280402,N,11318.57607789,E,1,05,2.87,160.00,M,-21.3213,M,,*7E
8  $GPGGA,090000.70,2323.48280402,N,11318.57607789,E,1,05,2.87,160.00,M,-21.3213,M,,*7F
9  $GPGGA,090000.80,2323.48280402,N,11318.57607789,E,1,05,2.87,160.00,M,-21.3213,M,,*70
10 $GPGGA,090000.90,2323.48280402,N,11318.57607789,E,1,05,2.87,160.00,M,-21.3213,M,,*71
         ①            ②                 ③              ④ ⑤ ⑥   ⑦         ⑧       ⑨
```

图 7 - 45　NMEA 协议文件示例

表 7 - 5　NMEA 文件各部分的含义

序号	内容	备注
①	UTC 时间	时分秒格式(hh:mm:ss.ss)
②	纬度	度分格式(ddmm.mm…)
③	经度	度分格式(ddmm.mm…)
④	GPS 状态	0—未定位,1—非差分定位,2—差分定位,3—无效,6—正在估算
⑤	当前用于位置解算的卫星数量	范围:00 ~ 12
⑥	HDOP 水平精度因子	范围:0.5 ~ 99.9
⑦	海拔高度	单位:m
⑧	地球椭球面相对于大地水准面高度	单位:m
⑨	校验值	用于检测传输过程中发生的错误

3. 采样数据文件合成

得到 NMEA 协议文件后,需要使用 GPS - SDR - Sim 软件,结合 GPS 导航电文,生成用于发射的采样数据文件。GPS 导航电文的一段示例及其各部分的含义如图 7 - 46 所示。

分别选择进行实验的 1 d 前、101 d 前和 201 d 前的导航电文进行实验,以便探究过时导航电文对 TTFF 的影响。以下 TTFF 的测量数据均采自 2019 年 11 月 29 日(年积日 333 d)上午,依次选取了 2019 年 11 月 28 日(年积日 332 d)、2019 年 8 月 20 日(年积日 232 d)、2019 年 5 月 12 日(年积日 132 d)三天的导航电文。在命令行窗口中运行 GPS - SDR - Sim,输入代码指定合成数据文件的导航电文和 NMEA 轨迹文件,并指定采样精度为 8,软件开始合成数据文件,如图 7 - 47 所示。这份文件以 8 b 为采样精度给出了按照预设的欺骗轨迹运动的 GPS 接收机将会接收到的各颗 GPS 卫星信号,因而会使接收机认为自身正在按照欺骗轨迹运动。

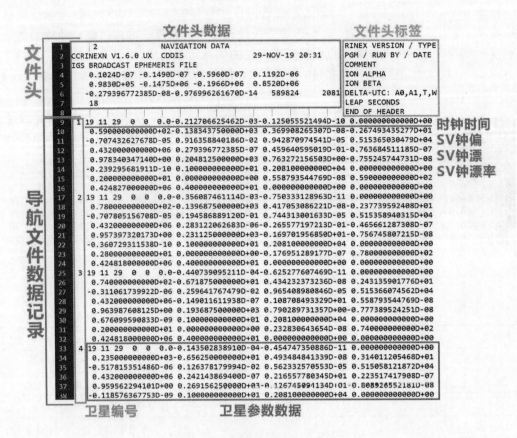

图 7-46　导航电文各部分的含义

```
Microsoft Windows [版本 10.0.18362.535]
(c) 2019 Microsoft Corporation。保留所有权利。

E:\Downloads\gps-sdr-sim>gps-sdr-sim -e brdc3320.19n -g PVG.txt -b 8
Start time = 2019/11/28, 00:00:00 (2081:345600)
Duration = 300.0 [sec]
02    33.0   70.4   20866597.7    1.6
05   303.3   59.6   20714150.9    1.7
07    78.5   11.1   24942823.0    4.7
09    39.2    9.2   24756807.2    4.1
12   236.4   10.9   24737050.2    4.0
13   185.4   37.1   22192661.3    2.3
15   210.8   11.3   24508103.2    3.9
17   155.0    0.6   25396192.7    7.9
19   158.4   17.5   24053608.6    4.2
25   276.4    7.4   25060905.6    4.3
29   319.7   19.2   23760016.1    3.3
30   111.1   12.9   24505523.0    4.9
Time into run = 15.3
```

图 7-47　生成的采样数据文件

4. 发射欺骗信号

　　采样数据文件就位后,使用 GRC 图形化开发工具创建流图,如图 7-48 所示。图 7-48 中定义信源为先前生成的采样数据文件,信宿为使用的软件无线电平台 HackRF One,并定义了各项增益。除了用箭头将各模块顺次相连外,还定义了其他必要的参数,如采样率为 2.6 Ms/s,发射频率为 1.575 42 GHz。

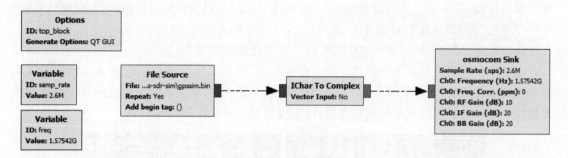

图 7 - 48　GRC 流图

流图构建完毕后,就可以编译该流图生成 Python 代码,该 Python 代码将调用各模块对应的 C 代码。用 USB 线将计算机与 HackRF One 连接,在 GRC 中运行,HackRF One 便将合成的采样数据通过天线发射。

实验设定在采样数据文件发射完毕后从头继续循环。用于检查欺骗结果的是 Honor 10 智能手机上安装的"百度地图"和"GPS Test"软件。欺骗信号播发前,先令手机进入飞行模式。静置片刻后开始播发欺骗信号,然后打开手机的定位功能。

7.4.2　欺骗实验结果与分析

1. 第一组:A 点欺骗信号

在播发 A 点欺骗信号前后,手机能接收到的导航卫星的数量、位置和信号强度如图 7 - 49 (见彩插图 7 - 49)所示。图 7 - 49 中,圆形表示 GPS 卫星,矩形表示 GLONASS 卫星,三角形表示 Galileo 卫星,五边形表示北斗卫星。后文的导航卫星视图亦依此图例。

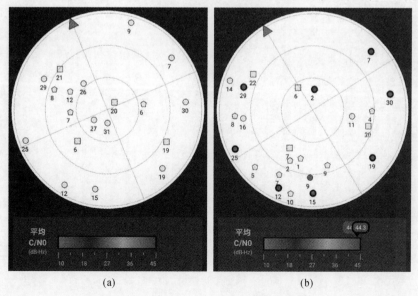

(a)　　　　　　　　　　　　　(b)

图 7 - 49　第一组发射前后的卫星视图

由于从地球表面的尺度来看,A 点与实际位置的距离并不算太远,因此接收到的 GPS 卫星位置和数量并无太大区别,只有微小的移动。但播发前后接收到的信号强度有天壤之别,播发欺骗信号前,各卫星信号的载噪比均在 10 dB·Hz 以下,以灰色表示;开始播发欺骗信号后,GPS 卫星信号的载噪比普遍接近 45 dB·Hz,以深绿色表示。

播发欺骗信号前后的 GPS 卫星信号列表和运动速度如图 7 - 50 所示。

通过比对不同时刻在地图软件上显示的位置,可以看出定位结果正按照为其设定的直线运动轨迹进行运动,如图 7 - 51 所示。若欺骗对象为无人机,则无人机将认为自身正在以这样的路线飞行。通过选择合适的欺骗路径,即可诱使无人机飞往指定地点。

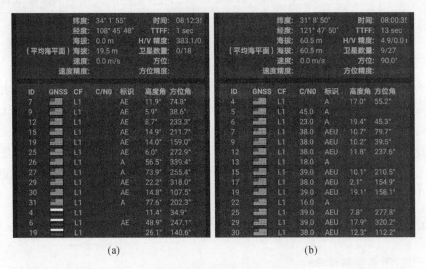

图 7 - 50　第一组发射前后的卫星列表

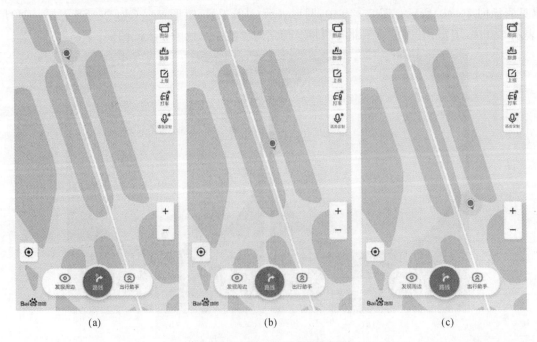

图 7 - 51　第一组实验欺骗运动

2.第二组:B点欺骗信号

在播发 B 点欺骗信号前后,手机能接收到的导航卫星的数量、位置和信号强度如图 7 - 52 (见彩插图 7 - 52)所示。

与第一组实验类似,能接收到的 GPS 卫星数量有所增加,之前不能接收到的 7 号卫星能够被收到了,它具有较低的高度角。这是因为高度角较低的卫星信号需要在大气层中传播的距离更长,信号衰减严重,所以正常情况下高度角较低的、理论上能被接收到的卫星信号难以被利用。合成这部分卫星信号可以缩短欺骗接收机所需的时间。

播发欺骗信号前后的 GPS 卫星信号列表和运动速度如图 7 - 53 所示。

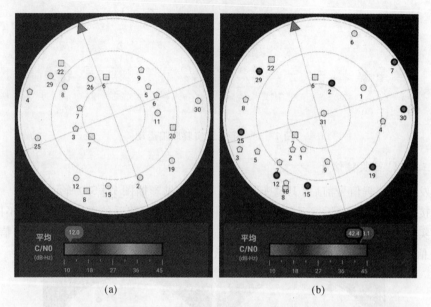

图 7 - 52　第二组发射前后的卫星视图

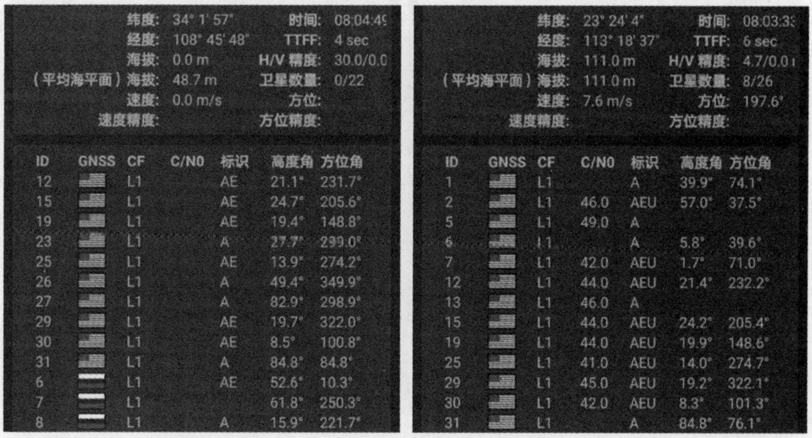

图 7 - 53　第二组发射前后的卫星列表

定位点在地图上按照绘制的路径运动,先向前,然后拐弯向后,如图 7 - 54 所示。

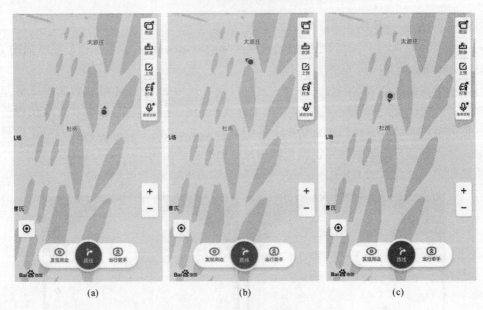

(a)　　　　　　　　　(b)　　　　　　　　　(c)

图 7-54　第二组实验欺骗运动

3.第三组:C点欺骗信号

在播发 C 点欺骗信号前后,卫星视图如图 7-55(见彩插图 7-55)所示。

由于接收机所处的实际位置与欺骗位置相距过远,欺骗前后的天空视图完全不同。此外,与前两组实验不同的是,本组接收到的 GPS 卫星载噪比远不及前两组。播发欺骗信号前后的 GPS 卫星信号列表和运动速度如图 7-56 所示。

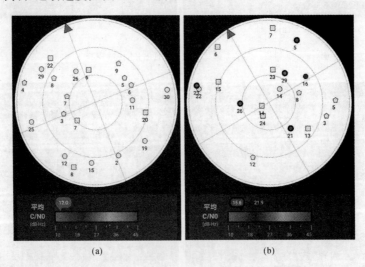

(a)　　　　　　　　　(b)

图 7-55　第三组发射前后的卫星视图

4.各组实验 TTFF 对比

在探究影响 GPS 欺骗效果的过程中,TTFF 是一个重要的指标。如果 TTFF 过长,欺骗就会失去实用价值。在三种运动速度与三种导航电文搭配的交叉实验中,我们各进行 4 次实验,记录 TTFF 并取平均值,结果见表 7-6。

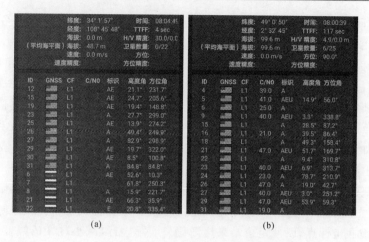

图 7-56　第三组发射前后的卫星列表

表 7-6　各组实验 TTFF 对比

测试位置	电文距离 1 d/s	电文距离 101 d/s	电文距离 201 d/s
A 点	23.50	39.00	47.25
B 点	13.75	21.50	25.00
C 点	15.75	28.25	31.25

注：不发射欺骗信号时，TTFF 平均值为 8.75 s。

　　显而易见，使用的导航电文过期越久，TTFF 越长；欺骗运动速度越高，TTFF 越长。使用前一天的导航电文生成欺骗信号时，由于欺骗实验均在北京时间上午进行，而 NASA 发布的导航电文均为格林尼治时间零点即北京时间 8 点，因此导航电文信息的过时并不严重，接收机不需下载新的历书文件，星历描述的卫星精确位置与实际位置相距也并不远；使用 101 d 前的导航电文时，星历已经严重过期，而历书仍然有效，因此 TTFF 比使用前一天导航电文要长；使用 201 d 前的导航电文时，不仅星历已经无法使用，甚至连历书也到了失效的边缘，因此 TTFF 最长。

　　不仅使用多长时间之前的导航电文对 TTFF 有显著影响，而且欺骗位置的运动速度也会导致 TTFF 的变化。从表 7-6 可以看出，"运动"速率越高，TTFF 越长，这也与实际经验相符：在高速运动的交通工具上，GPS 定位会消耗更久的时间。

　　根据以上结论可以推断：要收到较好的欺骗效果，需要使用尽可能新的导航电文来生成欺骗数据，因为过期越久，模拟出的虚假卫星的位置就会离实际位置越远，目标接收机使用较新的导航电文来推断卫星位置时，就需要更久的时间来锁定欺骗信号；同时，由于目标无人机的实际运动速度矢量是与其被欺骗的虚假运动速度矢量完全相等的，因此在目标无人机静止或以较低速率飞行时成功欺骗的概率较高，耗时较少。成功欺骗之后，目标接收机很难摆脱欺骗，定位结果基本会始终固定在欺骗位置。

7.4.3　导航链路欺骗的研究展望

　　GPS 欺骗对设备工作的威胁远不仅仅局限于无人机，因此在研究者改进 GPS 欺骗技术的同时,也有许多研究者在积极寻求发觉和反制 GPS 欺骗的技术,目的是维护 GPS 接收机的信息完好性与可用性。目前,GPS 欺骗的进一步优化也还面临着许多困难。

首先,由于完成一次定位所需的 GNSS 导航卫星信号必然来自不同的角度与距离,这些信号在穿过大气层和电离层等结构时许多特性会产生各异的变化。由于通常采用单一天线产生欺骗接收机所需的所有卫星的信号,因此它们无法模拟出各卫星到达接收机时受到的各异物理层的影响[6]。此外,接收机与真实导航卫星的相对速度不同,因而它们受到的多普勒频移也各不相同。如果防范者分析各卫星信号的相关特性,将可能发现这些信号是由同一信息源发出的,从而判定接收到的 GPS 导航信号不可靠,导致 GPS 欺骗攻击失败。

其次,GPS 欺骗不可能在目标无人机启动接收机之前就进行,只能在无人机的 GPS 接收机持续工作过程中的某个时点开始,因此其定位结果必然发生跳变。即使通过动态产生一系列间距不大的虚假坐标点,以使定位结果逐渐偏离实际坐标,减小跳变的幅度,也将造成 GPS 定位结果的变化与其他传感器测得的不符。如果防范者从 GPS 定位结果的跳变以及它与其他传感器测得数据的差异着手验证 GPS 定位结果的完好性,也将可能导致攻击被发觉,GPS 欺骗的目的无法达到。

此外,实施 GPS 欺骗的一个重要先决条件是已知 GPS 导航信号的结构组成、展频规律和调制方式,这样才能够较为容易地根据指定的位置坐标生成虚假 GPS 信号。对于专供美国及其盟友军方使用的 P(Y)码,由于无法掌握生成它的方法,因此只能对其进行转发和阻塞攻击,而无法实现欺骗。采用信息不公开的伪随机噪声码来传输卫星信号,或在信号中附加广播者的数字签名[6],可以排除 GPS 攻击者的干扰。由于 P(Y)码这类加密码确定不包含欺骗信号,它们的某些统计特性甚至还可以用来判断 C/A 码这类公开码是否受到了攻击。

尽管防御者有如上手段来识别和抵抗 GPS 欺骗攻击,但这些方法也存在一些局限性,如只能在某个时间阶段发觉攻击,接收机设计复杂、成本高昂,还需要做大量的开发工作,完成检测周期过长等。

未来,人们对无人机的要求将越来越高,期望无人机能精准高效地执行障碍回避、物资或武器投放、自动进场着陆等功能,需要其精度、可靠性、抗干扰性能得到更佳的保障。因此,使用多种导航技术结合来扬长避短将可能是无人机导航系统未来的发展方向,如惯性制导、多传感器、GPS 与光电导航系统相结合[45]。与此同时,反无人机技术的研究者也需要针对这一趋势,分别针对几种导航方式来研究应对策略,以期能够继续有效地干扰无人机的导航系统,保持诱导无人机偏离原定航线的能力。

7.5 无人机遥控信号的转发式干扰

7.5.1 测控链路的攻击方法

除前文所述对无人机导航链路的攻击之外,攻击无人机的控制链路也是破坏无人机通信链路的一种手段,其目的都是使无人机的行动与控制者预期产生偏差。一般而言,展开攻击时,目标无人机已经临近防卫方不希望目标无人机到达的区域,因而攻击者与目标无人机的距离将比控制者与无人机的距离小得多,而攻击者与控制者的距离一般略大于目标无人机与控制者的距离[46],因而攻击上行链路(地面站到无人机,对无人机遥控)比攻击下行链路(无人机到地面站,遥测、图传等数据传输)更容易收到好的攻击效果[47]。因此本小节主要探讨对上行链路的攻击。

如今,无人机普遍采用跳频方式增强遥控链路的安全性。这里用于实验的无人机为"大疆经纬 Matrice 100"无人机和上文搭建的无人机,两者均采用大疆创新科技有限公司生产的跳频遥控器,其中自行组装的无人机的遥控器型号为"Datalink 3",第 5 章已经介绍过,使用的扩频方法为 FHSS(Frequency-Hopping Spread Spectrum,扩频展频),工作频率为 2.400～2.483 GHz。对于跳频通信,一般而言有阻塞干扰、多频连续波干扰以及跟踪干扰三种干扰方式[48]。实施阻塞干扰时,无需进行通信参数的盲估计,在干扰功率足够大的情况下即可达到破坏跳频通信的目的,但所需功率大,易于被敌方发现,对周围其他通信系统的正常工作也有较大影响。在对方的跳频通信使用了很宽的频带时,效果也很难保证[49]。如果已知跳频系统的频点分布,只是跳频规律未知,则可以集中在已知的几个频点上进行窄带干扰,其实施难度和干扰效果介于阻塞干扰和跟踪干扰之间。跟踪干扰则对攻击者的先验知识要求最高,但其效果也最好,将使跳频通信完全失去跳频处理增益,干扰效果与对定频通信的瞄准式干扰类似[3]。在以上三种对跳频通信的攻击方式中,跟踪干扰方式所需功率最低,干扰效果最好,但是对设备、算法等的要求也最苛刻。本研究即采用瞄准干扰和跟踪干扰的方式攻击无人机的跳频控制链路。

跟踪干扰又可细分为波形、引导、转发三种。波形跟踪干扰需完全破解跳频图案,从而完全知晓下一时刻目标所用频道[50],需要对信号作快速侦测、截获和分析,在短时间内引导干扰机干扰功率瞄准跳频系统当前的通信信道并实施窄带干扰。当干扰对象跳到另一个频道上进行通信时同步调整干扰功率,始终对准干扰对象的通信频率,使得干扰图案与跳频图案基本一致。引导跟踪干扰需侦测到现在目标所用的通信频率,并迅速反应,在目标更换到下一频道之前在当前频道实施干扰;当跳频周期较长而干扰的反应时间较短时,可以起到较好效果。转发跟踪干扰则并不需要根据目标频率和希望的通信内容当即生成干扰信号,而是将接收到的信号作部分处理直接转发,省去了对当前频点的检测,实现难度最低。跟踪干扰成功的关键之一便在于在目标跳到下一个频道之前使目标接收到干扰信号,以此推算出干扰机应该位于以无人机操控者和目标无人机为焦点的一个旋转椭球面内,且干扰机反应时间相对于跳频周期越长,这个旋转椭球面越大,能成功实施干扰的区域也越广阔[3,51]。

对无人机通讯链路的攻击还可从层面上分为攻击物理层和攻击协议层,二者分别位于网络协议的第一层和攻击第二层。其中,对无人机上行数据链实施转发式干扰便属于攻击物理层的方法,首先对控制链路的信号进行高灵敏度的接收与储存,然后截取包含飞行状态控制的关键指令,再进行拼接和干扰参数配置,最后调制和转发,达到攻击效果。攻击协议层则在实现难度上大得多,需要对截获的数据链信号进行盲解调、盲解扩、加密、编码和遥控帧协议的盲解析,完成对信号的修改重构[9]。

由于无人机控制链路传递的控制指令通常是无人机系统中最高优先级的指令,在进行遥控链路信号的截取时,如能取得目标无人机进行上升、下降、着陆、转向等飞行姿态变换操作的信号,并使得目标无人机锁定转发的恶意信号,将可以令无人机反复执行这类操作,直接影响无人机的飞行状态,完全无法继续执行任务,甚至直接坠毁[52];如果只能取得前进、后退等操作的指令,则攻击效果不如飞行姿态变换明显,但是也能干扰无人机的正常工作和返航。在雷达的帮助下,根据目标行为的反馈来改变截取信号的样本,可以增大成功使用飞行姿态变换指定进行攻击的概率。

7.5.2　转发式干扰的原理

要合成无人机的欺骗遥控信号并取代操纵者的遥控信号,就需要尽可能完整地获取无人机遥控信道的各项信息。由于当前市面上的商业无人机多数都已经使用了跳频等手段加强控制链路的安全性,侵入无人机遥控链路有较大难度。如果不能有效破解无人机的扩频通信链路,由于无法生成与无人机自身的遥控信号高度相关的通信干扰信号,其干扰效果将严重减弱[53]。以 DSSS 为例,由于在扩频通信的接收一方,信号需要经过相关解扩处理,利用扩频通信的双方事先约定规律生成的信号将会被还原,而未按照这一规律产生的干扰信号的频谱会被极大展宽,其功率谱密度的下降会非常严重,导致攻击很难奏效。然而另一方面,完全掌握目标无人机的扩频通信方式和遥控信号编码方式又是一件极为困难的事情。因此,避免对扩频通信方式的破解和对遥控信号的合成,而采用对遥控信号进行转发的方式,虽然效果不如直接合成信号进行跟踪式干扰,但可行性大大提升。

转发式干扰即是将截获到的无人机通信扩频信号经过一系列的处理,再延时转发,对无人机的通信造成干扰[54]。依此法生成的欺骗信号能够继承原本遥控信号的部分特征,能够在无法完全破解无人机通信规律的前提下依然有效地实施对无人机遥控链路的攻击。采用转发式干扰的方式后,干扰信号与扩频信号将具有良好的相关性,扩频通信接收方进行的相关解扩不再具有展宽干扰信号的效果,干扰更容易成功。

在转发式干扰的进行过程中,需要先捕获扩频信号,随后一边对其进行接收一边对其进行存储,然后从中尽可能纯净地提取遥控信号,经处理后作为干扰信号进行转发。若在接收扩频信号时存在功率较强的背景噪声,这部分噪声会挤占与扩频信号具有良好相关性的干扰信号的频率,降低转发信号与扩频信号的相关性。如此一来,接收到的信号信噪比越低,干扰信号就越差。因此,为了提高干扰效果,同时减少功率资源的浪费,降低自身暴露的概率,需要尽可能地滤除接收信号中的噪声。

本研究采用 Datalink 3 为对象进行实验,它使用 FHSS 的方式来防备可能发生的干扰。就 FHSS 而言,转发式干扰有两种方法:瞄准个别跳频频点,接收和转发这些跳频频点上的遥控信号,属于瞄准式干扰;令接收频率范围覆盖所有的跳频频点,并使存储的控制码流包含至少一个完整的指令,属于跟踪式干扰。根据可用实验器材的实际条件,本研究选择前一种方式进行实验。由于使用 FHSS 通信的无人机遥控器的信号流表现为一系列脉冲,很容易从中定位背景噪声,并进而提取背景噪声的各项特征,因此容易解决背景噪声挤占功率、与目标信号相关性低的问题。

实施转发式干扰的设备可以划分为图 7-57 所示的三部分:①捕捉接收部分,察知目标无人机遥控信号的存在,随后进行高灵敏度接收并采样,输出数据文件;②存储处理部分,对侦察接收设备输出的数据文件进行处理,再通过将所得到的数据首尾相接不断循环形成转发干扰码流;③调制播发部分,对经过必要处理后的干扰码流进行调制,在射频上播发干扰信号。

本研究将就遥控信号的捕捉、接收、处理与存储进行实验,并对码流的循环拼接作简要探讨。

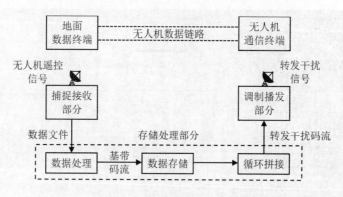

图 7-57　转发式干扰设备的构成

7.5.3　遥控信号的捕捉分析实验

1.信号捕捉与存储

如果事先对无人机的跳频区间一无所知,就需要在一个很大的频率范围内进行搜索。若能在目标无人机的操控者尚未发出遥控信号时,监测到环境中的背景信号,与操纵者发出遥控信号后的频谱作对比,就能更容易地发现遥控信号。显然,此时若能定位操控者的位置和方向,就可以进一步提高搜索成功的概率,缩短搜索时间。这也是反无人机领域越来越多研究者把目光转向无人机察打一体化系统的原因之一——对无人机干扰和打击需要目标尽可能多的信息,对无人机的有效侦察可以满足这一需求,大大改善前者的表现。

如果能够提前获取目标无人机的样本,为获取遥控信号尽可能详细的参数,可将无人机的桨叶拆卸后使用遥控器发射各种控制信号,用示波器与频谱仪进行分析。本研究根据无人机遥控器说明书中标明的跳频范围(2.400～2.483 GHz)来寻找无人机遥控信号的跳频点。

本实验与前文 GPS 欺骗实验同样使用 HackRF One 软件无线电平台,首先只启动 HackRF One 并令其进入监听模式,不打开无人机和遥控器,以便获取背景噪声的有关信息,方便之后在对比中发现遥控信号;启动软件 SDR♯,展示 HackRF One 监听到的背景噪声。图 7-58～图 7-61(见彩插图 7-58～图 7-61)展示了不开启遥控器时接收到的信号,其中横轴为信号频率;上半部分纵轴为信号功率,下半部分纵轴为时间,随时间更新不断向下滚动;颜色表示信号功率,从深蓝色到暗红色功率越来越高。实验在 2.428～2.442 GHz 频段和 2.455～2.469 GHz 频段范围内发现了明显的干扰,分别如图 7-58 和图 7-59 所示。

在剩余频段基本表现为静默,相对而言存在辐射的频率少得多,且功率也低得多,如图 7-60、图 7-61 所示。

随后,开启无人机遥控器,尝试向无人机发出指令。由图 7-62～图 7-64(见彩插图 7-62～图 7-64)可以看出,之前静默的频段出现了无线电脉冲,且频率分布非常均匀,极富规律。

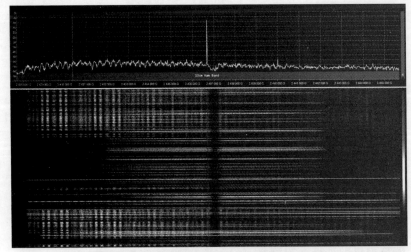

图 7-58　干扰频段 1（2.428～2.442 GHz）

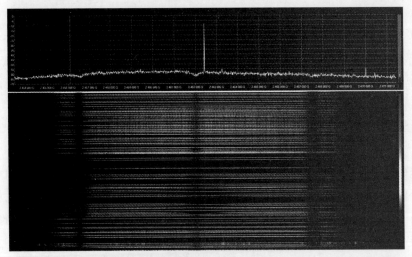

图 7-59　干扰频段 2（2.455～2.469 GHz）

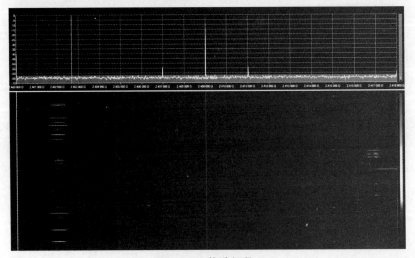

图 7-60　静默频段 1

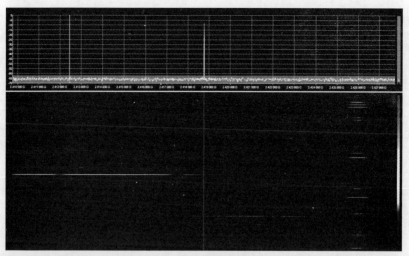

图 7-61　静默频段 2

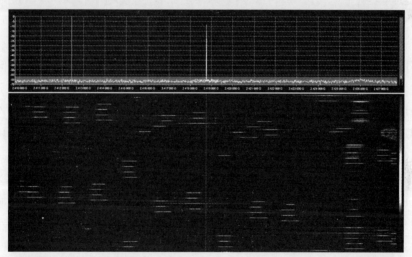

图 7-62　遥控信号（2.41~2.428 GHz）

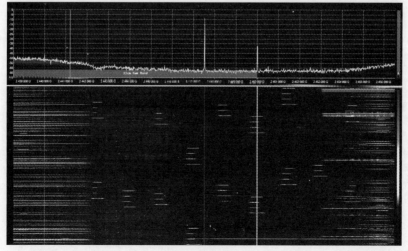

图 7-63　遥控信号（2.442~2.453 GHz）

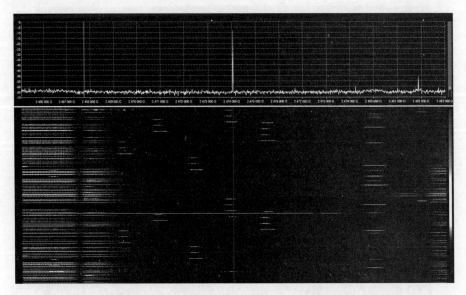

图 7-64　遥控信号(2.465～2.483 GHz)

　　将相邻跳频点中心之间的间距称为跳频点空隙 d_h ,则在图 7-62 中,约为 16.3 MHz 的频率区间包含了 11 个跳频点空隙,即 $d_{h1} \approx 16.3$ MHz $\div 11 \approx 1.48$ MHz;而在图 7-63 中,约为 11.9 MHz 的频率区间包含了 9 个跳频点空隙,即 $d_{h2} \approx 11.9$ MHz $\div 9 \approx 1.32$ MHz 。据此推断,跳频点的分布在频率上是不均匀的。此外,还可从图 7-62 和图 7-63 中推断,每个跳频点上信号的带宽在 1 MHz 以下。

　　在 SDR♯软件上确认跳频点的分布后,关闭 SDR♯软件解除其对 HackRF One 的占用,随后令 HackRF One 以 2.426 GHz 的射频中心频率、2.5 MHz 的基带滤波器带宽、20 MHz 的采样率对中心频率在 2.426 GHz 的一个跳频点进行存储。文件共存储 1.6×10^8 个采样点,亦即包含 8 s 内的信号。

　　2. 信号处理与分析

　　得到遥控信号数据文件后,使用音频处理软件 Adobe Audition 打开文件并进行分析。由于 Adobe Audition 在开发时只用于音频处理目的,故而无法以 20 MHz 的实际采样频率打开数据文件。此处使用 0.1 MHz 的采样频率打开,则数据文件被当作 8 s 长度的 200 倍,亦即时长 26 min 40 s 的音频文件处理。

　　未经处理、直接存储、以 1/200 的采样频率打开的遥控信号数据文件如图 7-65(见彩插图 7-65)所示。其中,图 7-65 的横轴表示时间,上半部分的纵轴表示信号的振幅,下半部分的纵轴为信号的频率,颜色越明亮则表示在该时刻的该频率成分功率越强。需要注意的是,由于采样频率不一致,横轴的时间是实际时间的 200 倍,而下半部分纵轴的频率是实际频率的 1/200 ,在读图时需进行相应换算。

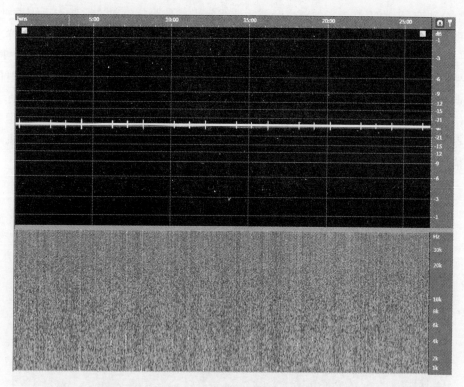

图 7 - 65　未经处理的遥控信号数据文件

容易看出,未经处理的遥控信号数据文件信噪比很低,真正的跳频信号的功率占比很小。如果直接将这样的数据文件播发出去,则大量的功率被浪费在无用的噪声上。即使仅以阻断遥控者与无人机之间的通信为目的,这些噪声大部分分布在跳频点以外的频率范围,因而几乎无法对目标无人机构成影响。因此,有必要对文件进行放大和降噪处理,使发射功率尽可能集中在跳频点上,以有限资源最大化攻击成功率。

本实验使用 Adobe Audition 的降噪功能来降低信号中的噪声成分比例。首先使用标准化功能,将信号与噪声一同放大;随后选取一段时间较长、较有代表性的噪声,使用 Adobe Audition 软件分析这段噪声样本的特征;最后选中整个数据文件,依据噪声样本的特征消除噪声。经放大和降噪处理的遥控信号数据文件如图 7 - 66(见彩插图 7 - 66)所示。容易看出,数据文件的信噪比增大了不少,频谱视图中的采样点在噪声背景中依然十分醒目。

此处 Adobe Audition 帮助完成了频谱的分析。实际上,软件使用了短时傅里叶变换(Short - Time Fourier Transform, STFT)来分析信号的频率构成,短时傅里叶变换的表达式为

$$\text{STFT}(t,f) = \int_{-\infty}^{+\infty} s(u)g(u-t)e^{-j2\pi fu} \, du \tag{7-31}$$

其功率谱密度为

$$\text{SPEC}(t,f) = |\text{STFT}(t,f)|^2 \tag{7-32}$$

式中,$s(u)$ 为信号的时域表达式;$g(t)$ 是高度为 1、宽度为 T_b 的门函数,

短时傅里叶变换遵循 Heisenberg 不等式即不确定性原理,时间分辨率与频率分辨率此消彼长,无法同时提高。由于无人机的遥控信号具有较高的频率,而其实际占据的频带相对其频

率而言十分狭窄,因此需要较高的频率分辨率来保证欺骗信号能够对准跳频点。但与此同时,时间分辨率必然会下降。因此,在实际操作时,为使设备能够满足信号处理过程对采样率的要求,需要首先将信号下变频至基带,再对时域信号进行加窗,然后才能对信号进行 STFT 变换。如果设备具有足够的接收带宽,且采样率足够高,能够接收并存储足够长的一段时间内所有跳频点上的信号,则用此法可以得到完整的跳频序列,可以模拟无人机遥控器向目标无人机发出的错误指令。由于本实验所用的器材限制,无法同时接收所有跳频点上的信号,但仅在几个跳频点上以足够的功率发射无人机遥控信号片段,就极有可能干扰遥控器与无人机之间的正常通信[55]。

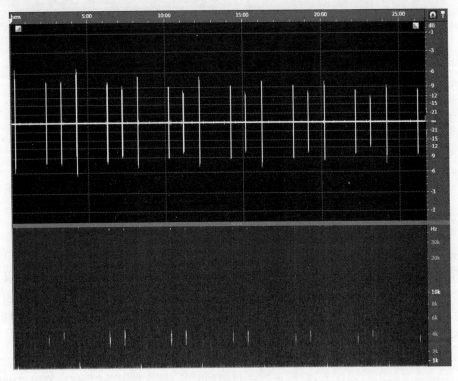

图 7-66　经处理后的遥控信号数据文件

7.5.4　信号拼接

显然,为了实现令目标无人机无法按计划完成任务的目的,干扰信号应当尽可能持续发射,但接收和存储到的遥控信号样本长度必然是有限的,因此是否合理地截取与拼接遥控信号样本对转发信号能否影响目标无人机对命令的执行非常关键。

截取与存储的控制信号应该至少包括一个完整的遥控帧,而为了达到使目标无人机无法正常完成任务的目的,又应当使码流存储长度 L 中包含不太多的遥控帧,因为包含的遥控帧越多,无人机就会执行越多的指令,导致攻击者无法预测目标无人机的行为。因此,需要在捕捉到遥控信号后进行分析,估计执行一个动作所对应的信号时长。假设 L 截取了 2 个完整的遥控帧 $d(k+1)$、$d(k+2)$,同时截断了 2 个遥控帧,即保留了 $d(k)$ 的尾部和 $d(k+3)$ 的头部,如图 7-67 所示。

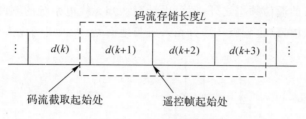

图 7-67　遥控信号的截取

下一步,则是将这段长度为 L 的码流进行首尾拼接,然后循环播发出去。如此一来,截取的 $d(k+3)$ 的头部 $r(k+3)$ 与 $d(k)$ 的尾部 $r(k)$ 会拼接在一起,如图 7-68 所示。若 $r(k+3)$ 与 $r(k)$ 恰能组成一个完整帧,则可以保持各遥控帧的完备性;而若不能组成完整帧,恰好破坏了关键遥控帧的完备性,无人机就无法执行这道命令,可能会忽略掉转发的干扰信号,依然执行其操纵者发送的真实遥控信号,导致干扰失败。

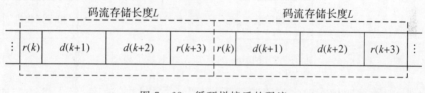

图 7-68　循环拼接后的码流

7.5.5　控制链路攻击的展望

众所周知,无线电频谱是极为珍贵和重要的战略资源,无线通信技术从最初的 1G 发展到即将普及的 5G,再到研究已经展开的 6G,各种多址技术不断出现,一个重要原因就是用户数量的激增导致频谱资源紧张。现在通行的手段是将数目庞大的用户分为授权用户(主用户)和非授权用户(次用户),授权频段专供其中的授权用户使用,如广播、电视、飞机与塔台通信等应优先受到保护的用途。然而,某些授权频段可能大多数时候处于闲置状态,而非授权频段可能大多数时候极为拥堵,这就造成了频谱资源利用的不均衡。为进一步提高频谱利用率,增加可容纳的用户数,减轻各频道之间的干扰,软件无线电概念的提出者 Joseph Molita 又于 1999 年在软件无线电的基础上提出了"认知无线电"(Cognitive Radio,CR)的概念。在他的设想中,这种智能的多用户无线通信系统能够感知和学习无线电环境,并据此调整自身收发信机的功能,达到资源的合理分配。Joseph Mitola 提出了图 7-69 所示的认知环来描述该系统的工作过程。

在这一构想中,终端通过频谱感知、频谱分析得到的信息进行频谱决策,确定自身采用的通信体制与参数;随后进行频谱汇聚,即根据决策结果建立通信链路,沟通发射机与接收机。在通信过程中,终端还需时刻进行频谱监视,保障自身的通信不受干扰,同时保证主用户的通信不被自身影响;如果干扰发生或即将发生,则需要进行频谱切换,寻找新的空闲频谱建立信道。由于认知无线电极大提升了网络效率,未来的无线通信很有可能朝这一方向发展,同样使用无线通信的无人机可能也将利用这一系统来解决复杂电磁环境下通信链路易受干扰的问题。反无人机技术也应该对此进行探讨,寻求新的突破口。认知无线电的核心技术之一在于频谱感知技术,即迅速、精准地检测到"频谱空穴"。因此,除了从对跳频通信的跟踪式干扰得到启发来始终瞄准新的通信频率之外,还可以针对认知无线电系统的频谱感知流程进行破坏,阻止其选择正确的频段,以达到破坏敌方无人机与地面站、无人机与无人机之间通信的目的。

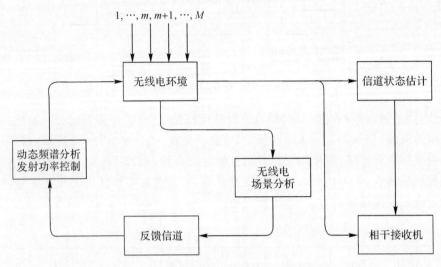

图 7-69 Mitola 的认知无线电系统模型

除此之外,对跳频通信有效实施跟踪式干扰,受干扰机跳频速率、无人机遥控通信跳频速率、干扰信号传输时延和跳频通信信号传输时延等多种因素限制。因此无人机制造者可采取增加跳频组网数量、提高跳速以及采用变速跳频等技术提高抗跟踪干扰的能力[56],这为今后反无人机技术的研究提出了新的要求。

随着数据链技术及其他通信技术的迅速进步,无人机数据链今后也将会在高速、宽带、保密、抗干扰等几个方面更加成熟。未来,随着机载传感器测量能力、无人机定位精细程度和执行任务复杂程度的不断上升,机载高速处理器的运算速度也日新月异,无人机通信链路的带宽和信息传播速率也将提高数倍[45]。美国国防部构想和正在建设的 GIG(全球信息栅格,Global Information Grid)试图建立全球范围的信息收集与共享机制,在未来一段时间内都将是数据链路最先进的形态,值得关注。

7.6 本章小结

本章期望通过三个方面的研究,达到智能化反无人机的目的:寻找到适合分析调制信号种类的人工神经网络结构,能够以较高准确率识别出信号调制方式,为攻击未知型号无人机提供信息;提出了确定 GPS 欺骗位置的方法,成功合成了满足要求的 GPS 欺骗信号,令接收机的定位结果按照预设移动;对无人机遥控信号进行了捕捉、接收、存储和处理,为无人机遥控信号的转发式干扰提供了信号材料,也为无人机集群通信链路安全提供了理论依据。

在未来,无人机将越来越智能,功能越来越强大,在民用和军事方面的应用也将越来越广泛。相应地,对反无人机的需求会越来越强烈。虽然无人机预防干扰和欺骗的能力在不断强化,但"攻是单点突破,防是系统工程",只要能在无人机系统的某个环节中采取手段影响到系统的某个方面,就有可能使无人机无法正常完成任务,这正是作为进攻方反无人机技术的优势所在。人们也期待在将来,反无人技术能够攻击的无人机种类越来越多,攻击效果越来越好,被发觉的可能性越来越小,软硬件和人力成本越来越低。希望未来有更多的科研工作者投入到这一极具潜力的领域中。

思 考 题

1.要使运动中的无人机飞向攻击者指定的坐标,有哪些难点需要克服?本章进行的相关实验距离这一目的还有哪些地方需要完善?

2.干扰测控链路通常有哪些手段?它们各自的优缺点是什么?如何使转发式干扰的信号顺利被目标无人机锁定?

3.未来无人机安全和反无人机技术分别会有怎样的发展趋势?对反无人机技术提出了什么样的要求?

参 考 文 献

[1] 罗斌,黄宇超,周昊. 国外反无人机系统发展现状综述[J]. 飞航导弹,2017,100(9):35-39.

[2] 张静,张科,王靖宇,等. 低空反无人机技术现状与发展趋势[J]. 航空工程进展,2018,9(1):1-8.

[3] 姚富强,张毅. 干扰椭圆分析与应用[J]. 解放军理工大学学报(自然科学版),2005(1):7-10.

[4] 胡子杰. 基于信息流的民用无人机攻击与防御技术研究[D]. 杭州:浙江大学,2018.

[5] JAVAID A Y, SUN W, DEVABHAKTUNI V K, et al. Cyber security threat analysis and modeling of an unmanned aerial vehicle system[C]//2012 IEEE Conference on Technologies for Homeland Security (HST). Greater Boston:IEEE, 2012:585-590.

[6] HE D, DU X, QIAO Y, et al. A survey on cyber security of unmanned aerial vehicles[J]. Chinese Journal of Computers, 2019,42(5):1076-1094.

[7] Gmxp. 315 晚会报道的无人机是怎么被劫持的? [EB/OL]. [2016-04-15]http://security. tencent. com/index. php/blog/msg/103.

[8] 郑昉,李宏宇,周述勇,等. 无人机通信链路欺骗技术[J]. 国外电子测量技术,2018,37(8):101-106.

[9] 郝明明,盛怀洁,陈明建. 反无人机转发式干扰参数设计与仿真[J]. 兵器装备工程学报,2018,39(9):180-184.

[10] TIPPENHAUER N O, POPPER C, RASMUSSEN K B, et al. On the requirements for successful gps spoofing attacks[C]// Proceedings of the 18th ACM Conference on Computer and Communications Security, CCS 2011. Chicago:CCS, 2011:335-339.

[11] 夏铭禹,赵凯,倪威. 要地防控反无人机系统及其关键技术[J]. 指挥控制与仿真,2018,40(2):53-60,71.

[12] 赵海旺. 基于卫星导航干扰的反无人机系统设计与实现[C]//第六届中国指挥控制大会论文集(上册). 北京:中国指挥与控制学会,2018:4.

［13］高志刚，孟繁智. GPS 转发式欺骗干扰原理与仿真研究［J］. 遥测遥控，2011，32(6)：44-47.

［14］SON Y M，SHIN H C，KIM D K，et al. Rocking drones with intentional sound noise on gyroscopic sensors［C］//24th USENIX Security symposium. Washington：USENIX，2015：881-896.

［15］PATHAN A-S K，LEE H-W，HONG C S. Security in wireless sensor networks：issues and challenges［C］//2006 8th International Conference Advanced Communication Technology. Phoenix Park：IEEE，2006：6-10.

［16］KIM A，WAMPLER B，GOPPERT J，et al. Cyber attack vulnerabilities analysis for unmanned aerial vehicles［EB/OL］.［2012-06］. http：ieeexplore. org/docament/8088163.

［17］DAVIDSON D，WU H，JELLINEK R，et al. Controlling UAVs with sensor input spoofing attacks［C］//10th USENIX Workshop on Offensive Technologies. Berkeley：USENIX，2016：12-19.

［18］Al-Sa'd M F，Al-AlI A，MOHAMED A，et al. RF-based drone detection and identification using deep learning approaches：An initiative towards a large open source drone database［J］. Future Generation Computer Systems，2019(100)：86-97.

［19］陈君胜，杨小勇，徐怡杭. 基于遥控信号频谱特征的无人机识别算法［J］. 无线电工程，2019，49(2)：101-106.

［20］O'SHEA T J，ROY T，CLANCY T C. Over-the-air deep learning based radio signal classification［C］//IEEE Journal of Selected Topics in Signal Processing. Berkeley：IEEE ，2018：168-179.

［21］O'SHEA T J，WEST N. Radio machine learning dataset generation with gnu radio［C］//Proceedings of the GNU Radio Conference. Denver：GNU，2016：133-136.

［22］O'SHEA T J，CORGAN J，CLANCY T C. Unsupervised representation learning of structured radio communication signals［C］//2016 First International Workshop on Sensing，Processing and Learning for Intelligent Machines（SPLINE）. Aalborg：IEEE，2016：1-5.

［23］BALDI M，CHIARALUCE F，De ANGELIS A，et al. A comparison between APSK and QAM in wireless tactical scenarios for land mobile systems［J］. Eurasip Journal on Wireless Communications and Networking，2012(11)：53-59.

［24］刘志新. APSK 星座优化设计及其调制解调研究［D］. 合肥：国防科学技术大学，2007.

［25］ZHANG M，KIM S. Efficient soft demodulation schemes for the DVB-S2X system［J］. Satellite Communications and Networking，2015，34(6)：833-858.

［26］张会生，张捷，李立欣. 通信原理［M］. 北京：高等教育出版社，2011.

［27］徐文强. CPFSK 调制解调技术研究［D］. 南京：南京理工大学，2015.

［28］刘俊. 码率可调的 FSK/GFSK 数字电路设计［D］. 福州：东南大学，2016.

［29］SPOONER C M，MODY A N，CHUANG J，et al. Modulation recognition using second-and higher-order cyclostationarity［C］//2017 IEEE International Symposium on

Dynamic Spectrum Access Networks. Baltimore：IEEE，2017：1 - 3.

[30] NANDI A K，AZZOUZ E E. Algorithms for automatic modulation recognition of communication signals [J]. IEEE Transactions on Communications，1998，46（4）：431 - 436.

[31] CHEN T，GUESTRIN C. Xgboost：A scalable tree boosting system[C]// Proceedings of the 22nd ACM sigkdd International Conference on Knowledge Discovery and Data Mining. San Francisco：IEEE，2016：785 - 794.

[32] HINTON G E，SRIVASTAVA N，KRIZHEVSKY A，et al. Improving neural networks by preventing co - adaptation of feature detectors[J]. [s. n.]，2012(3)：11 - 18.

[33] KLAMBAUER G，UNTERTHINER T，MAYR A，et al. Self - normalizing neural networks[C]//Advances in neural information processing systems. Tokyo：IEEE，2017：971 - 980.

[34] HE K M，ZHANG X Y，REN S Q，et al. Deep residual learning for image recognition [C]//Proceedings of the IEEE conference on computer vision and pattern recognition. Las Vegas：IEEE，2016：770 - 778.

[35] SHEU B H，CHIU C C，LU W T，et al. Development of UAV Tracing and Coordinate Detection Method Using a Dual - Axis Rotary Platform for an Anti - UAV System[J]. Applied Sciences - Basel，2019，9(13)：17.

[36] 谢钢. GPS 原理与接收机设计[M].北京：电子工业出版社，2017.

[37] 高翔，张涛，刘毅，等. 视觉 SLAM 十四讲：从理论到实践[M].北京：电子工业出版社，2017.

[38] 李牧，付康，纪元法. 基于导航欺骗的无人机干扰技术研究与设计[J]. 电视技术，2019，43(2)：1 - 6.

[39] PSIAKI M L，HUMPHREYS T E. GNSS Spoofing and Detection[J]. Proceedings of IEEE，2016(6)：1258 - 1270.

[40] 何亮. GNSS 欺骗式干扰仿真系统设计与实现[D].成都：电子科技大学，2016.

[41] LI M H，KOU Y H，XU Y，et al. Design and Field Test of a GPS Spoofer for UAV Trajectory Manipulation[C]//China Satellite Navigation Conference (CSNC) 2018 Proceedings. Harbin：Springer，2018：161 - 173.

[42] SHEPARD D P，BHATTI J A，HUMPHREYS T E，et al. Evaluation of smart grid and civilian UAV vulnerability to GPS spoofing attacks[C]//Proceedings of the 25th International Technical Meeting of The Satellite Division of the Institute of Navigation (ION GNSS 2012). Nashville：IEEE，2012：3591 - 3605.

[43] WANG K，CHEN S，PAN A. Time and position spoofing with open source projects [J]，IEEE Transactions on Communications，2015(10)：148 - 152.

[44] 邵盼愉. 基于视觉的无人机入侵检测与跟踪系统设计与实现[D].杭州：浙江大学，2018.

[45] 环球网•智能. 无人机关键技术及发展趋势[EB/OL]. [2018 - 06 - 12]. http://smart. huanqiu. com/roll/2018 - 06/12240429. html？agt＝15425.

[46] FENG Z，GUAN N，LV M，et al. Efficient drone hijacking detection using onboard motion sensors，proceedings of the 2017 design，automation & test in europe conference & exhibition[C]// Design，Automation and Test in Europe Conference and Exhibition. Lausanne：IEEE，2017：1414 – 1419.

[47] GIRAY S M. Anatomy of unmanned aerial vehicle hijacking with signal spoofing[C]// 2013 6th International Conference on Recent Advances in Space Technologies (RAST). Istanbul：IEEE，2013：795 – 800.

[48] 朱泽坤. 无人机通信干扰系统前端研究[D]. 成都：电子科技大学，2018.

[49] 夏朋. 针对民用小型无人机的干扰与反制技术研究[D]. 成都：电子科技大学，2018.

[50] 宋畅，李茂林. 军用无线通信干扰和抗干扰技术分析[J]. 信息通信，2018 (6)：163 – 165.

[51] TORRIERI D J. Principles of Military Communication Systems[M]. Massachusetts：Artech House，1981.

[52] WANG C Y，WANG T，WANG E S，et al. Flying Small Target Detection for Anti – UAV Based on a Gaussian Mixture Model in a Compressive Sensing Domain[J]. Sensors，2019，19(9)：15 – 18.

[53] WANG H，GUO J，WANG Z. Evaluation of security for DSSS under repeater jamming [C]//2007 IEEE International Conference on Communications. Glasgow：IEEE，2007：5525 – 5530.

[54] 吴培培，史英春，张旻. 基于信号重构的扩频通信转发式干扰性能[J]. 电子信息对抗技术，2019，34(5)：39 – 44.

[55] 周畅，范甘霖，汤子跃，等. 间歇采样转发干扰的关键参数估计[J]. 太赫兹科学与电子信息学报，2019，17(5)：782 – 787.

[56] 丁凯. 基于 Simulink 的跟踪干扰对跳频通信的影响[J]. 通信电源技术，2016，33(3)：98 – 100.

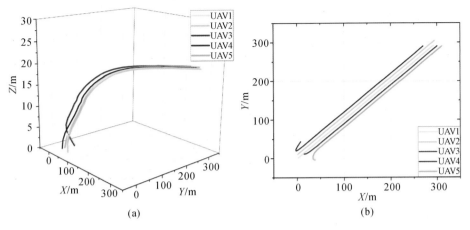

图 3-9 无人机的运动轨迹

(a)无人机三维运动轨迹;(b)无人机平面运动轨迹

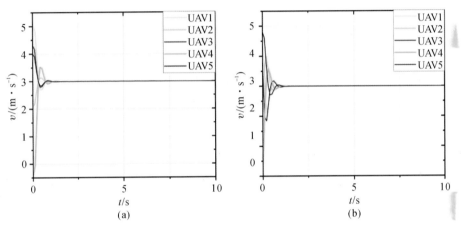

图 3-10 X 轴与 Y 轴方向上无人机的速度

(a)无人机 X 轴速度;(b)无人机 Y 轴速度

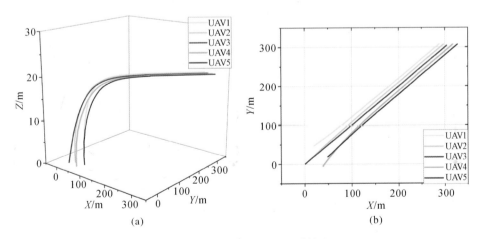

图 3-11 领航跟随法的运动轨迹

(a)无人机三维运动轨迹;(b)无人机平面运动轨迹

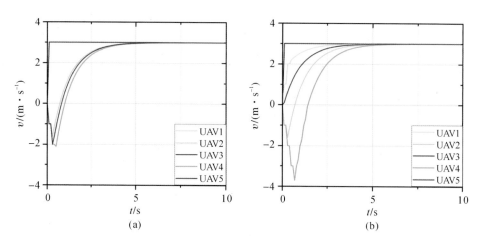

图 3-12　领航跟随法的运动速度

(a)无人机 X 轴速度;(b)无人机 Y 轴速度

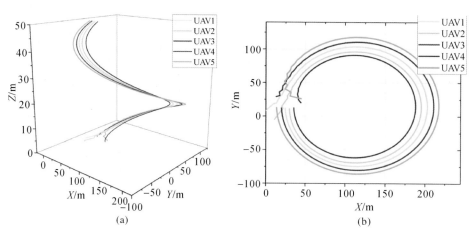

图 3-13　无人机的运动轨迹

(a)无人机三维运动轨迹;(b)无人机平面运动轨迹

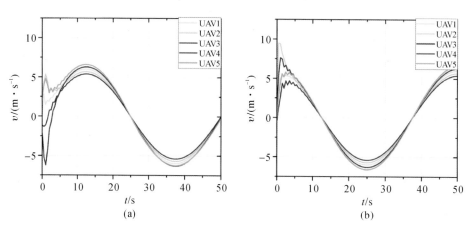

图 3-14　$\tau=0.05$ s 时无人机的运动速度

(a)无人机 X 轴速度;(b)无人机 Y 轴速度

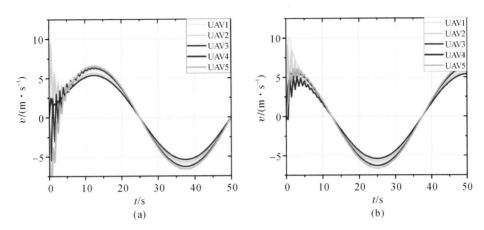

图 3-15 τ=0.15 s 时无人机的运动速度

(a)无人机 X 轴速度;(b)无人机 Y 轴速度

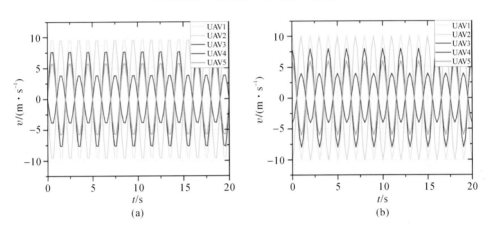

图 3-16 τ=0.5 s 时无人机的运动速度

(a)无人机 X 轴速度;(b)无人机 Y 轴速度

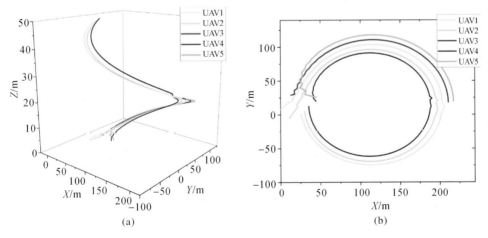

图 3-18 无人机编队的飞行运动轨迹

(a)无人机三维轨迹;(b)无人机平面轨迹

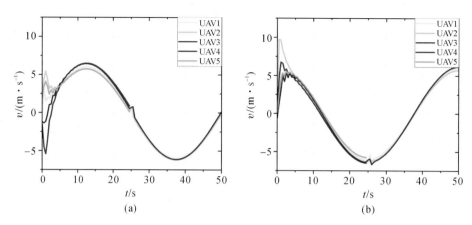

图 3-19　无人机编队的飞行速度

(a)无人机 X 轴速度;(b)无人机 Y 轴速度

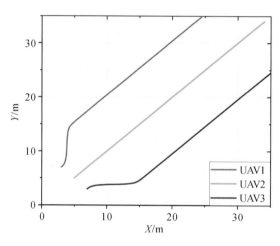

图 3-25　无人机的平面运动轨迹

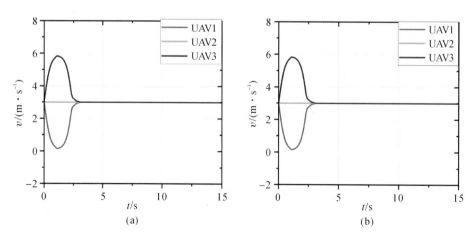

图 3-26　无人机的运动速度

(a)X 轴方向;(b)Y 轴方向

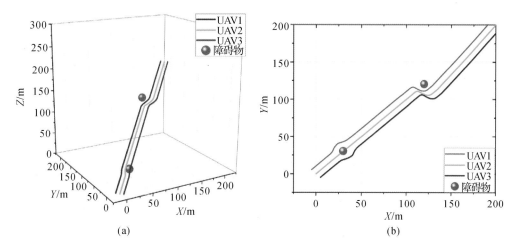

图 3 - 27　无人机编队避障轨迹

(a)三维空间的运动轨迹;(b)运动轨迹在平面上的投影

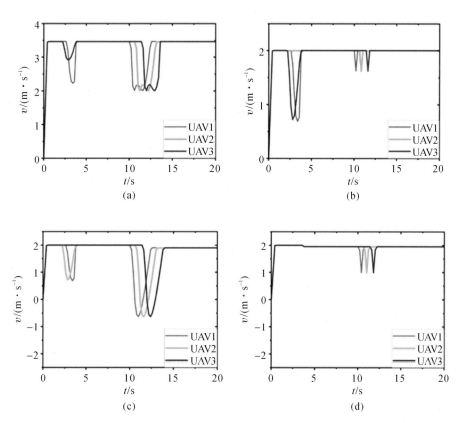

图 3 - 29　无人机编队的运动速度

(a)无人机速度;(b)无人机 X 轴速度;(c)无人机 Y 轴速度;(d)无人机 Z 轴速度

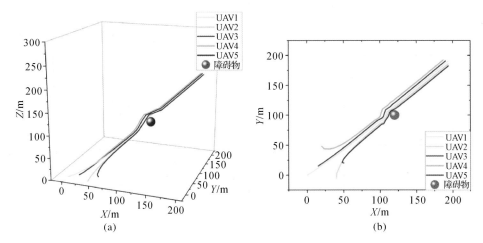

图 3 - 31　无人机编队的运动轨迹

（a）无人机三维运动轨迹；（b）无人机平面运动轨迹

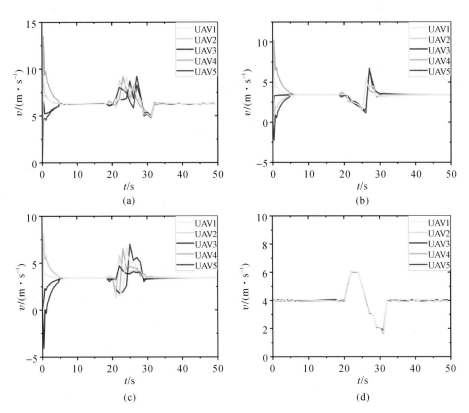

图 3 - 32　无人机的运动速度

（a）无人机速度；（b）无人机 X 轴速度；（c）无人机 Y 轴速度；（d）无人机 Z 轴速度

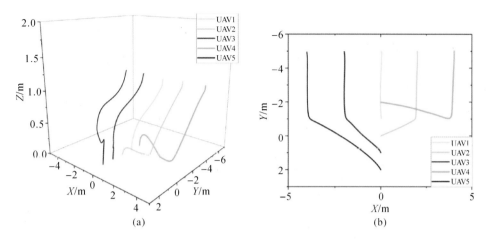

(a)   (b)

图 3-38　各架无人机的运动轨迹

(a)无人机三维运动轨迹；(b)无人机平面运动轨迹

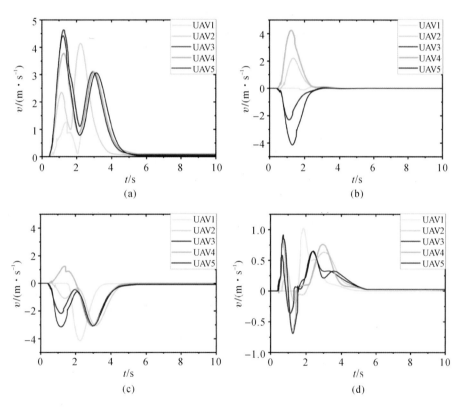

(a)   (b)

(c)   (d)

图 3-39　各架无人机的运动速度

(a)无人机速度；(b)无人机 X 轴速度；(c)无人机 Y 轴速度；(d)无人机 Z 轴速度

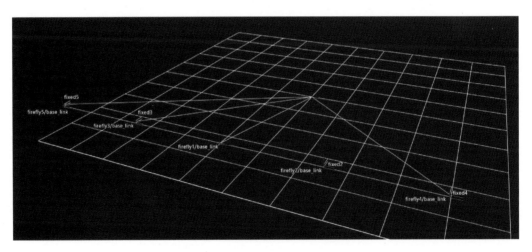

图 3-40　rviz 中各架无人机的位置

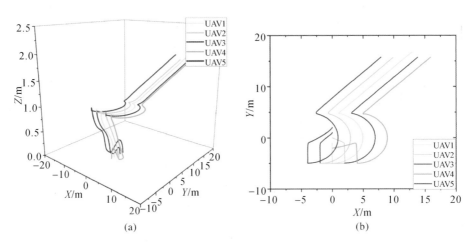

图 3-41　各架无人机的运动轨迹

（a）无人机三维运动轨迹；（b）无人机平面运动轨迹

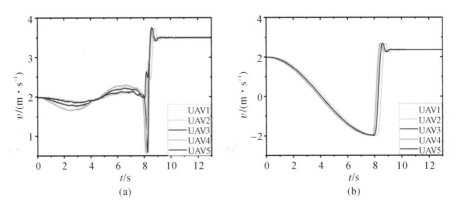

图 3-42　各架无人机的运动速度

（a）无人机速度；（b）无人机 X 轴速度

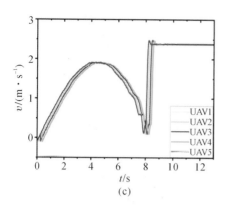
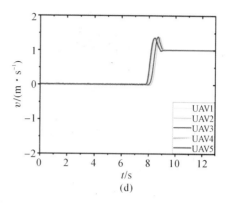

(c) (d)

续图 3-42 各架无人机的运动速度

(c)无人机 Y 轴速度;(d)无人机 Z 轴速度

图 4-7 FAST 角点提取

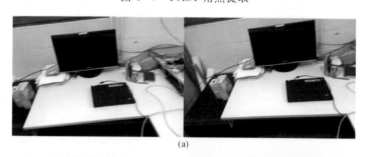

(a)

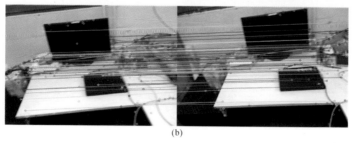

(b)

图 4-8 三种算法的特征匹配结果

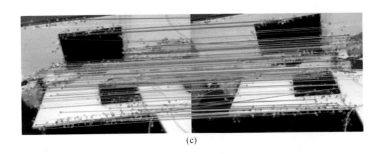

(c)

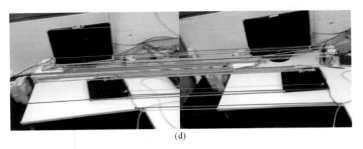

(d)

续图 4 - 8 三种算法的特征匹配结果

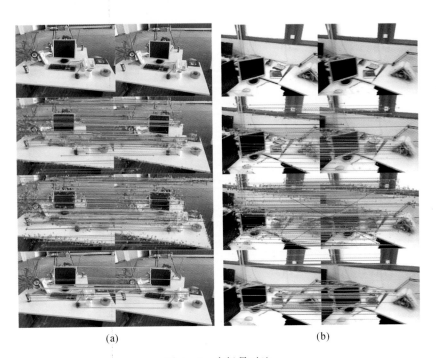

(a)   (b)

图 4 - 9 多场景对比

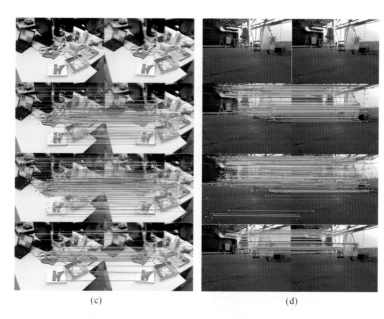

(c)　　　　　　　　　　　　　　　(d)

续图 4 - 9　多场景对比

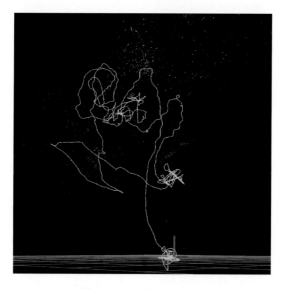

图 4 - 17　尺度漂移现象

(a)

图 5 - 4　标定板运动过程

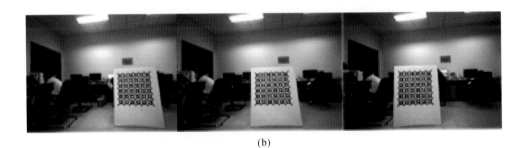

(b)

续图 5-4　标定板运动过程

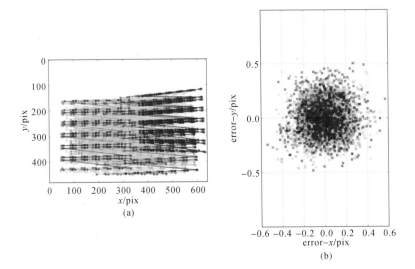

(a)

(b)

图 5-5　RGB 摄像头标定情况统计

(a)特征提取；(b)重投影误差统计

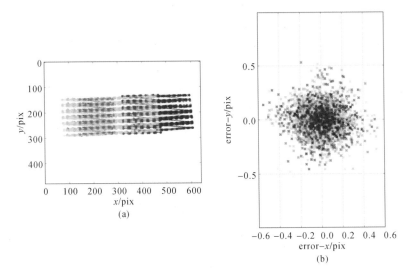

(a)

(b)

图 5-6　红外摄像头标定的重投影误差

(a)特征提取；(b)重投影误差统计

(a)   (b)

图 5-7   RGB深度成像效果图

(a)RGB图像;(b)深度图像

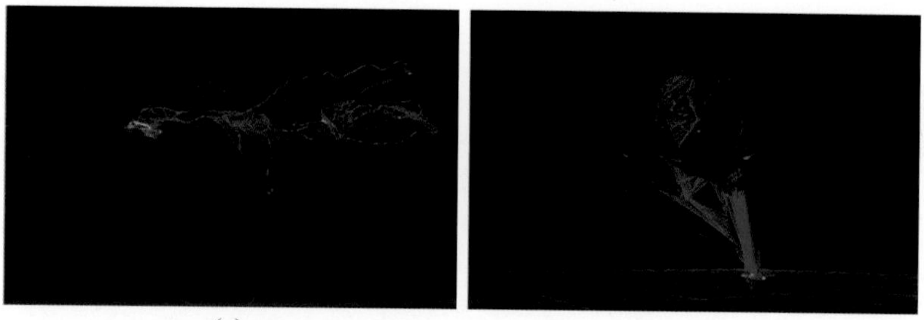

(a)   (b)

图 5-19   回环检测的位姿估计结果

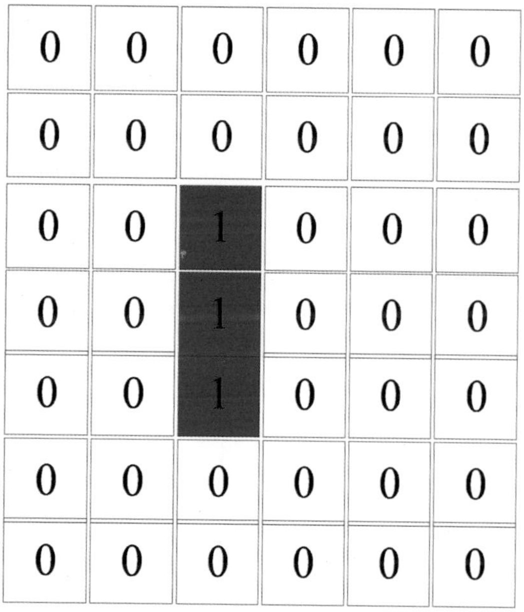

0	0	0	0	0	0
0	0	0	0	0	0
0	0	1	0	0	0
0	0	1	0	0	0
0	0	1	0	0	0
0	0	0	0	0	0
0	0	0	0	0	0

图 5-20   网格节点示意图

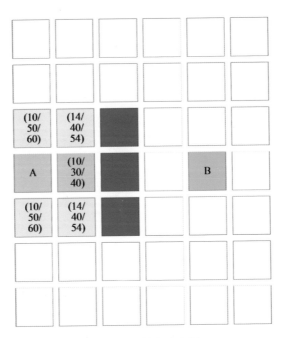

图 5-21 搜索示意图

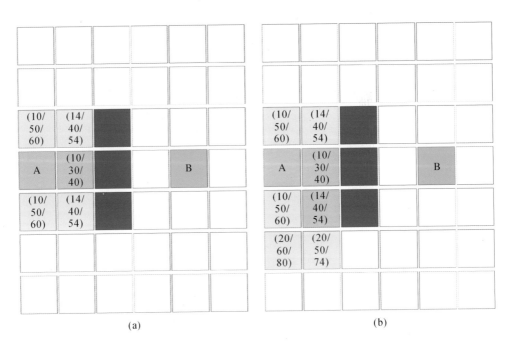

(a)   (b)

图 5-22 A*算法的具体搜索流程

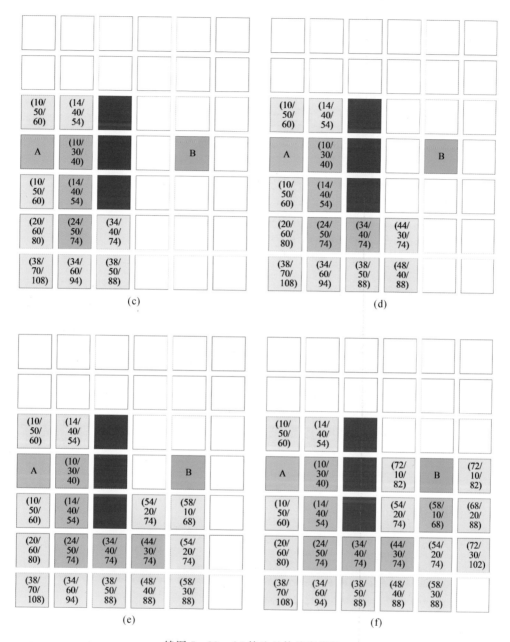

(c)

(d)

(e)

(f)

续图 5-22　A^*算法具体搜索流程

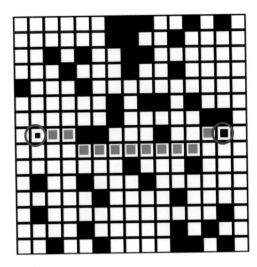

图 5-26　二维规划轨迹图

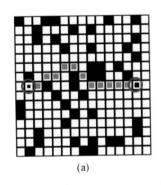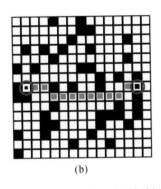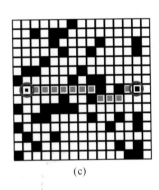

(a) (b) (c)

图 5-27　多次随机地图规划

图 5-29　三维障碍物空间

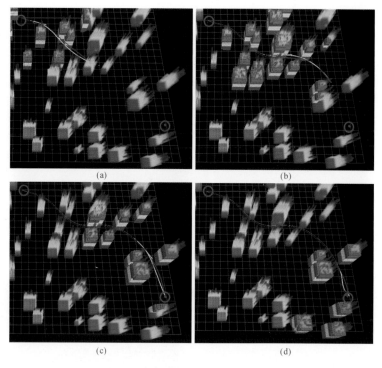

图 5 - 30　三维路径规划及运动过程

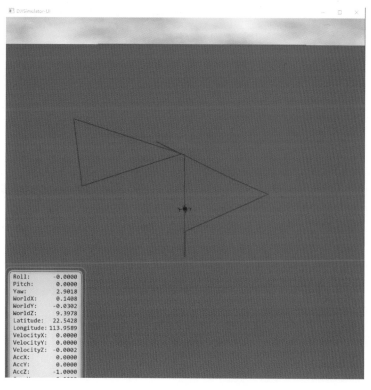

图 5 - 42　模拟飞行实验

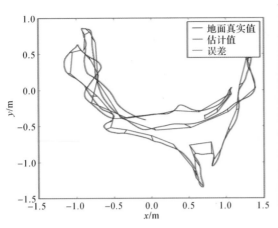

图 5-43 fr1/room 数据集真实轨迹与
估计轨迹对比图

图 5-44 fr1/room 数据集稠密点云图

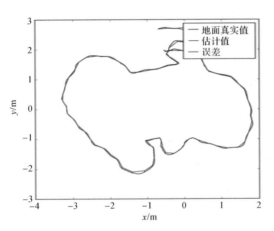

图 5-45 fr3/office 数据集真实轨迹与
估计轨迹对比图

图 5-46 fr3/office 数据集稠密点云图

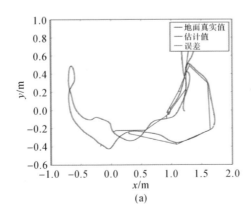

(a)

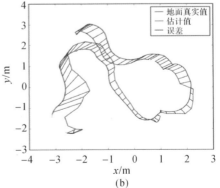

(b)

图 5-47 真实路径与估计路径对比

(a)fr1/desk;(b)fr2/slam2

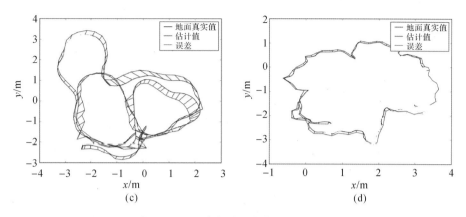

(c)   (d)

续图 5-47　真实路径与估计路径对比

(c)fr2/slam;(d)fr2/desk

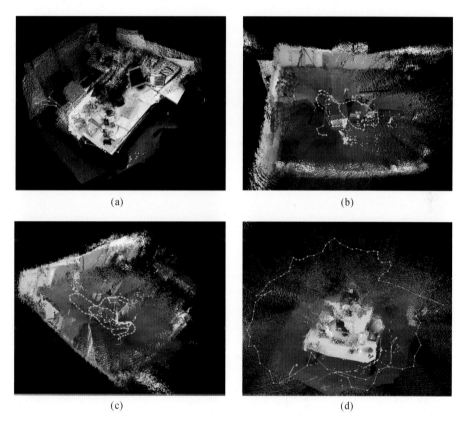

图 5-48　各数据集稠密点云图

(a)fr1/desk;(b)fr2/slam3;(c)fr2/slam;(d)fr2/desk

图 5-50　测试场地稠密点云图

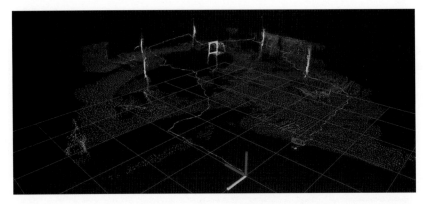

图 5-51　改进后的构图效果

图 5-52　处理之后的稠密地图

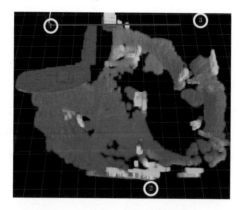

图 5-53　第一次实验规定位置

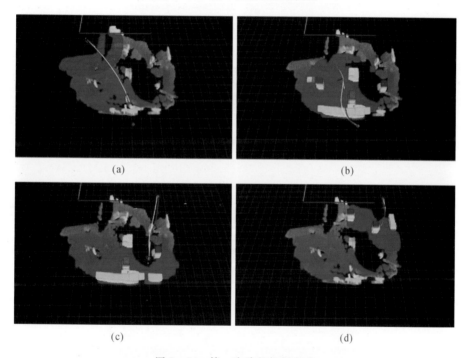

(a)

(b)

(c)

(d)

图 5-54　第一次路径规划实验

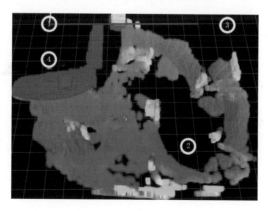

图 5-55　第二次实验规定位置

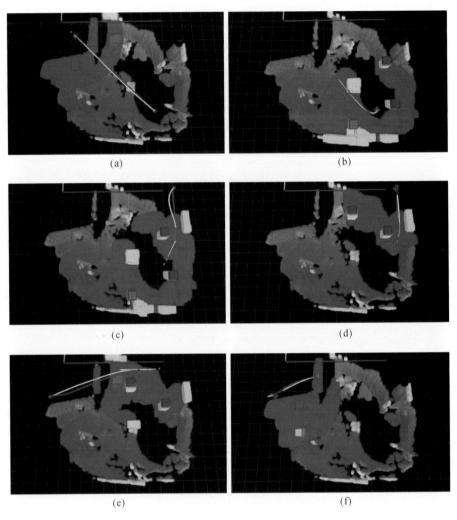

图 5-56　第二次路径规划实验

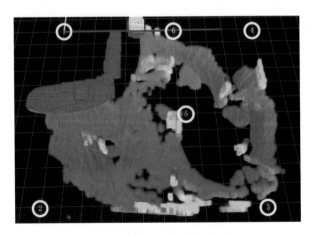

图 5-57　第三次实验规定位置

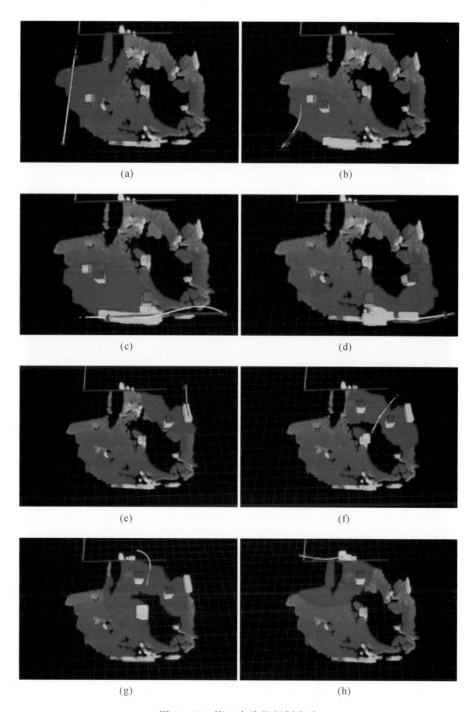

(a)　　　　　　　　　　　　(b)

(c)　　　　　　　　　　　　(d)

(e)　　　　　　　　　　　　(f)

(g)　　　　　　　　　　　　(h)

图 5 - 58　第三次路径规划实验

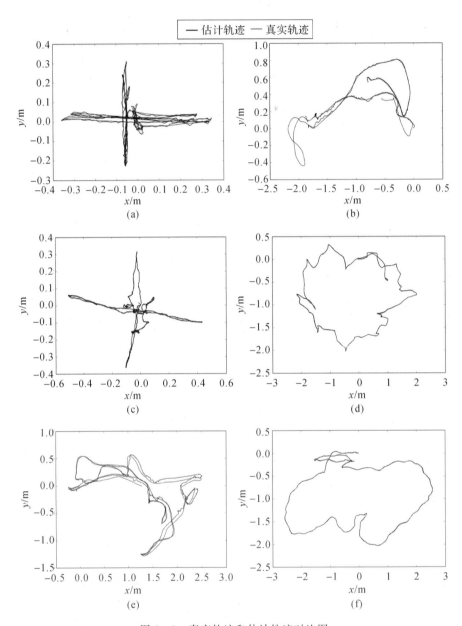

图 6-3　真实轨迹和估计轨迹对比图

（a）fr1/xyz；（b）fr1/desk；（c）fr2/xyz；（d）fr2/desk；（e）fr1/room；（f）fr3/long_office_household

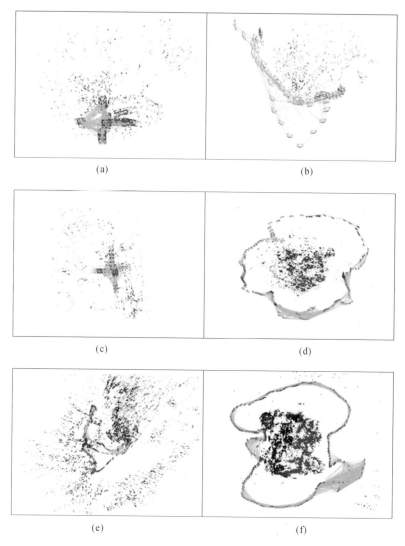

图 6-4　稀疏地图

(a)fr1/xyz；(b)fr1/desk；(c)fr2/xyz；(d)fr2/desk；(e)fr1/room；(f)fr3/long_office_household

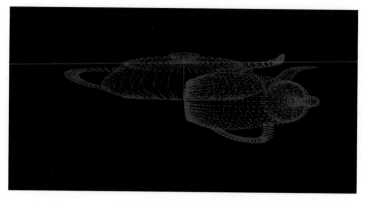

图 6-20　迭代 0 次结果

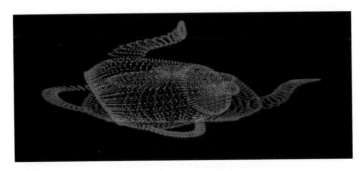

图 6-21 迭代 20 次结果

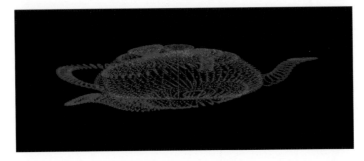

图 6-22 迭代 100 次结果

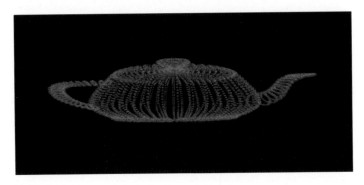

图 6-23 迭代 400 次结果

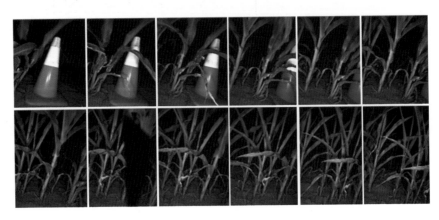

图 6-24 12 帧图像

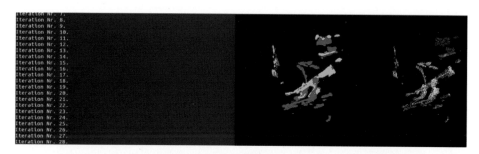

图 6-25　两帧图像迭代 30 次

图 6-26　两帧图像迭代 100 次

图 6-27　拼接结果

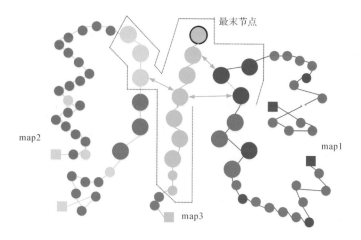

图 6-30　多会话构图模型

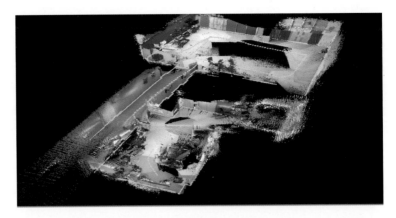

图 6-31　无人机 1 构图

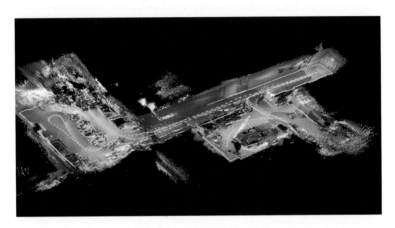

图 6-32　无人机 2 构图

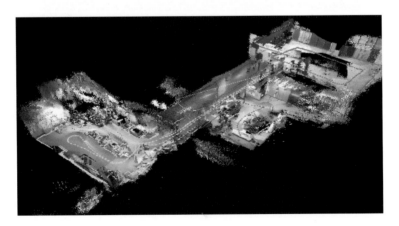

图 6-33　拼接全景图

图 6-40　无人机 1 构建的点云图

图 6-41　无人机 2 构建的点云图

图 6-42　全局闭环检测的拼接结果

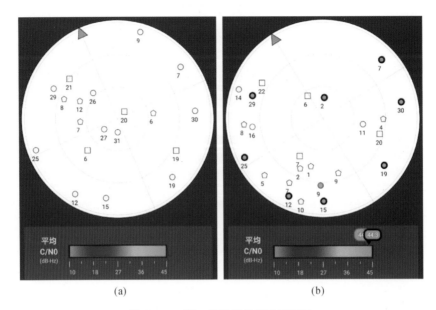

图 7-49　第一组发射前后卫星视图

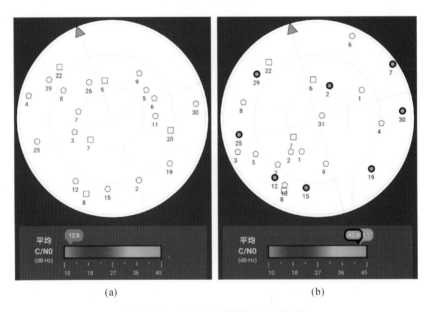

图 7-52　第二组发射前后卫星视图

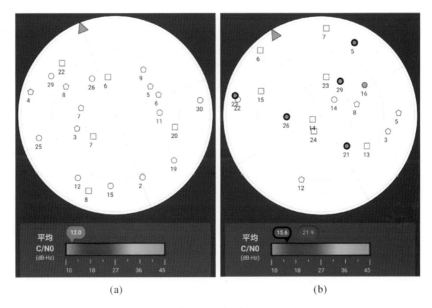

图 7 - 55　第三组发射前后的卫星视图

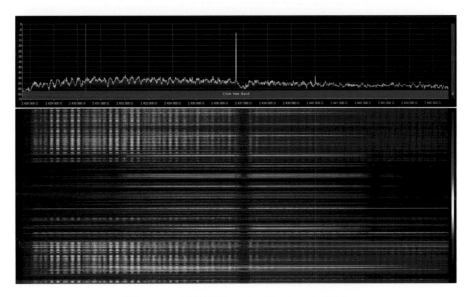

图 7 - 58　干扰频段 1（2.428～2.442 GHz）

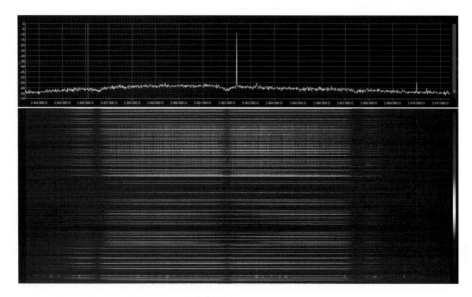

图 7 - 59 干扰频段 2 (2.455～2.469 GHz)

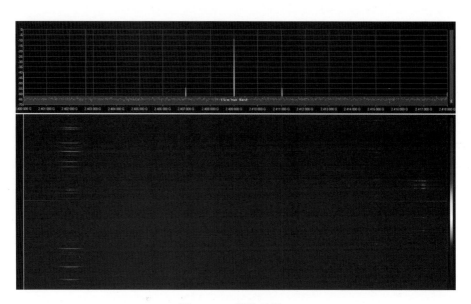

图 7 - 60 静默频段 1

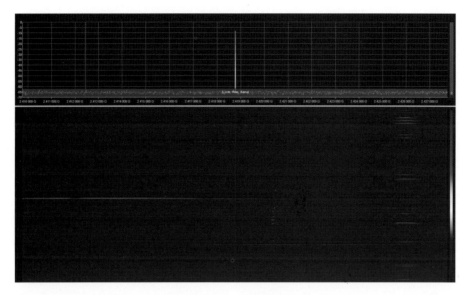

图 7 - 61　静默频段 2

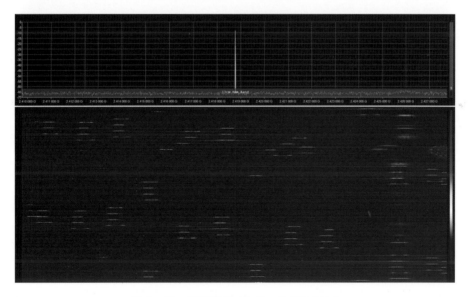

图 7 - 62　遥控信号（2.41～2.428 GHz）

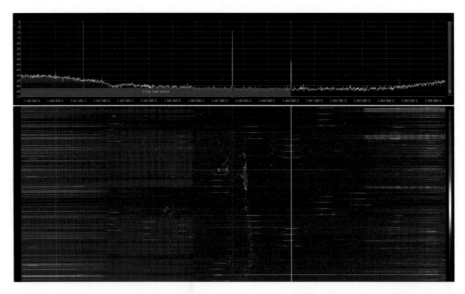

图 7-63　遥控信号(2.442～2.453 GHz)

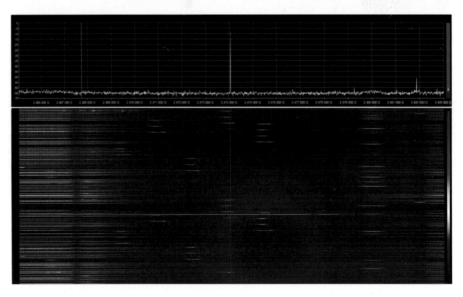

图 7-64　遥控信号(2.465～2.483 GHz)

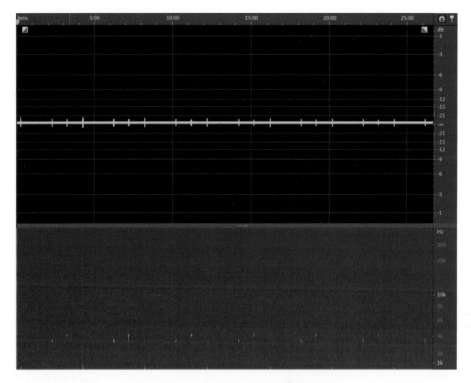

图 7 – 65　未经处理的遥控信号数据文件

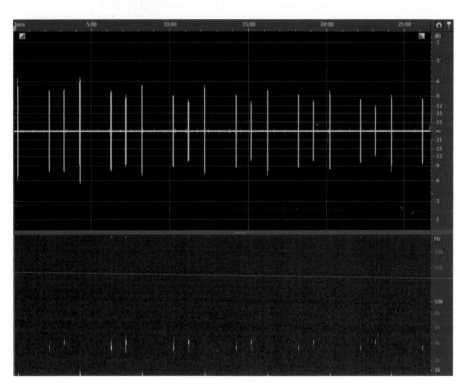

图 7 – 66　经处理后的遥控信号数据文件